Klett Studienbücher Physik

Farben

von
Norbert Treitz

Ernst Klett Verlag

CIP-Kurztitelaufnahme der Deutschen Bibliothek

Treitz, Norbert:
Farben / von Norbert Treitz. – 1. Aufl.
– Stuttgart : Klett, 1985.
　(Klett-Studienbücher Physik)
　ISBN 3-12-983990-9

ISBN 3-12-983990-9

1. Auflage　　　　　　　　　　　1 5 4 3 2 1 | 1989 88 87 86 85

Alle Drucke dieser Auflage können im Unterricht nebeneinander benutzt werden. Die letzte Zahl bezeichnet das Jahr dieses Druckes.
© Ernst Klett Verlage GmbH u. Co. KG. Stuttgart 1985.
Nach dem Urheberrechtsgesetz vom 9. September 1965 i.d.F. vom 10. November 1972 ist die Vervielfältigung oder Übertragung urheberrechtlich geschützter Werke, also auch der Texte, Illustrationen und Grafiken dieses Buches, nicht gestattet. Dieses Verbot erstreckt sich auch auf die Vervielfältigung für Zwecke der Unterrichtsgestaltung – mit Ausnahme der in den §§ 53, 54 URG ausdrücklich genannten Sonderfälle –, wenn nicht die Einwilligung des Verlages vorher eingeholt wurde. Im Einzelfall muß über die Zahlung einer Gebühr für die Nutzung fremden geistigen Eigentums entschieden werden. Als Vervielfältigung gelten alle Verfahren einschließlich der Fotokopie, der Übertragung auf Matrizen, der Speicherung auf Bändern, Platten, Transparenten oder anderen Medien.
Fotosatz: Setzerei Lihs, Ludwigsburg.
Druck: Ernst Klett Druckerei.

Inhaltsverzeichnis

0. Vorwort 7
0.1 An wen wendet sich dieses Buch? 7
0.2 Was erwartet Sie in diesem Buch? 7
0.3 Ist Weiß eine unbunte Farbe? – Bemerkungen zum Sprachgebrauch 8

1. Spektren und Wellenoptik 11
1.1 Enthält das Spektrum Farben? 11
1.2 Von Wellen und Photonen 12
1.3 Spektren und ihr Informationsinhalt 13
1.4 Interferenz 17
1.4.1 Modellversuche zum Doppelspaltversuch von Young 18
1.4.2 Thomas Young (1773–1829) 20
1.4.3 Interferenzfarben 21
1.4.4 Goethe über Interferenzfarben 24
1.4.5 Eine wichtige Zwischenbemerkung 25
1.5 Rayleigh-Streuung 26
1.5.1 Modellversuch zum blauen Himmel und zur roten Sonne 26
1.5.2 Qualitative Erklärung 26
1.5.3 Anwendung auf den Himmel 27
1.5.4 Die Farbperspektive 27
1.5.5 Versuche mit Polyethylenfolie, „Blaues Blut" 28
1.5.6 Die Farbe der Iris 29
1.5.7 Goethe über die Streuung und die Farbperspektive 29
1.6 Temperaturstrahlung 30
1.6.1 Die Formel von Planck 30
1.6.2 Das Verschiebungsgesetz – ganz konkret 32
1.6.3 Farbtemperatur 34
1.6.4 Der astronomische Farbenindex als Wegweiser zum Farbenbegriff 35

2. Atomphysik und Chemie 37
2.1 Der lineare Potentialtopf 37
2.2 Konjugierte Systeme 38
2.3 Das Wasserstoffatom 42
2.4 Schwingungen und Rotationen der Moleküle 45
2.5 Farbmittel 46
2.5.1 Weiße Stoffe 46
2.5.2 Schwarze Stoffe 47
2.5.3 Bunte Stoffe aus den Hauptgruppen des Periodensystems 47
2.5.4 Bunte Stoffe aus der 1. Nebengruppe (Cu-Gruppe) 47
2.5.5 Bunte Stoffe aus der 2. Nebengruppe (Zn-Gruppe) 48
2.5.6 Bunte Stoffe aus der 6. Nebengruppe (Cr-Gruppe) 48
2.5.7 Bunte Stoffe aus der 7. Nebengruppe (Mn-Gruppe) 49

2.5.8	Bunte Stoffe aus der 8. Nebengruppe (Fe-Gruppe)	49
2.5.9	Lanthanoid-Ionen	50
2.5.10	Organische Farbstoffe	50
2.5.11	Einige natürliche Farbstoffe	51
2.5.12	Synthetische Farbstoffe	51
2.5.13	Säure-Base-Indikatoren	52
2.6	Absorption	54
2.6.1	Absorptionsfilter	54
2.6.2	Fluoreszenz	56
2.6.3	Multiplikative (sog. subtraktive) Mischung	56
2.7	Brechung und Dispersion	58
2.8	Einfluß der Lichtquelle	59
2.9	Glanz	59

3. Aus Physiologie und Farbenmetrik 60

3.1	Das Auge und die Netzhaut	62
3.2	Hirnrinde und bewußte Wahrnehmung	64
3.3	Umkodierung und Zonentheorie	65
3.4	Der Farbenwürfel	66
3.5	Die Farbenkugel	68
3.6	Beziehungen zwischen Farbenwürfel und Farbenkugel	71
3.7	Andere räumliche Darstellungen der Farben	71
3.8	Zweidimensionale Darstellungen	71
3.9	Das Grundvalenz-Dreieck und das Normfarbendreieck	72
3.10	Farben-Addition	74
3.11	Exkurs über die Bienen	76
3.12	Farbenfehlsichtigkeiten	78
3.13	Das positive Nachbild	79
3.14	Das negative Nachbild	80
3.15	Die Bidwell-Scheibe	81
3.16	Die Benham-Scheibe	82
3.17	Umstimmung	82
3.18	Das Umfeld	84
3.19	Der Simultankontrast	85
3.20	Schwarz	86
3.21	Rückblick auf die physiologischen Effekte	87

4. Didaktische Modelle zum Farbensehen 87

4.1	Zweistufige Modelle	89
4.1.1	Das Arbeitsblatt-Modell zum Farbensehen	89
4.1.2	Spezielle Effekte im Formular-Modell	93
4.1.3	Übergang zum Computer	93
4.1.4	Andere zweistufige Computermodelle	96
4.2	Einstufige Modelle	96
4.2.1	Modelle, die den Young/Helmholtz-Bereich überspringen	96

4.2.2 Ein Folienmodell 97
4.2.3 Ein mechanischer Analogrechner als Modell der Umkodierung 101

5. Farbwiedergabeverfahren 103
5.1 Allgemeines 103
5.2 Das Farbfernsehen 105
5.2.1 Die Farbfernsehkamera 105
5.2.2 Die Farbbildröhre 106
5.2.3 Übertragungskodierungen 107
5.2.4 SECAM 108
5.2.5 NTSC 110
5.2.6 PAL 111
5.2.7 Vergleich des Farbfernsehens mit dem Farbensehen 112
5.3 Farbfotografie 113
5.3.1 Unbunte Fotografie 113
5.3.2 Sensibilisierung 115
5.3.3 Negativverfahren 115
5.3.4 Positivverfahren (Umkehrfilm) 117
5.3.5 Farbige Sofortbilder (Polacolor) 118
5.4 Druck und Grafik 119

6. Kodierungen mit Farben 120
6.1 Indikatorfunktion der Farbe 120
6.1.1 Benutzung der Farbtemperatur 120
6.1.2 Interferenzfarben als Temperaturanzeige 121
6.1.3 Indikatoren in der Chemie 122
6.1.4 Indikatorfunktionen in Medizin und Biologie 122
6.2 Angeborene Signale und Emotionen 123
6.2.1 Angeborene Signale bei Tieren und Pflanzen 123
6.2.2 Angeborene Signale und Vorlieben bei Menschen 123
6.3 Assoziationen und Symbole 125
6.3.1 Assoziationen mit Farben 125
6.3.2 Farbsymbole 125
6.4 Vereinbarte Signale 126
6.5 Unterscheidung und Tarnung 128
6.5.1 Farben zur Unterscheidung 128
6.5.2 Verbesserung der Sichtbarkeit 129
6.5.3 Tarnung 129
6.5.4 Farben als Informationskanäle für Stereobilder (Anaglyphen) 130
6.6 Didaktische Anwendungen 131

Anhang 145

0. Vorwort

0.1 An wen wendet sich dieses Buch?

Im „Kabinett physikalischer Raritäten"* schreibt Roman U. Sexl: „Schulen sind Institutionen für Menschen mit zehnlappigem Gehirn ohne Querverbindungen." Der mißlungene Versuch, die Farben einem dieser zehn Lappen zuzuordnen, hat erst zu einer Vorlesung und dann zu diesem Buch geführt. Robert W. Pohl schreibt im ersten Band seiner Einführung in die Physik** gleich auf der ersten Seite als Schlußfolgerung aus einem Experiment mit farbigen Schatten: „Farben sind kein Gegenstand der Physik, sondern der Psychologie und der Physiologie!". Auf der anderen Seite ist aber ein Farbfernsehgerät etwas, was rein physikalisch verstanden werden kann, schließlich haben es ja Techniker mit physikalischen Kenntnissen entwickelt, und sie haben keine Lebewesen eingebaut. Es zeigt sich nun, daß es zwischen unserem Nervensystem (ohne das es keine Farben gäbe) und einem solchen Farbfernsehgerät viel Übereinstimmendes gibt, so daß man für diese biologischen Funktionen physikalisch verstehbare Modelle entwerfen kann.

Nun läßt sich die Frage der Überschrift leicht beantworten: für die Spezialisten der einzelnen Disziplinen (Optik, Neurophysiologie, Fernsehtechnik, Drucktechnik, Fototechnik, Farbstoffchemie, Werbegrafik etc.) gibt es Speziallitertur, die hier in keiner Weise ersetzt werden soll oder kann. Wer sich dagegen für die oben erwähnten Querverbindungen interessiert, mag aus diesem Buch Anregungen entnehmen, die er dann anhand verschiedener Speziallitertur weiter verfolgen kann. Auch wenn viele Fragen noch nicht gelöst sind, kann doch das Thema Farbe bei näherem Hinsehen einen gewissen Eindruck von der Einheit der Natur geben, ganz abgesehen davon, daß die Farbe ein Gegenstand ist, der von sich aus interessiert, nicht zuletzt weil er zu den unmittelbarsten ästhetischen Empfindungen gehört. Daß man in der Schule trotzdem so wenig darüber erfährt, liegt vermutlich daran, daß das obige Zitat von Sexl immer noch viel zu wahr ist.

0.2 Was erwartet Sie in diesem Buch?

Das steht natürlich auch im Inhaltsverzeichnis, aber es sei hier etwas kommentiert: Wenn Farbreize, das sind Lichtsorten mit definierten Spektren und Nervensysteme (z. B. von Menschen) zusammentreffen, also zwei sehr komplizierte Dinge, so entsteht etwas vergleichsweise Einfaches: Farben.
Die ersten beiden Abschnitte handeln vom Entstehen von Farbreizen, die durch ihre Lichtspektren beschreibbar sind, und zwar ohne bzw. mit Beteiligung der chemischen Struktur. Dabei werden nur die wichtigsten Prinzipien erklärt, die dazu führen, daß Lichtquellen bestimmte Wellenlängen bevorzugen oder daß Stoffe Licht unterschied-

---
* Herausgegeben von R. L. Weber und E. Mendoza, bei Vieweg in Braunschweig und Wiesbaden 1979 erschienen.
** R. W. Pohl, Mechanik, Akustik und Wärmelehre, Berlin etc. ^{17}1969 (Springer)

licher Wellenlänge verschieden weitergeben. Das Wort „Farbe" sollte in ihnen eigentlich überhaupt nicht vorkommen (erspart aber manchmal unanschauliche Beschreibungen): die gleichen Effekte treten auch bei Lichtsorten auf, die unsere Augen nicht ausnutzen (was man meist „unsichtbares Licht" nennt).

Der dritte Abschnitt behandelt die Farben selbst, die anschaulichen Grundlagen ihrer mathematischen Beschreibung und die damit verbundenen physiologischen Effekte.

Im vierten Teil werden einige Unterrichtsmodelle beschrieben, bei denen stark vereinfachte mathematische Strukturen anschaulich (grafisch und handgreiflich) realisiert werden: Mathematik wird dabei durch einfache Spielregeln ersetzt.

Der fünfte Abschnitt behandelt die Grundzüge der wichtigsten Reproduktionstechniken, wobei ganz entscheidend ist, daß die Farben (annähernd) reproduziert werden, nicht jedoch die Farbreize mit ihren Spektren: diese dürfen vielmehr völlig anders sein (analog der Reproduktion eines Schattens mit einem ganz anderen räumlichen Gegenstand). Am übersichtlichsten geschieht die Reproduktion beim Fernsehen; wegen ihrer großen Bedeutung werden auch die Farbfotografie und die drucktechnischen und grafischen Methoden skizziert.

Im letzten (6.) Teil tritt die Farbe als Informationsträger auf: Kodierungen mit Farben. Dabei gibt es eine breite Palette von unbeabsichtigten Informationen (die Sterne informieren uns durch ihre Farbe über ihre Temperatur) bis zu vereinbarten Signalen (der Schiedsrichter zeigt dem Foulspieler die rote Karte), dazwischen liegen insbesondere Fälle aus der belebten Natur, wo angeborene Signale gezielt eingesetzt werden. Schließlich können die Farben im Unterricht zur Klarheit von Darstellungen ebenso beitragen wie zu einer Motivation aufgrund des ästhetischen Genusses, den der Anblick schöner Farben bietet.

Die Abb. 0.2.1 zeigt einige Stichwörter zum Thema Farbe mit ihren wichtigsten Querverbindungen.

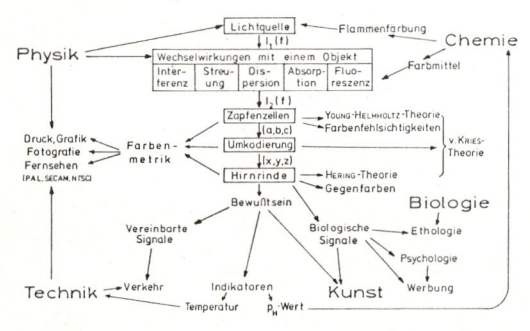

Abb. 0.2.1 Dieses Diagramm verhält sich zu diesem Buch wie ein vereinfachter Stadtplan zu einem Reiseführer: die wichtigsten Verknüpfungen und thematischen Nachbarschaften sind hier angedeutet. Vor allem wird der interdisziplinäre Charakter des Themas „Farben" deutlich.

0.3 Ist Weiß eine unbunte Farbe? — Bemerkungen zum Sprachgebrauch

Die Wahl der Bezeichnungen sollte eigentlich in einer Wissenschaft keine wesentliche Rolle spielen, tatsächlich aber ist sprachliche Unschärfe eine der wichtigsten Quellen von Mißverständnissen und unnützem Streit. Wörter der natürlichen Sprache werden oft in den Wissenschaften (und in mehreren Wissenschaften in verschiedener Weise) für Begriffe benutzt, die mehr oder weniger starke Assoziationen wecken. So kommt es dann zu Formulierungen wie: „Ein Prisma zerlegt das weiße Licht in sieben Grundfarben" und zu Goethes überzogener Polemik gegen die Physiker. Natürlich liegt es nahe, die Lichtstrahlen, die im Prismenversuch voneinander getrennt werden, mit den Farben zu identifizieren, die man bei diesem Anlaß zu sehen bekommt, es ist aber sprachlich völlig inkorrekt, und gerade im Zusammenhang unseres Themas können wir uns diese Vermischung von physikalischen Größen (wie Frequenz oder Brechungsindex) mit den Farben nicht erlauben. Wenn man zwischen Wärmeempfindung und physikalischen Größen wie Wärmemenge oder Temperatur nicht unterscheidet, so ist das ebenfalls inkorrekt, aber nicht ganz so gefährlich, da die Zusammenhänge dort einfacher sind (z. B. wird die Ordnungsrelation „wärmer" nicht betroffen). Der Zusammenhang zwischen den Farben und den physikalischen Eigenschaften des Lichtes, die zu ihnen führen, sind komplizierter, und zwar genau in dem Sinne, in dem ein dreidimensionaler Raum komplizierter ist als eine Linie.

Angesichts eines sehr inkonsequenten Sprachgebrauchs „im Alltag" (der im Grunde auf Unkenntnis der Zusammenhänge beruht) ist es nicht leicht, gleichermaßen korrekt und verständlich zu formulieren, zumindest erscheint das Ergebnis oft gekünstelt und spitzfindig. Spricht man in der Akustik von hohen und tiefen Frequenzen, so ist das die Folge einer (an sich unzulässigen) Gleichsetzung von Tonhöhen und Frequenzen; da Zusammenhang aber eindeutig ist, halten sich die Probleme, die sich daraus ergeben, normalerweise in Grenzen. Bei den Farben ist es nicht so einfach. Es liegt sehr nahe, einen Lichtstrahl, dessen Auftreffpunkt auf einem weißen Schirm ein grüner Fleck ist, als „grünes Licht" zu bezeichnen und dann diesem „grünen Licht" einen gewissen Brechungsindex (für eine bestimmte Glassorte) zuzuordnen. Nun gibt es aber verschiedene Lichtstrahlen, die auf dem Schirm völlig gleich aussehende Flecken erzeugen, die sich aber beim Durchgang durch ein Prisma völlig verschieden verhalten: sie können entweder als dünner Strahl abgelenkt durchgehen, sie können sich in ein (Teil-)Spektrum auffächern, oder sie können sich in zwei (oder mehr) einzelne Strahlen aufspalten (z. B. blaue und gelbe). In ähnlicher Weise braucht „weißes Licht" keineswegs „aus allen Spektralfarben zu bestehen", sondern kann auch aus nur zweien „zusammengesetzt" sein. Diese Beispiele zeigen, daß die Farben absolut unzureichend für eine Beschreibung von Licht sind: das physikalische Verhalten läßt sich nicht aus der „Farbe" eines Lichtstrahls vorhersagen, sondern nur aus der Kenntnis des Spektrums.

Man muß also sehr deutlich trennen zwischen physikalischen Kennzeichnungen des Lichtes (in diesem Zusammenhang „Farbreiz" genannt, vgl. DIN 5033) einerseits (das bedeutet für uns im wesentlichen die Angabe eines Spektrums) und Beschreibungen von Farben andererseits. Man kann zwar unter gewissen Voraussetzungen (abgesehen von Kontrasteffekten) einem jeden Farbreiz bzw. Spektrum eine Farbe zuordnen, nicht aber umgekehrt, da es zu jeder Farbe sehr viele Farbreize gibt, die ihr zugrundeliegen können. Es ist ähnlich wie bei der Zuordnung von Häusern zu ihren Grundrißformen: zwei Häuser mit gleichem Grundriß können völlig verschieden gebaut sein. Im Falle der Farben und der Spektren ist der Unterschied im Prinzip ähnlich, zahlenmäßig aber noch viel stärker.

Sprachliche Sünden betreffen auch die Wörter „Licht" und „Sehen". Das Sehen besteht nicht in dem Vorgang einer optischen Abbildung auf der Netzhaut, sondern in der Wahrnehmung eines Objektes mit Hilfe von Licht. Wir sehen also keine Lichtstrahlen (allenfalls in einer Staubwolke), auch keine Trapez- oder Ellipsenfläche, sondern einen Tisch, wenn wir unseren Blick auf einen beleuchteten Tisch richten. Das Licht, mit dessen Hilfe wir sehen, ist selbst genausowenig sichtbar wie etwa ultrarotes oder ultraviolettes; sichtbar gemacht werden kann zumindest das ultraviolette ebenso leicht wie das „sichtbare", nämlich mit Fluoreszenzmitteln. Wenn man „visuell" nicht mit „sichtbar", sondern mit „zum Sehen gehörend" übersetzt, kann man korrekterweise vom visuellen Bereich des Lichtes sprechen.

Leider ist auch die Fachsprache oft recht inkonsequent: monofrequentes Licht wird üblicherweise als „monochromatisch" bezeichnet (sogar bei Röntgenstrahlen), was „einfarbig" bedeutet, aber wenn man einem Lichtstrahl schon eine Farbe zuweisen will, so kann es ohnehin nur eine sein; gemeint ist natürlich, daß in seinem Spektrum nur eine Farbe auftritt. Noch unlogischer ist die Bezeichnung „chromatische Aberration" für die unerwünschte Dispersion: sie ist ja (wie oben schon gesagt) keine Folge der Farbe, sondern eine der spektralen Zusammensetzung, die sich nicht aus der Farbe bestimmen läßt.

In der Umgangssprache wird „farbig" meist im Sinne von „bunt" verwendet, und „bunt" im Sinne von „kunterbunt". Da es wichtige Gründe gibt, Weiß, Grau und Schwarz nicht von den Farben auszuschließen (wie man ja auch ganze Zahlen nicht von den rationalen Zahlen ausschließen sollte), aber andererseits doch gelegentlich von den übrigen zu unterscheiden, bezeichnet man Schwarz, Grau und Weiß als „unbunte Farben" und die übrigen als „bunte Farben". In diesem Sinne sind die Bezeichnungen „Farbfernsehen" und „Schwarzweißfernsehen" (bzw. -fotografie) nicht treffend: bunt und unbunt wäre zutreffend, es klingt aber wenig werbewirksam.

In diesem Sinne ist es unlogisch, daß eine Kuh „schwarzbunt" sei, denn ihre beiden Farben Schwarz und Weiß sind beide unbunt. Wir sollten aber nicht vergessen, daß die Umgangssprache früher da war als die Fachsprachen der Wissenschaften, und daß die Fachsprachen ihre Wörter aus der Umgangssprache entwendet haben, obendrein mit veränderten Bedeutungen. Es hat daher niemand das Recht, der natürlichen Sprache Unkorrektheiten vorzuwerfen. Dennoch ist es nützlich, wenn auch im Alltag bestimmte Wörter zunehmend im Einklang mit fachsprachlichen Bedeutungen verwendet werden. Im Zusammenhang mit den Farben braucht man nun eine Bezeichnung, die Schwarz, Weiß oder Grau einschließt, und eine andere, die diese ausschließt. Abweichend von der Umgangssprache nennt man daher Rot eine bunte Farbe und z. B. Schwarz eine unbunte Farbe.

Ein anderes Problem ist die Benennung bestimmter Farben, insbesondere der Farbtöne (und damit der Spektralfarben). Gelb und Grün, aber auch Orange und Violett sind dabei in gewisser Weise eindeutige Bezeichnungen, jedenfalls verglichen mit Blau und Rot: Schon die Auswahl an blauen und roten Malfarben in einem Schultuschkasten weist darauf hin: es scheint nützlich zu sein, zum Mischen mindestens zwei Sorten Blau und zwei Sorten Rot zu haben, und bei Aussagen über Mischungsversuche ist es nicht gleichgültig, welche dieser Sorten man nimmt. Bei Cyan kann man sich trefflich streiten, ob das nun eine Art Blau oder eher eine Art Grün sei.

Ebenso müßig ist der Streit darum, ob es zwischen Blau und Violett noch eine (siebente!) Spektralfarbe namens Indigo gebe oder aber nur deren sechs. Besonders wichtig wird im folgenden die Unterscheidung zwischen zwei Sorten von Rot sein: die im Spektrum erscheinende wird z. B. von Küppers „orangerot" genannt, im Tuschkasten heißt sie meistens Zinnoberrot. Wegen der Verwechslungsgefahr mit „Orange" soll diese Farbe im folgenden (wo die Unterscheidung nicht von vornherein klar ist) Zinnoberrot heißen. Das empfindungsmäßig reine Rot dagegen, das sich nur durch Addition mehrerer Spektrallinien erzeugen läßt und das im Farbendreieck auf der Purpurgeraden liegt, wird in Anlehnung an den Sprachgebrauch in Foto- und Fernsehtechnik „Magenta" oder „Magentarot" genannt. Goethe identifiziert es mit Purpur, die Heringsche Gegenfarbentheorie nennt es einfach „Rot".
Zum Glück ist man in der Technik nicht auf sprachliche Nuancen angewiesen (wie man sie etwa in Briefmarkenkatalogen findet), sondern hat Normen, die den Farben Zahlentripel zuweisen. In diesem Buch sollen nur die Prinzipien dafür erläutert werden.
Aber nicht nur die Farben, sondern auch die mit ihnen zusammenhängenden Begriffe sind (gerade weil sie in der Alltagssprache wegen des interdisziplinären Themas sehr unklar sind oder fehlen) durch Normen festgelegt. Was Farben überhaupt sind, was man Buntton, Sättigung usw. nennt, steht im Teil 1 der Norm DIN 5033.

1. Spektren und Wellenoptik

1.1 Enthält das Spektrum Farben?

Es mag zunächst wie eine sprachliche Spitzfindigkeit wirken, wenn auch vor einer Gleichsetzung von Farben und Spektralbereichen gewarnt werden muß. Man spricht oft von „sichtbarem Licht", das im Spektrum in verschiedene Farben zerlegt werde, die zusammen Weiß ergeben usw. Daran ist so ziemlich alles falsch: Licht ist nicht sichtbar (beleuchtete Objekte und Lichtquellen sind es), und Licht, auch nicht das eines schmalen Spektralbereiches, ist keine Farbe, sondern ein Farbreiz: Was wir bei einer Wiedervereinigung des Lichtes sehen, sieht zwar meistens weiß aus, kann aber neben einer viel helleren Stelle ebensogut dunkelgrau aussehen.
Aber ist die sprachliche Ungenauigkeit nicht verzeihlich, gibt es denn nicht einen Zusammenhang zwischen der Farbe und dem jeweiligen Spektralbereich? Dieser Zusammenhang ist keineswegs so einfach, wie es erscheinen mag, sondern bildet den Kernpunkt der ganzen Farbenlehre. Licht eines bestimmten Spektralbereiches läßt uns z. B. eine grüne Fläche sehen. Je nachdem, was wir unmittelbar vorher gesehen haben oder gleichzeitig neben dieser Fläche sehen, kann sie uns aber auch gelbgrün oder blaugrün erscheinen (von Farbenfehlsichtigkeit vorläufig ganz zu schweigen). Der Schluß von dem Spektralbereich auf die Farbe ist also nur unter gewissen Normalbedingungen einigermaßen eindeutig. Umgekehrt ist der Schluß völlig unmöglich: über das Spektrum von Licht, in dessen Schein uns ein Objekt grün erscheint, können wir allein aus dieser Aussage überhaupt nichts schließen: es kann sich um einen

schmalen Spektralbereich handeln, es kann aber auch eine Überlagerung von zwei Bereichen sein, die jeweils für sich das Objekt z. B. gelb bzw. blau aussehen ließen. Spektren und ihre Teile (Bereiche) spielen also für die Farben ganz wichtige Rollen, sie sind aber nicht einfach einander zugeordnet.

Bevor wir das näher untersuchen, soll in den ersten beiden Abschnitten des Buches von den Spektren die Rede sein und damit von den Farbreizen.

1.2 Von Wellen und Photonen

Licht läßt sich bekanntlich beschreiben als eine Welle, die nicht von Materie, sondern vom elektrischen und magnetischen Feld (das durchaus im Vakuum sein kann) getragen wird. Das bedeutet, daß die elektrische und magnetische Feldstärke an einem jeden Ort sich zeitlich ändert, z. B. mit der Frequenz f. Dann gilt:

$$\vec{E} = \vec{E}_o \cdot \cos(2\pi f t + \varphi)$$
$$\vec{B} = \vec{B}_o \cdot \cos(2\pi f t + \varphi)$$

wobei $\vec{E}$ und $\vec{B}$ rechtwinklig aufeinander und auf der Ausbreitungsrichtung stehen. In diesem Sinne ist das Licht eine transversale Welle (der Vergleich mit einer transversalen Seilwelle ist aber etwas irreführend: im Vakuum bewegt sich überhaupt nichts seitwärts, lediglich die Feldstärkevektoren weisen in solche Richtungen). Die Welle breitet sich mit einer Phasengeschwindigkeit c aus, so daß gilt:

$$E = E_o \cos(2\pi f[t-x/c]) = E_o \cos(2\pi f t - 2\pi x/[c/f])$$

c/f ist dabei der Abstand von Punkten mit gleicher Phase, also die Wellenlänge λ. Im Vakuum ist die Phasengeschwindigkeit $c_o = 3 \cdot 10^8$ m/s, in Materie ist sie meistens kleiner, gelegentlich auch größer.*

Beim Photoelektrischen Effekt und anderen Gelegenheiten zeigt das Licht auch korpuskulare Eigenschaften: es scheint aus einzelnen Teilchen zu bestehen, die jeweils eine bestimmte Energie W und einen Impuls p transportieren. Diese hängen nach Einstein mit der Frequenz nach $W = hf$ bzw. $p = hf/c_o$ zusammen, wobei h die Konstante von Planck (Wirkungsquantum) $= 6,625 \cdot 10^{-34}$ Ws² ist. Diese Lichtteilchen werden Photonen genannt und existieren nur bei Bewegung. Ihre Masse ist $m = hf/c_o^2$. Wird die Energie eines Photons auf ein geladenes Teilchen (z. B. Elektron, etwa beim Photoeffekt) übertragen, kann sie gemessen werden, wenn das Teilchen in einem bremsenden elektrischen Feld gegen eine Spannung passender Höhe läuft. Damit liegt als eine gebräuchliche Energieeinheit das e-Volt (eV, auch Elektronenvolt) nahe: e ist dabei die Elementarladung $1,6 \cdot 10^{-19}$ As; 1 eV ist also $1,6 \cdot 10^{-19}$ J.

Licht ist monofrequent, wenn es hinsichtlich der Frequenz und damit auch der Wellenlänge und der übrigen hier genannten Größen einheitlich ist. Es ist üblich, stattdessen „monochromatisch" zu sagen, was „einfarbig" heißt und eigentlich völlig unsinnig ist: zum einen hat Licht überhaupt keine Farbe, und wenn die Farbe gemeint ist, in der eine weiße Wand erscheint, die von dem jeweiligen Licht beleuchtet wird, so ist diese bei jeder Art von Licht einheitlich: erst bei Benutzung einer Spektralappa-

---

* Die Relativitätstheorie sagt aus, daß sich Materie, Energie und Informationen nicht schneller als mit c_o bewegen können, Phasen tragen nichts derartiges, so daß Einsteins Tempo-Limit für sie nicht gilt.

ratur erscheinen beim nicht-monofrequenten Licht mehrere Farben nebeneinander. „Monochromasie" sollte für die echte Farbblindheit reserviert bleiben.

Die Tabelle stellt die Werte für das zum Sehen beitragende Licht zusammen:

Phasengeschwindigkeit im Vakuum: einheitlich $2{,}998 \cdot 10^8$ m/s				
Wellenlänge λ	780	580	380	nm
Frequenz $f = c/\lambda$	3,84	5,17	$7{,}89 \cdot 10^{14}$	s^{-1}
Energie $W = hf$	2,55	3,42	$5{,}23 \cdot 10^{-19}$	J
	1,59	2,13	3,25	eV
Impuls $p = hf/c_o$	0,85	1,14	$1{,}74 \cdot 10^{-27}$	kg · m/s
Masse $= m = hf/c_o^2$	2,83	3,81	$5{,}8 \cdot 10^{-36}$	kg
zugehörige Farbe	zinnoberrot	gelb	violett	

1.3 Spektren und ihr Informationsinhalt

Hat man es nun mit Licht zu tun, das nicht monofrequent ist, so wird es sicherlich komplizierter. Um trotzdem die Sache überschauen zu können, denkt man sich das Licht nach Frequenzen sortiert (Spektralapparate machen das tatsächlich), ähnlich wie man mit mehreren Sieben Sandkörner nach der Größe sortieren kann. Man mißt für jedes Frequenzintervall die Intensität einzeln und gibt sie zusammen mit der Frequenz der jeweiligen Intervallmitte an. Unterscheidet man z. B. 1000 Intervalle auf der Skala, so sind auch 1000 Intensitäten anzugeben. Jede dieser Intensitätsangaben ist im Prinzip eine reelle Zahl mit einer Einheit (z. B. Watt oder Watt pro cm^2 o. ä.). In der Praxis ist aber die Meßgenauigkeit beschränkt. Ist M die maximal mögliche Intensität und s die gerade noch unterscheidbare Intensitätsdifferenz (Differenzschwelle), so ist M/s die Zahl der wirklich unterscheidbaren Intensitätsstufen, die zu einer ganzen Zahl aufgerundet wird. Der Informationsgehalt einer solchen Zahl M/s ist der binäre Logarithmus zu ihr: lb (M/s). Das ist leicht einzusehen: um z. B. systematisch eine Zahl zwischen 0 und 100 zu raten, muß man 6- oder 7mal fragen: „Ist die Zahl größer als ...?", wobei man jeweils den noch nicht verneinten Bereich halbiert. Mit 7 Fragen kann man also eine Zahl bis zu $2^7 = 128$ ermitteln. Der binäre Logarithmus zu 128 ist also 7: lb 128 = 7. Haben wir N unterscheidbare Intervalle im Spektrum, so ist die gesamte Information $N \cdot$ lb (M/s) (Abb. 1.3.1). Wenn nun bei einem Objekt die verschiedenen einzelnen Punkte verschiedene Spektren aussenden, so gilt diese Berechnung der Information für jeden derartigen Punkt einzeln: können n Punkte unterschieden werden, so ist die Information noch mit dieser Zahl n zu multiplizieren.

Man sieht hier schon, daß Farbreize mit ihren Lichtspektren eine gewaltige Information transportieren, von der unser Nervensystem nur einen sehr kleinen Teil (allerdings einen sehr günstig ausgewählten) nutzt.

An dieser Stelle sollte man sich klarzumachen versuchen, wie genügsam unsere Augen angesichts des gewaltigen elektromagnetischen Spektrums sind: mit technischen Hilfsmitteln nutzen wir heute elektromagnetische Wellen als Informationsliefe-

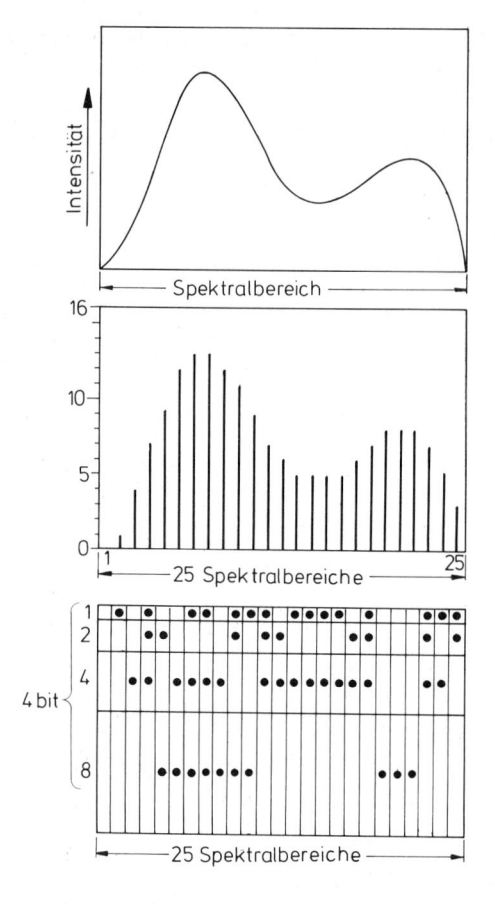

Abb. 1.3.1 Der Informationsgehalt eines Spektrums.
Das oben dargestellte Spektrum kann im Prinzip eine unbegrenzte Information enthalten. Ein realer Empfänger (Meßgerät, Netzhaut etc.) kann aber nur auf endlich viele (hier willkürlich 25) verschiedene Spektralbereiche unterschiedlich reagieren, und er kann nur endlich viele Intensitätsstufen unterscheiden (hier 16 angenommen). Das mittlere Bild zeigt das Spektrum als Element einer Klasse von unterscheidbaren Spektren (für den jeweiligen Empfänger). Für gleiche Intensitäts- und Bereichs-Auflösung gibt es 16^{25} derartige Spektren (nämlich für jeden Spektralbereich unabhängig von jedem anderen 16 Möglichkeiten). Der Logarithmus davon ist $25 \cdot \log 16$, speziell zur Basis 2 ergibt das $25 \cdot 4 = 100$ (bit).
Im unteren Bild sind die Intensitäten binär verschlüsselt. Hier können alle 100 Felder unabhängig voneinander besetzt werden, es gibt also 2^{100} Möglichkeiten. Der Informationsgehalt ist daher 100 bit.

ranten zwischen langen Rundfunkwellen von 1 km Länge bis zur Gammastrahlung aus Atomkernen, deren Wellenlänge kleiner als ein Nanometer ist, das sind mehr als 12 Zehnerpotenzen. Die Astronomie ist fast ganz auf Informationen angewiesen, die mit elektromagnetischen Wellen transportiert wird, und auch sie nutzt neben dem „sichtbaren" Licht auch so extreme Bereiche wie Röntgenstrahlung einerseits und (relativ kurze) Radiowellen andererseits. Demgegenüber nutzen unsere Augen nur den schmalen Bereich zwischen 400 und 700 nm, also etwa ¼ einer Zehnerpotenz. Wären unsere Augen ultrarot-empfindlich, so könnten wir nicht nur glühendem Eisen, sondern auch einer warmen Speise ansehen, wie warm sie ist, und wir könnten sehen, ob auf einem Stuhl vorher jemand gesessen hat. Diese Möglichkeiten wären aber nur für uns nützlich, wenn sie nicht anstelle unserer tatsächlichen Möglichkeiten vorhanden wären, sondern zusätzlich. Tatsächlich reichen die optischen Sinnesorgane verschiedener Tierarten unterschiedlich weit ins Ultrarote und ins Ultraviolette, und auch bei den Menschen gibt es Minderheiten mit verkürztem Nutzungsbereich im Spektrum (nämlich bestimmte Arten der Farbfehlsichtigen).
Schließlich gibt es noch einen Effekt, der eine Verdoppelung der optischen Informationen bringt, wenn er genutzt wird: die Polarisationsrichtung des Lichtes. Bienen

lesen aus ihr den Stand der Sonne ab, für uns bleibt er ungenutzt, wenn wir ihn nicht mit speziellen Brillen dazu verwenden, in einem Stereo-Farbbild (oder -film) beiden Augen getrennte Bilder zuzuführen.

Unsere Augen nutzen also nur einen sehr kleinen Teil der optisch vorhandenen Informationen aus, aber die Auswahl ist keineswegs ungeschickt. Wenn jemand ein Radio mit nur einem Wellenbereich auswählen soll, so wird er sinnvollerweise den Bereich nehmen, auf dem die meisten oder interessantesten Sender arbeiten, und in dem auch möglichst eine gute Reichweite herrscht. Mit dem empfindlichen Bereich von 400 bis 700 nm liegt unser Auge da nicht schlecht: die Sonne scheint hier mit maximaler Stärke, die Luft ist für ihn klar und durchsichtig, und die Gegenstände unserer Umwelt bieten hierin abwechslungsreiche Spektren.

Abb. 1.3.2 zeigt wichtige Beispiele dafür, wie Spektren entweder schon bei der Lichterzeugung (linke Spalte) oder bei der Wechselwirkung mit Materie (rechte Spalte) erzeugt werden. Bei einigen Effekten spielt die Struktur der Atomhüllen in dieser Materie eine entscheidende Rolle (Atomphysik, Chemie; untere Reihe in der Abbildung, Abschnitt 3 dieses Buches), bei anderen kommt es nur auf geometrische Abmessungen oder auf die Temperatur an (obere Reihe, der folgende Teil dieses Abschnitts).

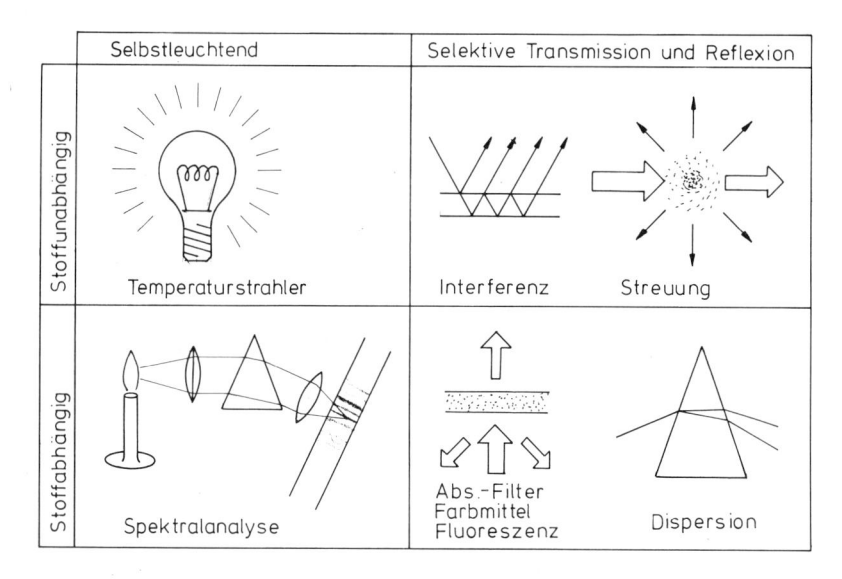

Abb. 1.3.2 Spektren kommen entweder dadurch zustande, daß bereits bei der Erzeugung des Lichtes in einer Lichtquelle bestimmte Frequenzen bevorzugt werden (linker Teil), oder dadurch, daß bei einer Wechselwirkung mit Materie Anteile mit verschiedenen Frequenzen unterschiedlich stark reflektiert, durchgelassen oder abgelenkt werden (rechter Teil). Bei manchen Effekten kommt es nur auf allgemeine physikalische Größen wie die Temperatur oder auf geometrische Abmessungen an (obere Reihe), bei anderen spielt die Struktur der Atomhüllen eine entscheidende Rolle (untere Reihe).

Es ist sehr oft von komplementären Farben und von additiver und subtraktiver Mischung von Farben die Rede. Um der Problematik dieser Bezeichnung gerecht zu werden, wenden wir die zugehörigen korrekten Begriffe zunächst auf die Spektren an (Abb. 1.3.3).

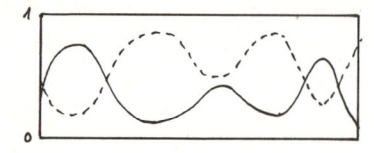

Abb. 1.3.3b Komplementäres Spektrum: das gestrichelte Spektrum ergänzt das durchgezogene an jeder Stelle zu 1, darum sind beide zueinander komplementär. Die zugehörigen Farben sind dann zueinander kompensativ (es können aber auch Farben zueinander kompensativ sein, die z. B. nur durch einzelne Spektrallinien erzeugt werden und nicht komplementär zueinander sind).

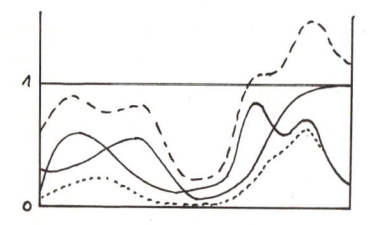

Abb. 1.3.3a Addition und Multiplikation von Spektren: an jeder Stelle werden die auf vollständigen Durchlaß oder vollständige Reflexion bezogenen Intensitäten addiert bzw. miteinander multipliziert (gestrichelt bzw. punktiert). Typische Fälle: Addition bei Projektion zweier Diapositive auf die gleiche Stelle, Multiplikation bei Hintereinanderschaltung zweier Farbfilter.

Zwei Spektren oder Farbreizfunktionen kann man zueinander addieren, indem man die Intensitäten für jeden einzelnen Spektralbereich (Wellenlängenintervall) addiert. Praktisch geschieht das, indem man zwei Lichtquellen auf die gleiche Fläche leuchten läßt.

Auch die Mittelwertbildung ist bis auf die geringere Intensität im Prinzip eine Addition, ihr begegnen wir bei einem feinen Raster, das nicht mehr räumlich aufgelöst wird (räumliche Mischung, z. B. beim Farbfernsehen oder bei pointillistischen Bildern, wie sie im Impressionismus vor allem von Seurat und Signac gemalt wurden), aber auch bei einem schnellen Wechsel, der zeitlich nicht aufgelöst wird (Farbenkreisel). Wir werden später sehen, daß es bei der Addition von Spektren auch einfache Beziehungen zwischen den Farben gibt: Erzeugt der Farbreiz nach dem Spektrum A die Farbe F_A, ebenso der Farbreiz nach dem Spektrum B die Farbe F_B, so kann man ohne Kenntnis von A und B allein aus den Farben F_A und F_B die Farbe der additiven Mischung A + B berechnen (und qualitativ ohne weiteres vorhersagen). Das ist alles andere als selbstverständlich. Es hat zur Folge, daß man von einer Farbenaddition sprechen kann und Additionsregeln der Art „Zinnoberrot + Grün gibt Gelb" aufstellen kann.

Man kann auch zwei Spektren miteinander multiplizieren, indem man für jede einzelne Wellenlänge das Produkt der Intensitäten nimmt. Schaltet man zwei Farbfilter hintereinander, so läßt die Kombination das Produkt der Spektren durch, die jedes einzelne Filter durchlassen würde. Beim Farbfilm kommt dieser Fall in ziemlich reiner Form vor, beim Übereinanderauftragen von Farbmitteln weniger rein. Für die zugehörigen Farben gibt es keine strengen Regeln, da es nicht nur auf die Farben der Einzelspektren, sondern auf diese Spektren selbst ankommt (vgl. Interferenzfilter, Abschnitt 1.4.3).

Da jedes Farbfilter etwas von dem ankommenden Licht wegnimmt, spricht man üblicherweise von subtraktiver Mischung der Farben und stellt Regeln auf von der Art „Blau subtraktiv mit Gelb gemischt gibt Grün". Eine solche Regel setzt jedoch voraus, daß sich die einzelnen Spektren mindestens im grünen Bereich überlappen (was sie im Falle von schmalbandigen Filtern, z. B. Interferenzfiltern keineswegs tun – dort ergibt die Mischung der gleichen „Farben" Schwarz!). Es ist also festzuhalten, daß man korrekterweise von subtraktiver Mischung von Farben nicht sprechen sollte, sondern daß es sich um die Multiplikation zweier Spektren handelt, von deren genauen Formen die Farbe der Kombination abhängt.

Ein Spektrum, das bei Addition zu einem anderen ein volles Spektrum ergibt, also eins, das für alle Wellenlängen die gleiche Intensität hat, heißt „komplementär" zu dem anderen. Da die Farbe des vollen Spektrums im Normalfall Weiß ist, kann man auch sagen, daß die Farben der beiden Einzelspektren sich zur Farbe Weiß addieren oder kompensieren: Kompensativfarben. Es ist aber wichtig, daß keineswegs nur komplementäre Spektren diese Eigenschaft haben: auch zwei einzelne Spektrallinien können zusammen weiß aussehen, und dann sind ihre Farben zueinander kompensativ.

Zum Schluß dieses Abschnitts sei noch darauf hingewiesen, daß eine gewissen Willkür darin besteht, die Spektren so aufzutragen, daß die Wellenlänge linear als Abszisse erscheint, ebenso berechtigt ist die Auftragung nach der Frequenz oder (was genau so aussähe) nach der Quantenenergie. Da Intensitäten jeweils auf Intervalle der Abszisse bezogen werden, hat das durchaus Konsequenzen für die Lage eines Maximums oder für „volles Spektrum". So hat die Planck-Kurve (vgl. 1.5) bei Auftragung über der Wellenlänge das Maximum an einer anderen Stelle des Spektrums als bei Auftragung über der Frequenz. Trägt man hingegen das Spektrum über den Logarithmus der Wellenlänge oder dem der Frequenz auf, so unterscheiden sich die Bilder nur noch durch eine Spiegelung von links und rechts.

1.4 Interferenz

Das Wort bedeutet eigentlich „Störung" oder „Einmischung". Das deutet darauf hin, daß man zunächst etwas Unregelmäßiges dabei vermutete. In Wirklichkeit ist die Interferenz nichts anderes als die Überlagerung von Wellen (Superposition). Was man dabei zu sehen bekommt, ist von großer Regelmäßigkeit und Schönheit, aber zugleich erstaunlich. Am einfachsten macht man heutzutage Interferenzversuche mit einem Laserstrahl und einem Gitter (Glasplatte mit vielen Strichen, die parallel zueinander im gleichen Abstand von wenigen μm angebracht sind). Außer dem erwarteten Fleck sieht man in fast gleichen Abständen noch mehrere zu beiden Seiten. Nimmt man statt des (monofrequenten) Lasers ein Bündel Glühlampenlichtes, so sieht man mehrere bunte Spektren zu beiden Seiten des weißen Flecks, der auch ohne Gitter zu sehen ist.

Die Interferenz wird oft mit der Beugung vermengt: Beugung bezeichnet ursprünglich die im Rahmen der Strahlenoptik nicht verständliche und darum erstaunliche Tatsache, daß Licht „um die Ecke" gehen kann (was in der Wellenoptik leichter zu verstehen ist als das Entstehen von geradlinigen Strahlen). Es ist heute üblich, solche Interferenzerscheinungen als Beugung zu bezeichnen, bei denen Blenden oder Spalte eine entscheidende Rolle spielen. Interferenzversuche ohne Beugung in diesem Sinne sind die Spiegelversuche von Fresnel und Lloyd.

1.4.1 Modellversuche zum Doppelspaltversuch von Young

Um das Wesen der Interferenz zu verstehen, machen wir ein Modell aus Karton (Abb. 1.4.1.1). Die Streifen links von der Blende mit den beiden Spalten stellen eine

Abb. 1.4.1.1 Bewegliches Modell zur Interferenz an Spalten: zwei Kartonstreifen sind mit der gleichen Periode gestreift wie die linke „Halbebene", sie sind an den Unterbrechungen der schraffiert dargestellten Blende drehbar befestigt. Man kann leicht mit ihnen feststellen, an welchen Stellen Elementarwellen, die durch die beiden Öffnungen kommen, konstruktiv oder (wie in der Skizze) destruktiv miteinander interferieren.

ebene Welle (z. B. Laserstrahl oder Licht einer weit entfernten Lichtquelle oder durch eine Linse parallel gemachtes Licht) dar, helle und dunkle Streifen bedeuten dabei nicht etwa verschiedene Intensitäten, sondern positives und negatives Vorzeichen der elektrischen Feldstärke (man könnte auch noch den Betrag dieser Feldstärke durch verschiedene Grauwerte darstellen, es ist aber schwieriger zu zeichnen). In den Raum rechts von der Blende gelangen die Wellen nur durch die beiden Spalte, und zwar nach allen Richtungen gleichermaßen (Elementarwellen nach dem Prinzip von Huygens). Wir greifen uns nun einzelne Punkte, an denen solche Wellen ankommen können, heraus. Dazu schneiden wir uns zwei schmale Kartonstreifen, die ebenfalls „als Wellen" bemalt werden, und befestigen sie drehbar in der Mitte der beiden Spalten, natürlich so, daß die Phasen der Wellen sich an das ebene Wellenfeld anschließen. Läßt man nun die beiden Streifen sich irgendwo kreuzen, so kann man dort ablesen, ob die Elementarwellen sich mit gleicher oder entgegengesetzter Phasenlage (oder auf eine Weise dazwischen) überlagern. Gleichphasige Superposition, die zu Helligkeit führt, findet man überall dort, wo die Abstände von den beiden Spalten sich um eine ganze Zahl von Wellenlängen unterscheiden, gegenphasig dort, wo eine halbe Wellenlänge übrigbleibt. An solchen Stellen gibt es Dunkelheit, was paradox erscheint und manchmal formuliert wird als „Licht + Licht = Dunkelheit". Darin ist vor allem das Pluszeichen völlig unangebracht: nicht die Intensitäten verhalten sich additiv, sondern die Feldstärken, und für diese gilt: Positives plus Negatives gibt (bei gleichen Beträgen) Null, und Null bedeutet hier Dunkelheit, während Positives oder Negatives für sich allein Helligkeit bedeuten würden, da sie in der Intensität quadratisch auftreten.

Das bisher beschriebene Modell ist etwa gleichwertig in der Erklärungskraft zu Zeichnungen wie Abb. 1.4.1.2. In beiden Fällen wird nur eine Momentaufnahme des

Abb. 1.4.1.2 Die Lage der Bereiche mit maximaler und verschwindender Intensität beim Doppelspaltversuch von Th. Young. Von links kommt eine ebene Welle, rechts sind die von den beiden Spalten ausgehenden Wellen einzeln gezeichnet. Maximale Intensität gibt es, wo sie sich „im gleichen Takt" treffen, Auslöschung dort, wo sie „auf Lücke" zusammenkommen. Die geometrischen Örter dazu sind bekanntlich Hyperbeln (bzw. im Raum hyperbolische Zylinder im Falle von Spalten senkrecht zur Zeichnung).

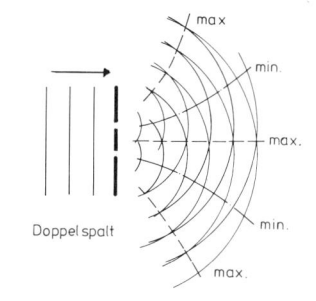

Wellenfeldes dargestellt. Hat man eine polarisierende Klebefolie („Polarfol") für die Trickdarstellung auf dem Arbeitsprojektor zur Verfügung, so kann man das Modell aus Abb. 1.4.1.1 scheinbar laufen lassen. Dazu ersetzt man die hellen und dunklen Streifen (auch auf den schmalen „Strahlen") durch solche Folien, die stückweise auf normale Folien geklebt werden. Es gibt Klebefolien, bei denen die Polarisationsrichtung streifenweise jeweils um einen Winkel verändert ist und mit einer räumlichen Periode jeweils gleiche Richtungen aufweist (vgl. Ausschnittsvergrößerung in Abb. 1.4.1.3 rechts oben). Bringt man nun ein zweites Polarisationsfilter in den Strahlen-

Abb. 1.4.1.3 Trickfolien-Demonstration zum Doppelspaltversuch von Th. Young. Die hier verschieden hell dargestellten Streifen sind Bereiche von aufgeklebten Polarisationsfolien mit unterschiedlicher Polarisationsrichtung (vgl. Schema oben rechts). Beim Betrachten oder Projizieren durch ein normales Polarisationsfilter treten die hellen und dunklen Streifen auf; rotiert dieses Filter, so wandern die Streifen und stellen fortschreitende Wellen dar. Die beiden schmalen Folienstücke rechts im Bild sind mit ihren linken Enden drehbar auf der Hauptfolie festgebunden, sie stellen zwei Lichtstrahlen dar, die aus den beiden Spalten austreten. Eines der beiden wird mit einem Faden von außen gezogen, eine Fadenschlaufe sorgt für die Mitbewegung des anderen. Man sieht bei der Vorführung nicht nur die Momentaufnahme eines Interferenzvorganges, sondern es wird die Interferenz von laufenden Wellen nachgeahmt.

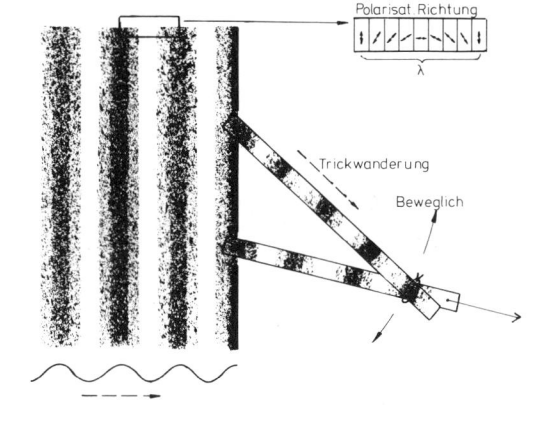

gang, so erscheinen die Bereiche mit passender Orientierung hell, die anderen mehr oder weniger dunkel. Dreht man dieses Filter, so wandern die hellen und dunklen Streifen in der gleichen Richtung und stellen also eine Translation dar, in unserem Fall eine fortschreitende Welle.

In beiden Formen des Modells (Karton für zu Hause, Klarsichtfolie mit Polarisationstrick für Schule oder Vorlesung) kann man die Wellenlänge verschieden groß wählen, man findet dann, daß die Richtungen mit Helligkeit und Dunkelheit um so dichter beieinander liegen, je kürzer die Wellen sind.

Es sei noch bemerkt, daß dieser Modellversuch nur den Aspekt des Doppelspaltversuchs von Young darstellt, der mit dem Abstand der Spalte zusammenhängt. Die Intensität der einzelnen Maxima wird noch von der Breite der Spalte beeinflußt.

1.4.2 Thomas Young (1773–1829)

An zwei Stellen in diesem Buch erscheint Thomas Young als wichtiger Entdecker: er hat neben Fresnel den wesentlichsten Anteil an der Auffindung der Wellennatur des Lichtes, und er hat als erster drei Grundfarben postuliert. Auch sonst war er sehr vielseitig, und so mag ein kurzer Blick auf sein Leben den Leser daran erinnern, daß Wissenschaft eine Tätigkeit von Menschen ist, und oft sogar von sehr interessanten Menschen.

Er wurde am 13. 6. 1773 in Milverton (Somersetshire) geboren. Mit zwei Jahren konnte er lesen, mit 14 beherrschte er acht Fremdsprachen, außerdem die meisten Musikinstrumente und einige Sportarten. Als er in einem Buchladen in einem wertvollen Buch blätterte, bot ihm der Händler das Buch als Geschenk an, falls er eine Seite übersetzen könne: Thomas konnte es. — Als sein Lehrer als Schönschriftprobe verlangte, einige Sätze abzuschreiben, lieferte der gekränkte Schüler den Text in 9 verschiedenen Sprachen ab.

Von 1792 bis 1794 studierte er in London und Edinburgh Medizin und fand dabei die Erklärung für die Formänderung der Augenlinse bei der Akkommodation. Mit 21 Jahren wurde er Mitglied der Royal Society. Er setzte seine Studien dann in Göttingen (u. a. bei Lichtenberg) fort und begeisterte sich zugleich für Tanz und Musik. Auf die Tanzstunden soll er sich mit Zirkel und Lineal vorbereitet haben (man muß dabei bedenken, daß die Tänze damals anders aussahen als heute). Inkognito trat er sogar in einem Zirkus als Kunstreiter auf. Bevor er zu Fuß in seine Heimat zurückkehrte, vertiefte er sich einen Monat lang in die Dresdner Bildergalerie. Anhand des in Rosetta gefundenen Steines entzifferte er die ägyptischen Hieroglyphen, zwar nicht ganz so korrekt wie Champollion, aber früher als dieser.

Seine wichtigsten Leistungen sind zum einen die Annahme von drei Farbrezeptoren in unseren Augen, die später von H. v. Helmholtz weitergeführt wurde, und zum anderen die Erklärung der Interferenz: Schon zu Newtons Zeit hatten einige Forscher (Hooke, vor allem Huygens) das Licht als eine (Stoß-)Welle aufgefaßt. Newton glaubte aber eher an Teilchen, obwohl er die von ihm entdeckten Ringe bei flachen linsenförmigen Luftschichten nur schlecht erklären konnte. Gegen Newtons Autorität konnte Young sich trotz seiner Experimente und richtigen Erklärungen zunächst nicht durchsetzen. Erst in Verbindung mit den Arbeiten von Fresnel und mit der Annahme transversaler Wellen (zur Erklärung der von Malus gefundenen Polarisation) gelang der Wellentheorie der Durchbruch. Young hat als erster Wellenlängen des Lichtes gemessen und 1803 Interferenzerscheinungen des zwei Jahre zuvor von Ritter entdeckten ultraroten Lichtes fotografiert (!). Als praktizierender Arzt und als Universitätslehrer hatte er weniger Erfolg: er hatte als Arzt zu viele wissenschaftliche Skrupel, und als Lehrer überforderte er seine Zuhörer. Am 10. 5. 1829 starb er in London. Seine wissenschaftliche Bedeutung ist auch seither unterschätzt worden; sein Name lebt vor allem fort in Verbindung mit dem Doppelspaltversuch, der Young-Helmholtz-Farbsehtheorie und dem Elastizitätsmodul („Young's Modulus").

1.4.3 Interferenzfarben

Interferenzerscheinungen der Optik sind wegen verschiedener Konsequenzen interessant (z. B. für die Längenmessung: man denke an die Definition der Längeneinheit Meter*); hier geht es jedoch nur um solche Effekte, die sich auf Farben auswirken.

Bei dem beschriebenen Doppelspaltversuch erhält man bei monofrequentem Licht ein Muster heller Streifen der gleichen Farbe. Diese Streifen liegen aber (bei sonst gleichen Bedingungen) um so weiter auseinander, je größer die Wellenlänge ist. Bei polyfrequentem Licht („weißem Licht" z. B.) wird daher das Licht entsprechend seinen Wellenlängen räumlich getrennt, und wir sehen bunte Spektren. Besteht die Anordnung nicht nur aus einem Doppelspalt, sondern aus einem Gitter (d. h. einer Anordnung aus sehr vielen Spalten oder Ritzen mit genauer räumlicher Periodizität, Abb. 1.4.3.1), so werden die hellen Bereiche (für jede einzelne Wellenlänge) schärfer, da nun auch bei der Streuung an nicht unmittelbar benachbarten Gitterstrichen eine Auslöschung erlaubt ist. Schaut man eine (nicht zu intensive) Lichtquelle durch ein solches Gitter an, so wird die Farbe, in der sie erscheint, richtungsabhängig.

Abb. 1.4.3.1 Das Strichgitter als Beispiel für Vielstrahlinterferenz: das Licht geht in Richtungen, für welche die Gangunterschiede ganzzahlige Vielfache der Wellenlänge sind (in diesem Beispiel ist die ganze Zahl = 1).

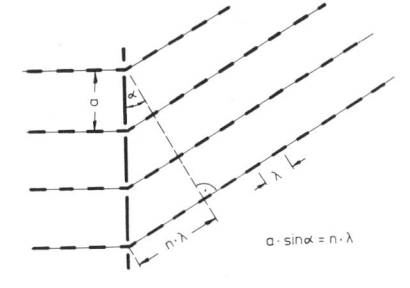

$a \cdot \sin\alpha = n \cdot \lambda$

Das Wesentlichste bei der Interferenz ist der Wegunterschied von mehreren gleichzeitig durchlaufenen „Strahlen". Diese entstehen auch bei Reflexion an zwei oder mehr Grenzflächen (Abb. 1.4.3.2), die mehr oder weniger parallel zueinander sind. Dabei spielt immer die Wellenlänge eine entscheidende Rolle, im Falle leicht keilförmiger Schichten (z. B. auch bei den konkav-linsenförmigen Luftschichten zwischen Glasplatten mit leichter Wölbung, wie sie bei glasgerahmten Diapositiven auftreten können: Newton-Ringe) kommt es auch auf die Position des Strahls an („Interferenz-

---

* die 1983 von einer neuen abgelöst wurde.

Schichtdicke

Schichtdicke

Schichtdicke

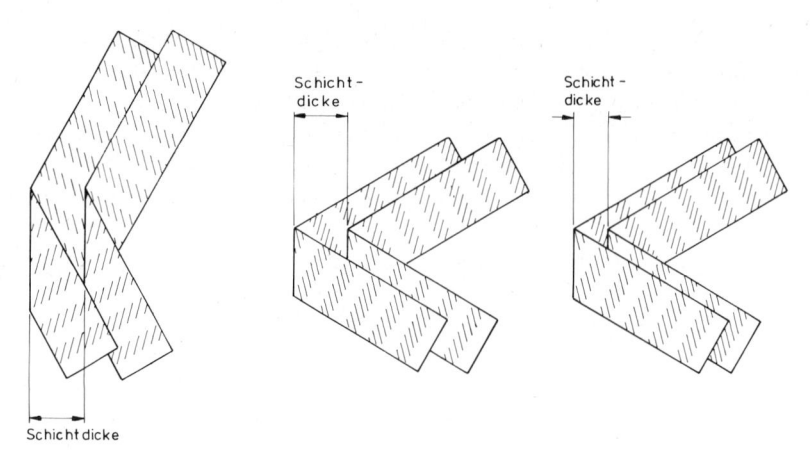

Abb. 1.4.3.2 Papierstreifenmodell zur Interferenz an dünnen Schichten.
Zwei Papierstreifen werden mit Filzstift zebrastreifenartig bemalt, auch von den Rückseiten (natürlich ohne Versetzung). Die hellen und dunklen Streifen bedeuten die Momentaufnahme einer Welle. Bringt man beide miteinander zur Deckung (auch was die Streifen betrifft) und faltet sie dann zugleich unter einem beliebigen Winkel, so kann man durch Parallelverschiebung von einem Streifen die Schichtdicke finden, die bei dieser Wellenlänge und diesem Einfallswinkel Verstärkung (oder aber Auslöschung) durch Interferenz bedeutet.
Die meistens vorhandene Brechung zwischen den beiden Grenzflächen ist in diesem Modell nicht berücksichtigt, ebenso nicht ein evtl. auftretender Phasensprung, die quantitativen Verhältnisse sind daher etwas anders.

muster aufgrund der Schichtdicke"), und natürlich geht die Neigung der Lichtstrahlen zu den Flächen in die Länge der Wegdifferenzen ein („Interferenz aufgrund der Neigung"), z. B. bei Ölschichten auf Wasserpfützen.
Beim Blick auf solche Schichten oder Gitter sieht man nebeneinander unterschiedliche Farben, die aber immer auch farblich ineinander übergehen. Der preiswerteste Versuch besteht im Herstellen von Seifenblasen: hier spielen Schichtdicken und Strahlenrichtungen gleichermaßen eine Rolle. Außerdem beobachtet man bei ihnen, daß vor dem Zerplatzen, wenn also die Schichtdicke sich null Wellenlängen nähert, paradoxerweise nicht klare Durchsicht, sondern ein schwarzer Fleck zu beobachten ist. Diese Auslöschung hat ihren Grund im Phasensprung an einer der beiden Grenzflächen, was aber für das prinzipielle Verständnis der Interferenz als Ursache bunten Aussehens weniger wesentlich ist.
Eine Farberscheinung des täglichen Lebens weist zugleich auf eine wichtige Anwendung der Interferenz hin: das violette Schimmern von vergüteten („entspiegelten") Brillengläsern oder Objektiven. Auf dem Glas befindet sich eine MgF_2-Schicht von ca. 0,1 μm Dicke, also ¼ der Wellenlänge des Lichtes. Dadurch entsteht für reflektiertes Licht an beiden Grenzflächen ein Wegunterschied von einer halben Wellenlänge, die störende und intensitätsmindernde Reflexion wird also für den mittleren Teil des Spektrums vermieden. Die verbleibenden Anteile des Spektrums lassen die Brille violett schimmern. MgF_2 wird gewählt, weil sein Brechungsindex zwischen denen von Luft und Glas liegt und somit zwischen beiden reflektierten Strahlen kein Phasensprung mehr auftritt.

Werden die Grenzflächen einer dünnen Schicht halbverspiegelt, kommt es zu wesentlich mehr Reflexionen, und nur für einen sehr schmalen Wellenlängenbereich ist diese Anordnung durchlässig (genauer: für mehrere getrennte Bereiche: die unerwünschten beseitigt man üblicherweise mit einem Absorptionsfilter). Das ist das Prinzip des Interferenzfilters (Abb. 1.4.3.3); die Halbwertsbreiten sind typischerweise um 10 nm. Hält man ein „blaues" und ein „grünes" Interferenzfilter hintereinander und schaut hindurch, so erkennt man, daß eine solche Kombination praktisch undurchsichtig ist, völlig anders, als es bei „normalen" (Absorptions- d. h. Farbstoff-) Filtern wäre, wo eine blau-grüne Mischfarbe zu sehen wäre. Das ist ein deutlicher Hinweis darauf, daß es manchmal nicht nur auf die Farben, sondern auf die zugrundeliegenden Spektren ankommt: für diese multiplikative Mischung (meist „subtraktive" genannt) gibt es eben keine Regeln in der Art von „Grün mit Blau gemischt gibt Blaugrün". Daß es sie zu geben scheint, liegt daran, daß man es meist mit Absorptionsfiltern bestimmter Kurvenformen im Spektrum zu tun hat; das Verhalten der Interferenzfilter erscheint dann als Ausnahme.

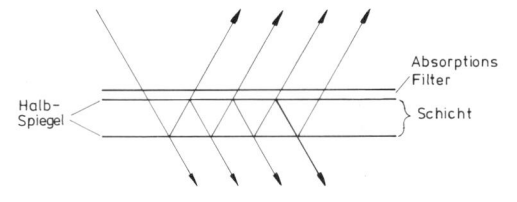

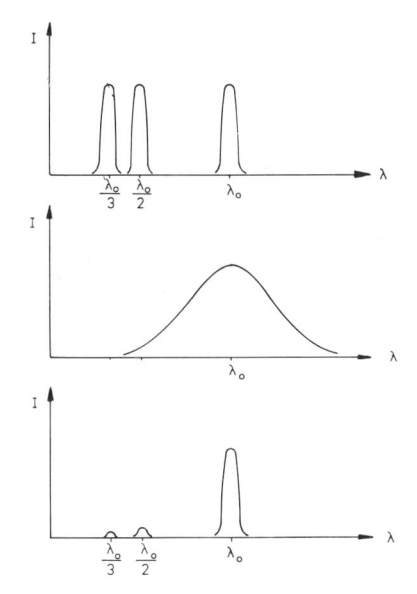

Abb. 1.4.3.3 Interferenzfilter.
In einer Schicht passender Dicke wird der Lichtstrahl mehrfach zwischen zwei halbverspiegelten Grenzflächen reflektiert. Konstruktive Interferenz ist damit nur für eine scharf definierte Wellenlänge möglich (bei senkrechtem Durchgang genaugenommen) sowie für deren Hälfte, Drittel usw. Um diese abzufangen, genügt ein vorgeschaltetes Absorptionsfilter.

In der Technik erscheinen Interferenzfarben beim sogenannten Anlassen von Stahl bei Erhitzung. Dabei bilden sich Schichten von Fe_3O_4, deren Dicken von der Temperatur abhängen. Der Fachmann kann aufgrund der Farbe (die keine reine Spektralfarbe ist) beim Herausnehmen des Stahls aus einer Flamme die Temperatur schätzen.

Nach dem bisher Gesagten (und der grundsätzlichen physikalischen Erklärung) könnte man Interferenzfarben für etwas halten, was hauptsächlich in der Technik und im Physik-Labor vorkommt. Wir begegnen ihnen aber auch in der Biologie und im Kunstgewerbe (vgl. Abb. F1—F2), und zwar als Folge von dünnen Schichten auf der Oberfläche, vor allem von Fischschuppen, Schneckenhäusern, Muschelschalen und Perlen.

1.4.4 Goethe über Interferenzfarben

Goethe hat sich mit den Farben intensiver befaßt als mit irgend etwas anderem (ausgenommen vielleicht dem Faust). Von seinen umfangreichen Schriften über die Farbenlehre ist der Didaktische Teil bei weitem der wertvollste. Aus ihm werden an passenden Stellen einzelne Abschnitte zitiert. Es ist hier nicht der Ort für eine eingehende Würdigung von Goethes Farbenlehre, so daß wenige Bemerkungen genügen mögen:

Goethes Beschäftigung mit der Natur war Schauen und ein Versuch zu begreifen, die Natur war für ihn kein Objekt, sondern identisch mit der Gottheit. Daher waren ihm die Methoden der erfolgreichen Naturwissenschaft (Analysieren, Experimentieren mit technischen Hilfsmitteln, Mathematisieren) weitgehend fremd und suspekt. Die Gewißheit, daß Weiß und Rot für uns einfache und nicht zusammengesetzte Empfindungen sind, war ihm so wichtig, daß er die scheinbar dem widersprechenden Aussagen der Optik (die sich in Wirklichkeit auf die Spektren und nicht auf die Farben beziehen) auf das heftigste bestritt. Er stellte sich somit bewußt gegen die Mehrheit der Physiker und „widmete" Newton und seinen Anhängern unter anderem den Polemischen Teil der Farbenlehre. Als Kritiker der Physiker auf deren eigenem Gebiet hat Goethe weitgehend unrecht behalten, die Farben haben aber nicht nur physikalische Aspekte, sondern auch physiologische und psychologische, und dazu finden wir in der Farbenlehre viele wichtige Beobachtungen.

Sieht man von den Deutungsversuchen ab, die oft falsch sind, so findet man aber auch zu den physikalischen Effekten eine Fülle von Beobachtungen, etwa im augenblicklichen Zusammenhang mit den Interferenzfarben, die Goethe „epoptisch" (epi = auf) nennt und den mehr oder weniger flüchtigen Oberflächenerscheinungen zuordnet:

XXXIII.

Epoptische Farben

430.

Sie entspringen durch verschiedene Veranlassungen auf der Oberfläche eines farblosen Körpers, ursprünglich, ohne Mittheilung, Färbe, Taufe (βαωή); und wir werden sie nun, von ihrer leisesten Erscheinung bis zu ihrer hartnäckigsten Dauer, durch die verschiedenen Bedingungen ihres Entstehens hindurch verfolgen, welche wir zu leichterer Uebersicht hier sogleich summarisch anfahren.

431.
Erste Bedingung. Berührung zweyer glatten Flächen harter durchsichtiger Körper.
Erster Fall, wenn Glasmassen, Glastafeln, Linsen an einander gedruckt werden.
Zweyter Fall, wenn in einer soliden Glas=Krystall= oder Eismasse ein Sprung entsteht.
Dritter Fall, indem sich Lamellen durchsichtiger Steine von einander trennen.
Zweyte Bedingung. Wenn eine Glasfläche oder ein geschliffner Stein angehaucht wird.
Dritte Bedingung. Verbindung von beyden obigen, daß man nehmlich die Glastafel anhaucht, eine andre drauf legt, die Farben durch den Druck erregt, dann das Glas abschiebt, da sich denn die Farben nachziehen und mit dem Hauche verfliegen.
Vierte Bedingung. Blasen verschiedener Flüssigkeiten, Seife, Chocolade, Bier, Wein, feine Glasblasen.
Fünfte Bedingung. Sehr feine Häutchen und Lamellen mineralischer und metallischer Auflösungen; das Kalkhäutchen, die Oberfläche stehender Wasser, besonders eisenschüssiger; ingleichen Häutchen von Oel auf dem Wasser, besonders von Firniß auf Scheidewasser.
Sechste Bedingung. Wenn Metalle erhitzt werden. Anlaufen des Stahls und anderer Metalle.
Siebente Bedingung. Wenn die Oberfläche des Glases angegriffen wird.

1.4.5 Eine wichtige Zwischenbemerkung

Bisher ist nur erklärt worden, wieso die Interferenz Licht von verschiedenen Wellenlängen räumlich sortiert oder je nach Wellenlänge reflektiert oder durchläßt. Daß wir dabei verschiedene Farben zu sehen bekommen, ist damit noch nicht erklärt. Wir wollen uns, solange wir die rein physikalischen Effekte behandeln, mit der etwas unscharfen Aussage begnügen, daß einzelne Bereiche des Spektrums (im Gegensatz zu einem ausgewogenen Gemisch, etwa Tageslicht oder anderem „weißem" Licht) Objekte bunt erscheinen läßt. Das ist zunächst ein Indiz, das wir nicht unbedingt benötigen, sondern nur erwähnen, weil es sehr auffällig ist. Im Prinzip könnten wir bei der ganzen physikalischen Behandlung auf die Farbeindrücke verzichten und mit objektiven Meßgeräten (Photomultiplier, Photoelement usw.) die Intensitäten ausmessen, wie man es ja gezwungenermaßen im Ultraroten und Ultravioletten tut.
Wir wollen als vorläufige Erkenntnis aus dem Allgemeinwissen (bzw. dem Schulunterricht der Sekundarstufe I) als bekannt voraussetzen, daß man im Spektrum bei abnehmender Wellenlänge (also zunehmender Frequenz) die Farben Zinnoberrot, Orange, Gelb, Grün, Blau und Violett mit Zwischentönen zu sehen bekommt. Außerdem erhalten wir bei weniger scharfer Trennung im langwelligen Teil Gelb und im kurzwelligen Teil Blau als vorherrschenden Farbeindruck. Das erleichtert uns die Beschreibung von Versuchen und ermöglicht, sie auch ohne objektive Meßgeräte auszuwerten, mit diesen Farbwahrnehmungen sollen aber in den Abschnitten 1 und 2 nur Spektren charakterisiert werden. Der genauere Zusammenhang mit den Farben wird erst in Abschnitt 3 erklärt werden.

1.5 Rayleigh-Streuung

1.5.1 Modellversuch zum blauen Himmel und zur roten Sonne (Abb. 1.5.1.1)

Man füllt eine große Küvette mit verdünnter Lösung von $Na_2S_2O_3$ (Natriumthiosulfat) in Wasser und läßt ein Lichtbündel waagerecht hindurch auf einen Schirm scheinen, der so gestellt wird, daß die Zuschauer die Küvette und den hellen Fleck auf dem Schirm zugleich sehen. Das Lichtbündel ist in der Flüssigkeit kaum zu sehen. Gibt man nun einige Tropfen verdünnter HCl hinzu und wartet einige Sekunden (evtl. umrühren!) so wird das Lichtbündel bläulich-weiß sichtbar, der Fleck auf dem Schirm färbt sich gelblich. Die Flüssigkeit wird dann zunehmend trüber, das Lichtbündel erscheint bläulich, der Fleck wird schließlich leuchtend rot: das erinnert an die untergehende Sonne, und zwar durchaus aus einem guten physikalischen Grund. Beim häuslichen Schülerversuch kann man sich statt der Chemikalien mit einigen Tropfen Milch in Wasser begnügen, ein großes Wasserglas und eine Schreibtischlampe ersetzen die Geräte, die Farberscheinungen werden aber mit Milch nicht so eindrucksvoll wie mit dem feinverteilten Schwefel aus dem Thiosulfat.

Außer den Farben sind an diesem Versuch — auch in völliger Analogie zum Himmelslicht — die Polarisationserscheinungen interessant: das seitwärts gestreute Licht ist senkrecht zur Richtung des primären Strahls polarisiert. Hält man schon vor die Lampe ein Polarisationsfilter, z. B. mit senkrechter Polarisationsrichtung, so tritt das Streulicht überwiegend seitwärts aus, nach oben und unten dagegen nur wenig. Man erkennt das am besten, wenn man das Filter vor der Lampe dreht.

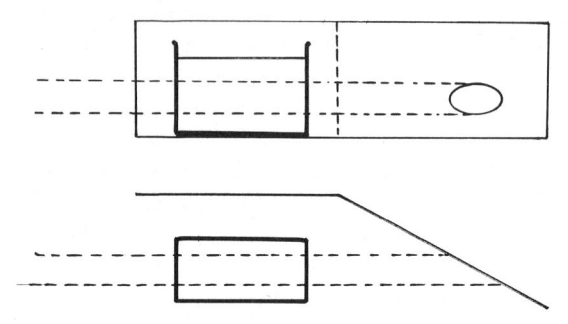

Abb. 1.5.1 Versuchsanordnung zur Simulation des blauen Himmels und der untergehenden Sonne, oben aus Zuschauersicht, darunter im Grundriß. Wird das Natriumthiosulfat mit wenig HCl leicht angesäuert, so erscheint die Küvette vor dem schwarzen Hintergrund hellblau, das durchgehende Bündel wird erst gelb und dann gelbrot.

1.5.2 Qualitative Erklärung

Die Elektronen in den weit voneinander getrennten Teilchen (Schwefel bzw. in der Atmosphäre Luftmoleküle) werden von der Lichtwelle zu erzwungenen Schwingungen angeregt und senden dabei ihrerseits als Dipole Wellen aus, und zwar hauptsäch-

---

* (Begründung: das erzwungene Diplomoment führt zu einer Stromstärke, die u. a. der Frequenz proportional ist; dies ist natürlich ein Wechselstrom, und er induziert eine elektrische Feldstärke, die wiederum zur Stromstärke und zur Frequenz proportional ist, denn bei der Differenzierung einer Sinus-Funktion erscheint die Frequenz noch einmal als Faktor.)

lich in die Richtungen, die senkrecht auf dieser Schwingungsrichtung stehen. Die Amplitude dieser ausgesandten Wellen ist dabei quadratisch von der Frequenz abhängig.*
Betrachtet man nun nicht die Amplitude, sondern die Intensität, so muß man noch einmal quadrieren: die Intensität ist also proportional zur 4. Potenz der Frequenz (und außerdem zur 2. des Sinus des Winkels zwischen der Schwingungsrichtung des Dipols, also der des eingestrahlten Lichtes, und der Beobachtungsrichtung: das erklärt genau die Polarisationseffekte, die uns hier aber weniger interessieren). Das höherfrequente (kurzwellige) Licht wird also bei dieser Streuung (die nach Rayleigh benannt ist) besonders stark beteiligt, es sieht insgesamt blau aus. Für das durchgelassene Licht bleibt demnach bevorzugt der niederfrequente, also längerwellige Teil übrig, der gelb bis rot aussieht, je nach dem Ausmaß dieser Bevorzugung.

1.5.3 Anwendung auf den Himmel

Befindet man sich (z. B. als Astronaut) auf einem Himmelskörper ohne nennenswerte Lufthülle (z. B. Mond, vgl. Abb. F2), so sieht der Himmel zu allen Tageszeiten schwarz aus und die Sonne weiß. Auf der Erde sieht man aber statt der Dunkelheit einen hellblauen Himmel: Sonnenlicht wird von der Luft aus allen Richtungen in unsere Augen gestreut. Die Sonne sieht etwas gelblich aus, vor allem wenn man sie durch eine besonders dicke Luftschicht betrachtet, nämlich wenn sie in geringer Höhe über dem Horizont steht, sie kann dann sogar intensiv rot aussehen.
Auch wenn die Sonne durch Wolken oder ein Gebäude verdeckt ist, kann man ihre Richtung mit Polarisationsfiltern bestimmen: in Richtungen zu ihr hin und von ihr weg ist das Licht unpolarisiert, rechtwinklig dazu jedoch deutlich polarisiert. Bienen und andere Insekten können außer Farben auch Polarisationsrichtungen unterscheiden und sich damit besser orientieren als wir.
Das Morgen- und Abendrot ist mit der obigen Erklärung noch nicht erfaßt: es kommt noch eine Streuung unter kleineren Ablenkwinkeln dazu. Wassertröpfchen, aus denen Wolken oder Nebel bestehen (auch der Nebel, der im Alltag mit Dampf verwechselt wird) streuen das Licht ohne derartige Diskriminierung der Frequenzen, so daß sie zu unbunten Effekten führen und selbst weiß aussehen.

1.5.4 Die Farbperspektive

Unter „Perspektive" versteht man die räumliche Interpretation eines ebenen Bildes, die insbesondere durch die Deutung gerader Linien als Bilder von rechtwinklig zueinander liegenden Geraden unterstützt wird. (Das Wort bezieht sich auf das „Durchblicken" und leitet sich von einem Hilfsrahmen ab, durch den man früher beim Zeichnen geschaut hat, um perspektivisch richtige Bilder zu erhalten). Die Rayleigh-Streuung gibt dem Maler eine ganz andere Möglichkeit, Objekte als mehr oder weniger weit vom Betrachter entfernt darzustellen. Ausgedehnte Luftschichten mischen nämlich nach dem bisher Erfahrenen kurzwelliges Licht bei. Das gibt die einfache

Zuordnung: rot = nah, blau = fern. Man findet diesen Effekt auf Fotos und auf Gemälden, insbesondere bei Caspar David Friedrich.

1.5.5 Versuche mit Polyethylenfolie, „Blaues Blut"

Auch Polyethylenfolie, wie sie für Plastiktüten verwendet wird, zeigt Rayleigh-Streuung. Am deutlichsten wird das, wenn man durch die Folie eine Lampe oder den Himmel anschaut: die Lichtquelle sieht gelb aus. Bespannt man ein Kartonstück mit zwei fensterartigen Ausschnitten mit einer solchen Folie und baut hinter das eine Fenster einen schwarzen Kasten, Abb. 1.5.5, so erscheint dieses Fenster stets bläulicher als das andere, weil in ihm das durchgehende Licht praktisch fehlt und das Streulicht relativ stärker beteiligt ist.

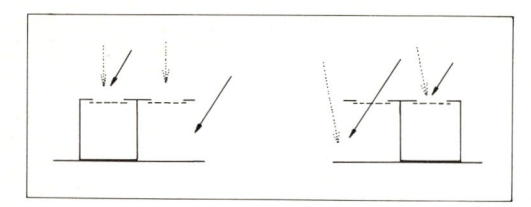

Abb. 1.5.5 Ein rätselhafter Kasten (in Anlehnung an ein Exponat des Düsseldorfer Goethe-Museums). Ein Karton mit zwei gleichen Fenstern aus Polyethylenfolie (weiße Einkaufstüte) ist hinter einem der beiden Fenster zu einem geschlossenen schwarzen Kasten ergänzt. Die durchgezogenen Pfeile stellen einfallendes Licht dar, die gepunkteten die Blickrichtungen. Die Folie läßt bevorzugt rotes Licht durch und reflektiert bevorzugt blaues. Daher sieht das Fenster des geschlossenen Teils bläulich aus, das andere Fenster ebenso wie der durch dieses hindurch beleuchtete (weiße) Untergrund rötlich.

Hält man auf eine orangefarbene Unterlage schwarze „Adern" und legt eine (evtl. doppelt-genommene) Polyethylenfolie darauf, so erscheinen die „Adern" bläulich. Das ist ein Modellversuch zum „blauen Blut", bei dem allerdings der Simultankontrast zur Verstärkung des Effektes benutzt wird (in diesem Modellversuch ist keiner der beiden Effekte für sich alleine ausreichend). Nach Pohl (Optik und Atomphysik) streuen die lichtdurchlässigen Schichten der Haut das Licht, so daß diese vor dem schwarzen Hintergrund von Venen bläulich aussieht. Das gilt natürlich nur für blasse Haut, wie sie früher Statussymbol der nichtarbeitenden Oberschichten und erklärtes Schönheitsideal (vor allem für Frauen) war. Wer dagegen im Freien arbeiten mußte, entwickelte Melanin in seiner Haut und hatte darum kein „blaues Blut". Heute findet die Arbeit meistens in geschlossenen Räumen statt, dafür aber die Freizeit unter südlicher Sonne, und so gilt seit einigen Jahrzehnten trotz der Gesundheitsgefährdung eine braune Haut als erstrebenswert.

1.5.6 Die Farbe der Iris

Viele blaue und (bei Beimischung von gelben Pigmenten) grüne Färbungen an Lebewesen beruhen auf der Rayleigh-Streuung. Das interessanteste Beispiel dazu ist die Iris, die in unseren Augen als Blende fungiert. Ist sie nur im hinteren Teil mit Melanin (dem dunklen Pigment, das auch die Haare und die Haut der Säugetiere schwarz oder braun färbt) durchsetzt, so bildet dieser Teil den dunklen Hintergrund, vor dem das Streulicht aus dem vorderen Teil ein blaues Erscheinungsbild erzeugt. Bei stärkerer Pigmentierung mischt sich das zu Grün oder Braun. Damit sind die verschiedenen „Augenfarben" (genauer: Irisfarben) erklärt. Fehlt das Melanin völlig (Albinismus, z. B. bei weißen Mäusen), so erscheint die Iris in der roten Farbe des Augenhintergrundes.

Poetische Menschen vergleichen gelegentlich die blauen Augen eines von ihnen verehrten Menschen mit dem blauen Himmel oder dem blauen Meer. Daran ist physikalisch sehr viel Wahres, wie wir gesehen haben, ebenso wahr wäre aber auch der sicher viel weniger poetische Vergleich mit der bläulichen Magermilch.

1.5.7 Goethe über die Streuung und die Farbperspektive

Das streuende Medium erscheint bei Goethe als „trüb". Daß dieses vor einem dunklen Hintergrund blau und vor einem weißen gelb bis rot aussieht, erscheint ihm als der Entstehungsgrund für alle Farben überhaupt: Farben als Zusammenwirken von Schwarz, Weiß und Trübe:

150.
Das höchstenergische Licht, wie das der Sonne, des Phosphors in Lebensluft verbrennend, ist blendend und farblos. So kommt auch das Licht der Firsterne meistens farblos zu uns. Dieses Licht aber durch ein auch nur wenig trübes Mittel gesehen, erscheint uns gelb. Nimmt die Trübe eines solchen Mittels zu, oder wird seine Tiefe vermehrt, so sehen wir das Licht nach und nach eine gelbrothe Farbe annehmen, die sich endlich bis zum Rubinrothen steigert.

151.
Wird hingegen durch ein trübes, von einem darauffallenden Lichte erleuchtetes Mittel die Finsterniß gesehen, so erscheint uns eine blaue Farbe, welche immer heller und blässer wird, jemehr sich die Trübe des Mittels vermehrt, hingegen immer dunkler und satter sich zeigt, je durchsichtiger das Trübe werden kann, ja bey dem mindesten Grad der reinsten Trübe, als das schönste Violet dem Auge fühlbar wird.

152.
Wenn diese Wirkung auf die beschriebene Weise in unserm Auge vorgeht und also subjektiv genannt werden kann; so haben wir uns auch durch objektive Erscheinungen von derselben noch mehr zu vergewissern. Denn ein so gemäßigtes und getrübtes Licht wirft auch auf die Gegenstände einen gelben, gelbrothen oder purpurnen Schein; und ob sich gleich die Wirkung der Finsterniß durch das Trübe nicht eben so mächtig äußert; so zeigt sich doch der blaue Himmel in der Camera obscura ganz deutlich auf dem weißen Papier neben jeder andern körperlichen Farbe.

153.
Wenn wir die Fälle durchgehen, unter welchen uns dieses wichtige Grundphänomen erscheint, so erwähnen wir billig zuerst der atmosphärischen Farben, deren meiste hirher geordnet werden können.

154.
Die Sonne, durch einen gewissen Grad von Dünsten gesehen, zeigt sich mit einer gelblichen Scheibe. Oft ist die Mitte noch blendend gelb, wenn sich die Ränder schon roth zeigen. Beym Heerrauch, (wie 1794 auch im Norden der Fall war) und noch mehr bey der Disposition der Atmosphäre, wenn in südlichen Gegenden der Scirocco herrscht, erscheint die Sonne rubinroth mit allen sie im letzten Falle gewöhnlich umgebenden Wolken, die alsdann jene Farbe im Wiederschein zurückwerfen.
Morgen- und Abendröthe entsteht aus derselben Ursache. Die Sonne wird durch eine Röthe verkündigt, indem sie durch eine größere Masse von Dünsten zu uns strahlt. Je weiter sie herauf kommt, desto heller und gelber wird der Schein.

155.
Wird die Finsterniß des unendlichen Raums durch atmosphärische vom Tageslicht erleuchtete Dünste hindurch angesehen, so erscheint die blaue Farbe. Auf hohen Gebirgen sieht man am Tage den Himmel königsblau, weil nur wenig feine Dünste vor dem unendlichen finstern Raum schweben; sobald man in die Thäler herabsteigt, wird das Blaue heller, bis es endlich, in gewissen Regionen und bey zunehmenden Dünsten, ganz in ein Weißblau übergeht.

156.
Eben so scheinen uns auch die Berge blau: denn indem wir sie in einer solchen Ferne erblicken, daß wir die Lokalfarben nicht mehr sehen, und kein Licht von ihrer Oberfläche mehr auf unser Auge wirkt; so gelten sie als ein reiner finsterer Gegenstand, der nun durch die dazwischen tretenden trüben Dünste blau erscheint.

780.
Wie wir den hohen Himmel, die fernen Berge blau sehen, so scheint eine blaue Fläche auch vor uns zurückzuweichen.

1.6 Temperaturstrahlung

1.6.1 Die Formel von Planck

Die Temperaturstrahlung ist als Schnittgebiet von Optik, Thermodynamik und Quantentheorie von großem physikalischem Interesse. In unserem Zusammenhang ist sie wichtig als ein Effekt, bei dem von der Lichtquelle her Farben bestimmt werden, ohne daß die stoffliche Zusammensetzung dabei wesentlich wäre (wie auch die Rayleigh-Streuung und die Interferenz bei den beleuchteten Objekten Farben beeinflussen oder bestimmen, ohne daß es dabei auf die Materialsorte ankäme: nur die räumliche Anordnung ist es dort).
Befindet sich eine elektromagnetische Strahlungsquelle im thermodynamischen Gleichgewicht (wie es in einem Hohlraum mit einer möglichst kleinen Beobachtungsöffnung realisiert werden kann), so gilt die Formel von Planck (1900, Max Planck lebte 1858–1947):

$$I_{f,T} \cong \frac{2 \cdot h \cdot f^3}{c_o^2} \frac{1}{\exp(\frac{hf}{kT}) - 1} df$$

Darin sind: T die (absolute) Temperatur, f die Frequenz, $I_{f,T}$ die Intensität bei T im Frequenzintervall um f mit der Breite df, c_o die (Vakuum-)Lichtgeschwindigkeit, k die Konstante von Boltzmann (in der sich der thermodynamische Charakter manifestiert), und h (erstmalig in der Physik!) die Konstante von Planck, das sogenannte Wirkungsquantum, die typische Konstante aller quantenphysikalischer Effekte. Die Bedeutung von h wird am ehesten deutlich in der Beziehung von Einstein W = h f (in älteren Symbolen als E = hν berühmt): h ist der Quotient aus der Energie eines einzelnen Photons (Lichtteilchens) und der Frequenz, in der es wellenoptisch auftritt. Man kann auch sagen: h bildet überall den Übergang von Teilcheneigenschaften zu Welleneigenschaften.

Das Argument der Exponentialfunktion ist (wie in der Thermodynamik üblich) das Verhältnis einer Energie hf zu kT.

Bevor wird die Planck-Formel weiter vereinfachen, soll noch angemerkt werden, daß sie für Wellenlängenintervalle etwas anders aussieht:

$$I_{\lambda,T} \cong \frac{2 h c^2}{\lambda^5} \frac{1}{(\exp \frac{hc}{k\lambda T}) - 1} d\lambda$$

Aus f = c/λ folgt nämlich df = c · dλ/λ², d. h. bei der Umrechnung muß beachtet werden, daß gleichbreite Frequenzintervalle ungleichmäßigen Wellenlängenintervallen entsprechen.

Beschränkt man sich auf hohe Temperaturen und/oder langwelliges Licht (genauer: auf den Fall λT ≫ h · c/k), so kann man die Exponentialfunktion durch das 0. und 1. Glied ihrer Reihenentwicklung ersetzen, es bleibt die Formel von Rayleigh und Jeans übrig: c · k · T/λ⁴, in der das Wirkungsquantum nicht vorkommt.

Im anderen Grenzfall (niedrige Temperaturen und/oder kurzwelliges Licht, also λ · T ≪ h · c/k) kann man die 1 im Nenner vernachlässigen, man erhält dann die Strahlungsformel von Wien, bei der zwar h noch auftritt, aber nicht mehr so, daß sein Zahlenwert damit meßbar wäre: diesen kann man nämlich nun aus der Exponentialfunktion herausziehen, und er steckt dann nur noch in der absoluten Intensität. Erst die Formel von Planck, die die beiden anderen als Grenzfälle enthält, hat darum zur Entdeckung dieser äußerst wichtigen Naturkonstante geführt.

Im Zusammenhang mit den Farben von Lichtquellen oder beleuchteten Objekten interessiert uns nur die relative Verteilung der Intensitäten auf das Spektrum, insbesondere ihre Abhängigkeit von der Temperatur (denn von anderen Versuchsbedingungen hängt sie ja nicht ab). Wir können die Planck-Formel zusammenfassen zu:

$$I_{f,T} = f^3 \cdot F(T/f) df$$

Sie zerfällt also in eine Potenz von f und eine Funktion F, die nur vom Verhältnis aus Temperatur und Frequenz abhängt. Nehmen wir an, diese Funktion sei für eine bestimmte Temperatur für alle Frequenzen bekannt (aus einer einzigen Meßreihe oder einer Berechnung aufgrund der Formel)! Wollen wir nun wissen, wie es für eine andere Temperatur T_2 (die wir „um T_2/T_1 höher" nennen können, auch wenn dieser Faktor kleiner als 1 ist) aussieht, so können wir bei jeweils den Frequenzen in unserer bekannten Funktion nachsehen, die um den Faktor T_2/T_1 größer sind (also bei f · T_2/T_1 statt bei f): das Verhältnis T/f ist dann nämlich wieder das gleiche. Daß nun alle Werte um den Faktor $(T_2/T_1)^3$ größer sind (wegen f^3) ist für die relativen Intensitäten ohne Belang.

Das kann man graphisch elegant ausnutzen, wenn man die Frequenzen logarithmisch aufträgt: eine seitliche Verschiebung der Kurve bedeutet dann eine Multiplikation aller Frequenzen mit dem gleichen Faktor (auf diesem Prinzip beruhen die Rechenschieber, die bis vor kurzem anstelle der Taschenrechner für einige Rechenarten gebräuchlich waren).

Diese Tatsache war schon vor der Formel von Planck bekannt, nämlich als „Verschiebungsgesetz von Wien" (man findet es meistens in der eingeschränkten Formulierung für die Lage des Maximums der Kurve).

1.6.2 Das Verschiebungsgesetz — ganz konkret

Die Konsequenzen des Gesetzes machen wir uns am besten an einem beweglichen Modell Abb. 1.6.2 klar. Es besteht aus einer Folie mit waagerecht aufgetragenem Spektrum, wobei die Frequenz logarithmisch geteilt ist (wegen f · λ = const damit auch die Wellenlänge, allerdings in der entgegengesetzten Richtung). Den Bereich des Lichtes, der zum Sehen beiträgt (meist salopp „sichtbares Licht" genannt) malt man mit Folienstiften als senkrechte Balken in den Farben, in denen diese Spektralbereiche jeweils erscheinen. Die ultraroten und ultravioletten Bereiche kann man mit Pergament bekleben (das erscheint in der Overhead-Projektion dunkelgrau). Gegen diese Folie (die das Spektrum enthält) ist die Schablone beweglich, aus der der Bereich unter der Planck-Kurve ausgeschnitten ist. Indem man diese Schablone nun waagerecht verschiebt, stellt sie die spektralen Intensitätsverteilungen für verschiedene Temperaturen dar. Man kann also an der Schablone noch einen Zeiger anbringen (am besten beim Maximum der Kurve), und auf der Folie mit dem Spektrum die zugehörige Temperaturskala. Wegen des Verschiebungsgesetzes ist sie ebenfalls logarithmisch. Weitere Verfeinerungen sind eine Skala für die reziproke Temperatur (die in der Farbfotografie gebräuchlich ist, und zwar mit der etwas seltsamen Einheit mired = 1000000/Kelvin). Auch kann man kleine zeichnerische Symbole für bestimmte Lichtquellen auf die Folie malen, die gerade dann in einem Fenster der Schablone sichtbar werden, wenn ihre spektrale Verteilung gezeigt wird.

Soll die Fläche in diesem Modell maßstäblich sein für die relative Verteilung der Intensität im Spektrum, so muß die senkrechte Achse linear geteilt sein, und die Auftragung der Planck-Kurve muß auf gleichbreite Intervalle der logarithmischen Frequenzskala (bzw. Wellenlängenskala, was dasselbe zur Folge hat) bezogen werden.

Dazu gilt die Umrechnung: d (log f)/df = 1/f, also:

$$I_{\log f, T} = \frac{2 \cdot f^4}{c_0^2} \frac{d (\log f)}{\exp \frac{hf}{kT} - 1}$$

| 30 | 50 | 70 | 100 | 200 | 300 | 500 | 700 | 1000 | 2000 | 5000 | 10 000 |

| | | | | | 10 000 | 5000 | 3000 | 2000 | 1000 | 700 | 500 | 300 |

| 10 | 20 | 30 | 50 | 70 | 100 | 200 | 300 | 500 | 700 | 1000 | 2000 | 3000 |

Folie — Himmel — T-Film — K-Film — Gelb-Rotglut — glut

Schablone

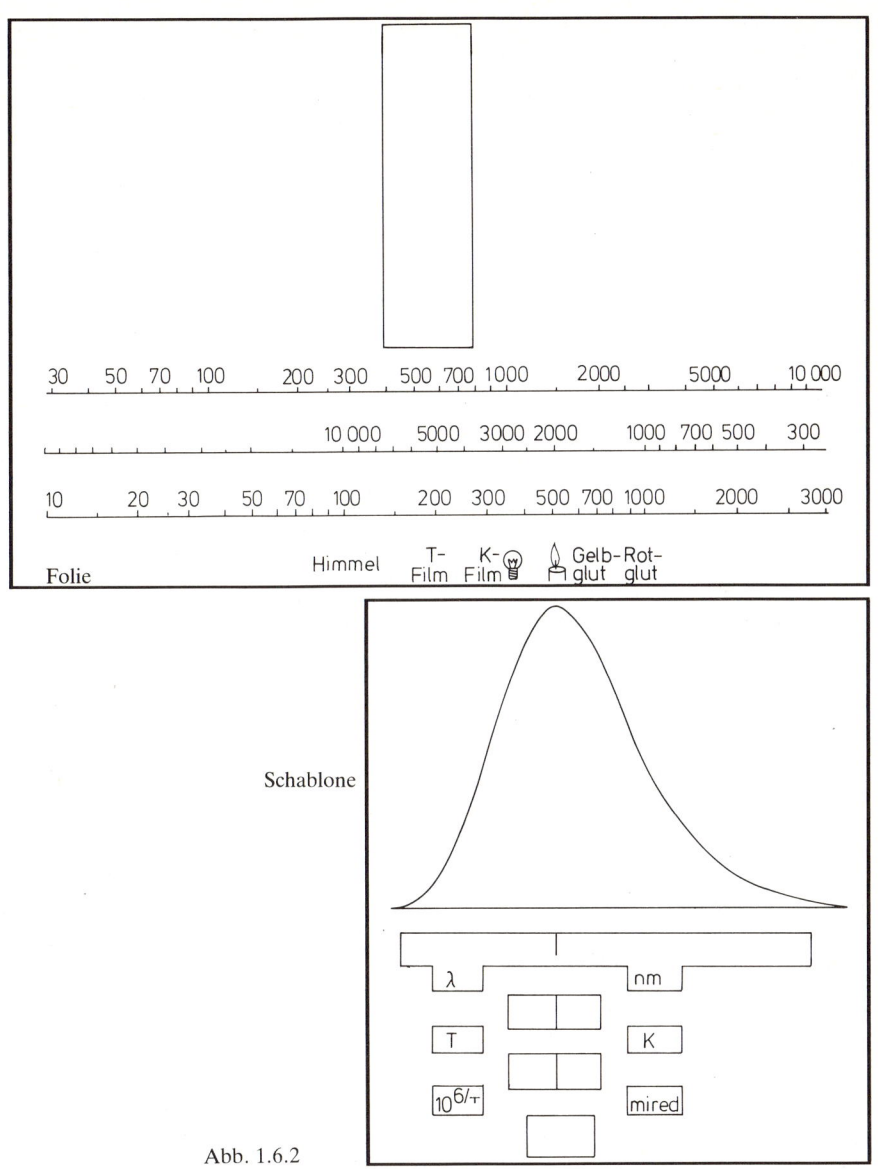

Abb. 1.6.2

Das Maximum liegt bei dieser Darstellung zwischen den beiden Stellen im Spektrum, bei denen es für die Frequenz- bzw. die Wellenlängen-Auftragung liegt.

Nach Stefan und Boltzmann ist die gesamte Strahlungsintensität zur 4. Potenz der Temperatur proportional. Das ist nach der beschriebenen Darstellung leicht einzusehen: wir müssen ja beim Übergang von einer Temperatur zur anderen (von T_1 zu T_2) unsere Schablone um den Logarithmus von T_2/T_1 (die Basis ist dabei gleichgültig, solange es immer dieselbe bleibt) zu höheren Frequenzen verschieben. In der Kurve der relativen Intensitäten ändert sich sonst nichts. In der obigen Fassung der Planck-

Formel steht die Frequenz in der 4. Potenz. In einer Kurve der absoluten Intensitäten müßte die Kurve also nun um die 4. Potenz des Temperaturverhältnisses höher werden: genau das sagen Stefan und Boltzmann.

1.6.3 Farbtemperatur

Die Formel von Planck gilt für den Idealfall der Hohlraumstrahlung (auch Schwarzer Körper genannt, weil wirkliche Körper dieses Gesetz um so besser erfüllen, je stärker sie absorbieren). Im weniger idealen Fall ist die Strahlung geringer. Man nennt sie „graue Strahler", wenn ihre Verteilung (wenn schon nicht die Intensität selbst) der Formel nahekommt. Glühende Metalle in Glühlampen und Sterne sind für uns die wichtigsten Temperaturstrahler, sie sind keine idealen grauen Strahler (erst recht keine schwarzen), man kann sie aber trotzdem näherungsweise mit der Planck-Formel beschreiben, wenn man den Begriff der Farbtemperatur einführt: man denkt sich einen schwarzen Strahler, der ein möglichst ähnliches Spektrum aussendet wie die betrachtete Lichtquelle: seine Temperatur ist die Farbtemperatur der Quelle. Sie kann durchaus höher sein als die wirkliche Temperatur (im Gegensatz zu der Strahlungstemperatur, bei der ein Schwarzer Strahler die gleiche Intensität ausstrahlt wie die Lichtquelle). Man kann sogar Lichtquellen, deren Spektren auch keine noch so entfernte Ähnlichkeit mit denen eines Temperaturstrahlers haben, eine Farbtemperatur zuordnen, allerdings nur sehr grob (z. B. einer mit Gas oder Metalldampf gefüllten Lampe). In der Farbfotografie ist man darauf angewiesen, jeder vorkommenden Beleuchtungsart eine Farbtemperatur (bzw. deren Kehrwert) zuzuweisen, um einen geeigneten Film oder Korrekturmaßnahmen (Filter) auszuwählen (vgl. Abschn. 5.2).

Glühlampen haben Farbtemperaturen, die um 40 bis 160 K höher sind als die tatsächlichen Temperaturen des Wolframdrahtes: 2300 K bis 2700 K bei normalen Lampen, 3400 K bei Halogenlampen (der Halogendampf dient dazu, trotz der hohen Temperatur die Lebensdauer nicht zu sehr abzukürzen).

Bei glühenden Gegenständen (z. T. Kohle, erhitzten Metallen) ist die Farbe aufgrund des Verschiebungsgesetzes ein Indikator für die Temperatur: Rotglut, Gelbglut, Weißglut. Blauglut wird in diesen Fällen nicht erreicht, wohl aber bei sehr heißen Sternen.

Wenn das Licht von einer Lichtquelle durch ein streuendes oder absorbierendes Medium (Filter) geht, und dabei einzelne Bereiche des Spektrums verschieden stark betroffen sind, so wird auch die Farbtemperatur beeinflußt: die Sonne hat eine Oberflächentemperatur von 5700 K, sie strahlt so intensiv wie ein Schwarzer Strahler von etwa der gleichen Temperatur, jedoch mit einer spektralen Verteilung ähnlich der zu 7140 K gehörenden. Aufgrund der Rayleigh-Streuung in unserer Atmosphäre wird aber vom durchgehenden Strahl kurzwelliges Licht weggenommen: die Farbe der Sonne wird nach Gelb verschoben, ihre Farbtemperatur erniedrigt. Das Streulicht selbst hat hingegen eine (blaue) Farbe, wie sie einer Temperaturstrahlung von sehr viel höherer Temperatur (bis über 25 000 K) zukäme. Dem normalen Tageslicht ist die Farbtemperatur 5500 K zugeordnet (vgl. Tageslichtfilm in der Fotografie), was zufällig (!) der Temperatur der Sonnenoberfläche nahekommt.

1.6.4 Der astronomische Farbenindex als Wegweiser zum Farbenbegriff

Zu den bekanntesten Sternbildern gehört das der Zwillinge (Gemini) mit den Hauptsternen Castor (α Gem) und Pollux (β Gem). Für unser Auge ist Pollux heller als Castor, auf photographischen Aufnahmen ist es jedoch umgekehrt. Man kann sich fragen, was denn nun richtig sei. Ist der Photoapparat objektiver als das Auge? Andererseits: wir betrachten ja auch die fertige Aufnahme mit dem Auge, also müßte die Technik einen Fehler eingeschmuggelt haben?
Werfen wir einen Seitenblick auf die Akustik: wenn man versucht, mit verschiedenen Mikrofonen und der Aussteuerungsanzeige eines Tonbandgerätes die Lautstärke verschiedener Töne zu messen und mit dem subjektiven Eindruck zu vergleichen, so zeigt sich, daß verschiedene Empfänger unterschiedlich empfindlich auf hohe und niedrige Töne reagieren, also auf verschiedene Frequenzen. In der Optik ist es nicht anders. Wir müssen für jeden Empfänger (Auge, Film, Fotozelle etc.) die Empfindlichkeit als Funktion der Frequenz kennen. Dazu erzeugt man mit einem Spektralapparat (z. B. mit Prisma oder Gitter) einen Lichtstrahl mit einer geringen (ideal: verschwindenden) Frequenzbreite. Für diesen vergleicht man nun die Anzeige des zu untersuchenden Systems mit der gesamten Leistung des Strahls (das letztere bedeutet letzten Endes eine Messung einer Wärmeleistung). Typischerweise erhält man als Empfindlichkeitskurven etwas ähnliches wie eine Glockenkurve, die im wesentlichen durch die Angabe der Frequenz des Maximums und der (Halbwerts-)Breite beschrieben wird. (Meist trägt man statt der Frequenz die Wellenlänge auf; bei einer logarithmischen Auftragung wird der Unterschied beider Möglichkeiten zu einer bloßen Spiegelung).
Für unser Auge liegt dieses Maximum im grünen Spektralbereich (mehr darüber in Abschnitt 3.1), für Silberbromid (AgBr), das im Film die entscheidende Rolle spielt, im blauen Bereich, beide Kurven überlappen sich dabei relativ wenig. Hätten nun beide Sterne dasselbe Spektrum (bis auf ein allgemeines Intensitätsverhältnis), so würden Auge und Photo zur gleichen Helligkeitsrangfolge der Sterne führen. Nun ist aber Castor etwa doppelt so heiß wie Pollux, er strahlt daher mehr im kurzwelligen Bereich und relativ weniger im langwelligen als sein „Bruder" (beide sind nur in der Sage Brüder, die Sterne haben nur gemeinsam, daß sie von uns aus in benachbarten Richtungen stehen).
Um nun ein Maß für die Helligkeit aus den Kurven entnehmen zu können, muß man die Frequenzen einzeln betrachten: der Beitrag an jeder Stelle ist abhängig von der Strahlung an dieser (Frequenz-)Stelle und von der Empfindlichkeit an derselben Stelle, und zwar einfach vom Produkt beider. Man muß also für alle Frequenzen diese Produkte zusammenfassen (mathematisch als Integral, bei numerischen Rechnungen aber ebenso wie in der Natur als Summe von Produkten). Die gestrichelten Kurven in der Abbildung 1.6.4 stellen die Produkte dar, die schraffierten Flächen unter ihnen diese Integrale bzw. Summen.
Wir sehen also: die unterschiedlichen Antworten auf die Frage, welcher Stern heller sei, die vom Auge und vom Film gegeben werden, beruhen auf der unterschiedlichen Temperatur der Sterne und auf den unterschiedlichen Empfindlichkeitskurven der Empfänger. In der Astronomie ist es üblich, die Helligkeit eines Objekts in Größen-

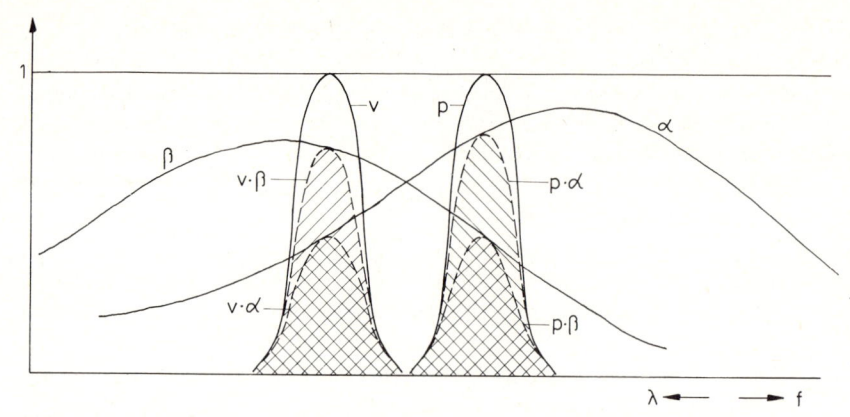

Abb. 1.6.4 Die Rangfolge von Sternhelligkeiten kann visuell anders sein als photographisch. Die Erklärung davon führt uns (später) zum Verständnis des Farbensehens.
Über die Frequenz (nach rechts) bzw. der Wellenänge (nach links) sind schematisch aufgetragen: die Spektren von zwei Sternen (α und β, wobei die Temperatur von α höher als die von β ist, die Intensitätsskala ist willkürlich) und die Empfindlichkeitskurven p (photographisch, hauptsächlich blauempfindlich) und v (visuell, hauptsächlich grünempfindlich), jeweils auf ihre Maxima bezogen. Die Flächen unter den entsprechenden Produkten sind schraffiert. Aus ihnen liest man ab, daß in diesem Fall β visuell heller als α, photographisch jedoch dunkler erscheint.

klassen anzugeben, die einem negativen Logarithmus der Lichtstärke folgen. Die Differenz solcher Angaben für photographische und visuelle Messung nennt man den Farbenindex des jeweiligen Sterns. Er ist (abgesehen von Verfälschungen durch unsere Atmosphäre) der Farbtemperatur des Objekts zugeordnet und damit auch der Farbe, in der wir es sehen: sehr heiße Sterne sehen blau oder weiß aus, weniger heiße gelb oder orange (das gilt natürlich nur für Sterne oder Objekte, die aus Sternen bestehen, nicht für kalte Objekte wie Planeten oder Satelliten).
In der Astronomie mißt man tatsächlich die Helligkeit der Objekte mit verschiedenen Farbfiltern (wodurch unterschiedliche Empfindlichkeitskurven erzeugt werden) und schließt über den Farbenindex daraus auf die Temperatur. Beschränkt man sich auf zwei solche Empfindlichkeitskurven (was die Astronomen in Wirklichkeit nicht tun), so bekommt man von jedem Stern zwei Angaben: visuelle Helligkeit und photographische Helligkeit. Man kann nun eine davon als Repräsentanten der Helligkeit schlechthin ansehen und die andere benutzen, um den Farbindex zu bestimmen, der unabhängig von der Helligkeit einen Wert auf der Skala Blau — Weiß — Gelb — Orange markiert. Diese beiden Angaben (Helligkeit und Quasi-Farbton) ähneln sehr stark der Information, die ein Farbfehlsichtiger (speziell ein Protanoper) haben kann: auch er erkennt neben der Helligkeit eine weitere unabhängige Qualität. Wir werden sehen, daß der Protanope zwei Zapfensehstoffe in seiner Netzhaut hat, deren Empfindlichkeitskurven den hier diskutierten sehr nahe kommen (3.12). Helligkeit und Farbindex sind voneinander unabhängig, spannen also zusammen einen zweidimensionalen Raum auf. Auch die Farben, die ein Farbenfehlsichtiger des genannten Typs (allgemein alle Dichromaten) unterscheiden kann, lassen sich in einem zweidimensionalen Raum ordnen. Der Schritt zum vollständigen Farbensehen ist nun im Prinzip einfach: es kommt noch eine dritte Empfindlichkeitskurve hinzu, der Farbenraum

wird also dreidimensional, beim Betrachten von strahlenden Schwarzen Körpern bringt das aber nichts Neues, weil der von zwei Werten bestimmt wird: Leistung und Temperatur (auch in der Astronomie bringen die verschiedenen Farbenindices nur Verfeinerungen, aber nichts grundsätzlich Neues zu dem Erwähnten hinzu). Was wir hier schon festhalten können, ist: die Zahl der verwendeten Empfindlichkeitskurven liefert uns die Dimension des Raumes, in dem man die unterscheidbaren Farben ordnen kann: bei der Temperaturstrahlung genügen zwei, allgemein beim Farbensehen drei, jedoch für gewisse Farbfehlsichtige, die Dichromaten, wiederum nur zwei.

2. Atomphysik und Chemie

Im ersten Abschnitt hatten wir es mit Effekten zu tun, bei denen physikalische Größen wie Temperatur oder längenartige Größen (Schichtdicken, räumliche Perioden) die spektrale Zusammensetzung von erzeugtem oder reflektiertem Licht bestimmen, unabhängig von der chemischen Struktur der beteiligten Materie. Die große Bedeutung der chemischen Farbstoffindustrie und die große Bedeutung der Spektroskopie in der Geschichte der Atomphysik (man denke an Sommerfelds Buch „Atombau und Spektrallinien") weisen darauf hin, daß auch Atomphysik und Chemie eine große Rolle bei den Farben spielen. Beide hängen dabei sehr eng miteinander zusammen: es geht um die aus Elektronen bestehenden Hüllen der Atome, die zwar nur weniger als 0,03 % der Masse, aber immerhin über 99,9999999999 % des Volumens der Atome ausmachen. Die Struktur dieser Atomhüllen mit ihrer Möglichkeit, Atome aneinander zu Molekülen zu verketten und Lichtteilchen (Photonen) aufzunehmen und abzugeben, ist die Basis der ganzen Chemie, aber auch der Spektroskopie, also des Teils der Optik, der sich mit Lichtspektren, besonders im Zusammenhang mit der chemischen Zusammensetzung, befaßt. Der Unterschied zwischen (Atom-)Physik und Chemie liegt nicht so sehr im Gegenstand (das sind die gleichen Elektronen und ihr Verhalten), sondern in Methoden und Zielsetzungen: die Physik tendiert mehr zu den Grundlagen, die Chemie mehr zu den Anwendungen und befaßt sich dabei auch mit komplizierteren Systemen, auch wenn eine Rückführung auf die Grundgesetze der Physik dabei (noch) zu schwer ist.

Natürlich soll hier kein Lehrbuch der Atomphysik oder der Chemie (auch nicht der Farbstoffchemie) abgedruckt oder ersetzt werden: es sollen vielmehr wenige einfache Themen möglichst elementar angesprochen werden, die die wichtigsten Prinzipien aufzeigen.

2.1 Der lineare Potentialtopf

Läßt man einen Gleiter auf einer Luftkissenbahn zwischen zwei Wänden laufen, so wird er (bei hinreichender Elastizität) an den Enden reflektiert, so daß er mit konstanter kinetischer Energie hin und her läuft. In der klassischen Mechanik kann dabei diese kinetische Energie (und damit auch Geschwindigkeit und Impuls) jeden beliebigen Wert besitzen. 1924 behauptete Prince Louis de Broglie, daß Teilchen mit einem Impuls p sich wie eine Welle der Wellenlänge λ_b = h/p verhalten, wobei h die Konstante von Planck h = 6,6 · 10^{-34} Ws^2 ist (die also auch hier wieder eine Welleneigenschaft mit einer Teilcheneigenschaft verknüpft). Wenn man nun verlangt, daß in einem System zwischen zwei Wänden eine Welle sich beim Hin- und Herlaufen nicht wahllos mit sich selbst überlagert, sondern ein stehendes Schwingungsmuster bildet (die sogenannte „stehende Welle"), so muß eine ganze Zahl von halben Wellenlängen genau zwischen die Wände passen (das kennt man besonders von Musikinstrumenten, z. B. Saiten oder Orgelpfeifen). Nimmt man nun die de-Broglie-Hypothese, so überträgt sich diese Bedingung von den Wellenlängen auf die Impulse (und zwar unmittelbar auf deren Kehrwerte).

Wendet man dies nun auf einen Gleiter (1 kg) auf einer Luftkissenbahn (1 m Länge) an, so findet man für die Geschwindigkeit 0,1 m/s die Wellenlänge 6,6 · 10^{-33} m. Diese Zahl ist wenig eindrucksvoll, sie bedeutet aber eine Länge, die um etwa den gleichen Faktor kleiner ist als ein Protondurchmesser wie dieser kleiner ist als ein Fußballfeld (anders gesagt: der Protondurchmesser ist das geometrische Mittel zwischen dieser Wellenlänge und der Fußballplatzlänge). Man kann auch anders rechnen: bei der kleinsten kinetischen Energie des Gleiters müßte die de-Broglie-Wellenlänge λ_b doppelt so lang sein wie die Luftkissenbahn. Der zugehörige Impuls ist leicht zu berechnen: 3,3 · 10^{-34} kgm. Dieser Impuls und alle Ganzzahlig-Vielfachen sind also zugelassen. Die zugehörigen kinetischen Energien sind N^2 · 5,5 · 10^{-68} Joule, wobei N eine natürliche Zahl ist. Da es völlig illusorisch ist, derartig genau zu messen, kommt man bei der Luftkissenbahn ganz gut ohne Wellenmechanik zurecht: eben mit der klassischen Mechanik.

Das wird ganz anders, wenn die Teilchenmasse und die zur Verfügung stehende Länge in atomaren Größenordnungen liegen: selbst gewaltige Geschwindigkeiten retten die klassische Mechanik dann nicht mehr.

Ein Musterbeispiel wird im folgenden skizziert:

2.2 Konjugierte Systeme

Kohlenstoffatome können miteinander Kettenmoleküle bilden und dabei auch Doppelbindungen eingehen. Diese enthalten eine Einfachbindung, bei der die Orbitale (darunter versteht man heute nicht mehr Kreisbahnen, sondern die Wahrscheinlichkeitswolken für die Elektronen) der beteiligten Elektronen keulenförmig in die Richtung zum Bindungspartner zeigen und sich mit jeweils der des Partners überlappen. Zu dieser sogenannten σ-Bindung kommt bei der Doppelbindung noch eine π-Bindung: die Orbitale der dazugehörenden Elektronen sind hantelförmig, wobei die Hantel rechtwinklig zu der Richtung zum Bindungspartner steht. Bei isolierten Doppelbindungen überlappen sich die Hantelhälften der von den beiden Atomen kommenden Elektronen miteinander und bilden zwei wurstförmige Wolken, die beide parallel zur Bindungsrichtung liegen. Wechseln sich nun in einer Kette einfache und doppelte Bindungen ab (Konjugierte Doppelbindungen), so kommt es auch sozusagen auf den falschen Seiten (wo die Einfachbindungen sind) zu Überlappungen. Sie sind normalerweise weniger stark ausgeprägt, was im Zusammenhang mit den unterschiedlichen Kernabständen der Atome steht. Die Abbildung 2.1 zeigt die Orbitalwolken für das Butadien $CH_2 = CH - CH = CH_2$: es gibt zwar durchgehende Verbindungen der beiden Orbitalwolken, aber doch deutliche Einschnürungen bei der Einfachbindung. Wir wollen diese Einschnürungen nun ignorieren (wir werden sehen, daß es Fälle gibt, in denen das eine gute Beschreibung ist). Während die an den σ-Bindungen beteiligten Elektronen zwischen jeweils ihren beiden Atomen festliegen, können die an den π-Bindungen beteiligten in den ganzen schlauchförmigen Orbitalen entlang einer konjugierten Kette fast frei hin- und herlaufen.

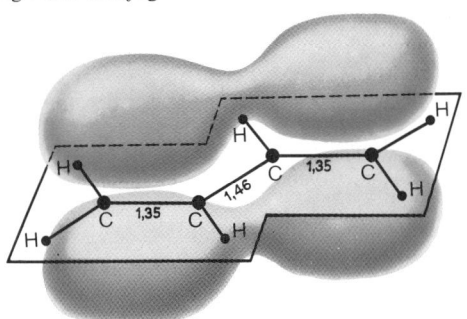

Abb. 2.1 π-Orbitale des Butadiens $CH_2=CH-CH=CH_2$. Die Wolken deuten an, wo sich die π-Elektronen vorzugsweise aufhalten können. Man erkennt das Verschmelzen entlang der Doppelbindungen, aber auch hier weniger ausgeprägte Brücken entlang der Einfachbindung. Bei den Polymethinverbindungen bilden die Orbitale zwei durchgehende Schläuche entlang der ganzen konjugierten Kette.

Die konjugierte Kette ist also für diese p-Elektronen etwas Ähnliches wie die Luftkissenbahn für unsere Gleiter. Der Unterschied ist im wesentlichen, daß hier die de-Broglie-Beziehung entscheidende Konsequenzen hat, und zwar einfach, weil die physikalischen Größen Impuls und Länge um viele Größenordnungen kleiner sind als im anderen Falle.
Es lohnt sich, die Zahlen abzuschätzen:
Die Masse eines Elektrons ist $9 \cdot 10^{-31}$ kg, eine konjugierte Kohlenstoffkette aus N Einfach- und N Doppelbindungen ist $N \cdot 0{,}28$ nm lang. Die zugelassenen de-Broglie-Wellenlängen sind also $\lambda_{B,n} = 0{,}56$ nm $\cdot$ N/n, wobei n eine natürliche Zahl ist. Die Impulse sind dazu: $p = h/\lambda_{B,n} =$

$$= \frac{h \cdot n}{N \cdot 0{,}56 \text{ nm}}, \text{ die Energien } W_n = \frac{1}{2} p_n^2/m_e = \frac{n^2 \cdot 7{,}7 \cdot 10^{-19} \text{ J}}{N^2}$$

Der Impuls ist dabei nicht so wesentlich wie die Energie, immerhin können wir daraus ausrechnen, daß die Geschwindigkeit des Elektrons von der Größenordnung 10^6 m/s ist. Die kinetische Energie wird „anschaulicher", wenn wir sie in eV umrechnen: $W = \frac{n^2}{N^2} \cdot 4{,}8$ eV. Das ist durchaus die Größenordnung der Energien von Photonen, mit denen wir es im Zusammenhang mit den Farben zu tun haben. Wir müssen aber erst noch herausfinden, wie groß n eigentlich zu sein hat.

Nach dem Prinzip von Pauli können in einem System, das quantenmechanisch zusammenhängt (z. B. Gasatom, Kristall) keine zwei Teilchen in allen physikalischen Eigenschaften quantitativ übereinstimmen. In den hier betrachteten konjugierten Systemen geht es dabei um die kinetische Energie. Da sich zwei Elektronen mit der gleichen Energie noch im Vorzeichen des Spins (anschaulich als Eigenrotation gedeutet) unterscheiden können, darf jede mögliche Energie hier genau zweimal in einem System vorkommen. Im Grundzustand sind dabei die niedrigst-möglichen Zustände mit Elektronen besetzt. In einer Kette aus N Einfach- und N Doppelbindungen, die miteinander konjugiert sind, sind 2 N Elektronen an π-Bindungen beteiligt, laufen also entlang der Kette hin und her. Es müssen also die N niedrigsten Energieniveaus besetzt werden, jedes mit zwei Elektronen gleicher Energie, aber verschiedenen Spins.

Bei Energiezufuhr, z. B. sehr hoher Temperatur oder bei Einstrahlung von Licht passender Photonenergie (also passender Frequenz) können nun auch Niveaus höherer Energie besetzt werden. Die Abb. 2.2 zeigt maßstäblich die Niveauschemata für verschiedene Kettenlängen (die Moleküle können außerhalb des konjugierten Systems noch beliebig ergänzt werden, das ist hier ohne Einfluß). Die Energie des höchsten besetzten Niveaus ist also (wegen n = N) 4,8 eV, die des niedrigsten unbesetzten (mit n = N + 1) ist dagegen $\frac{(N+1)^2}{N^2} \cdot 4{,}8$ eV, = die Differenz also $\frac{2N+1}{N^2} \cdot 4{,}8$ eV. Nun sei N so groß, daß der Summand 1 daneben keine wichtige Rolle mehr spielt, dann ist die Energiedifferenz etwa 9,6 eV/N, die zugehörige Wellenlänge (wegen $\lambda = c/f$ und $f = \Delta W/h$) somit = N · 130 nm.

Damit sind wir an der physikalischen Basis der ganzen Farbstoffchemie: die organischen Farbmittel (nur solche werden üblicherweise als „Farbstoffe" bezeichnet) enthalten Ketten mit konjugierten Doppelbindungen, in denen die Elektronen mit Photonenenergien aus dem visuellen Bereich des Lichtes (und nicht erst aus dem UV-Bereich) angeregt werden können. Je nach der Lage dieser Photonenenergien entnehmen diese Moleküle einen bestimmten Spektralbereich des ankommenden Lichtes: d. h. sie absorbieren selektiv. Eine Lichtmischung, die nicht „weiß" aussieht, wird also nur unvollständig reflektiert oder durchgelassen. Ein Material, das bevorzugt Licht aus dem „grünen" Spektralbereich absorbiert, sieht daher rötlich aus, allgemein: die Erscheinungsfarbe ist entgegengesetzt der Farbe des absorbierten Spektralbereichs (vgl. auch Abb. F8).

Unsere primitive Theorie setzt voraus, daß die konjugierte Kette aus „Anderthalbfach-Bindungen" besteht. Das ist recht gut bei den sogenannten Polymethinmolekülen erfüllt, sie lassen sich formelmäßig durch zwei Grenzformeln beschreiben, die gleichberechtigt sind und zwischen denen die wahren Zustände pendeln oder vermitteln. Ein solcher Stoff ist Carbocyanin:

$$\text{Ph}-\overset{+}{N}-C=C-C=C-C=C-C=N-\text{Ph} \quad \Longleftrightarrow \quad \text{Ph}-N=C-C=C-C=C-C=C-\overset{+}{N}-\text{Ph}$$
$$\text{H H H H H H H} \quad\quad\quad\quad \text{H H H H H H H}$$

Dadurch, daß die positive Ladung zwischen beiden Enden wechseln kann, vertauschen auch die Einfach- und Doppelbindungen ihre Rollen miteinander: im Mittel sind also alle Bindungen in der Kette gleichberechtigt. Tatsächlich ist für solche Moleküle die niedrigste Anregungsenergie proportional zum Kehrwert der Kettenlänge und auch zahlenmäßig in Übereinstimmung mit dem Potentialtopfmodell, wie man es für ein so grobes Modell nicht besser erwarten kann: für jedes Paar von Anderthalbfachbindungen (für jede -C = C- Gruppe also) nimmt die Wellenlänge um 130 nm zu, die das Licht zur Anregung höchstens haben darf.

Die Abbildung 2.3 zeigt den Zusammenhang für Carbocyaninketten verschiedener Längen und für die damit verwandten Moleküle des Thiocarbocyanin. Im gleichen Diagramm sind aber auch noch andere Farbstoffe eingetragen, die viel bekannter sind: Polyenverbindungen, zu denen auch die Carotin-Sorten gehören, die von Natur aus (und auch anders) einige unserer Nahrungsmittel so ansprechend färben: sie müssen viel längere Ketten bilden, um „sichtbares" Licht zu absorbieren. Auf sie trifft die primitive Potentialtopftheorie also nicht zu (oder nur ganz grob-qualitativ: auch bei ihnen verschieben Verlängerungen der Ketten die Energien nach unten, also zu größeren Wellenlängen hin).

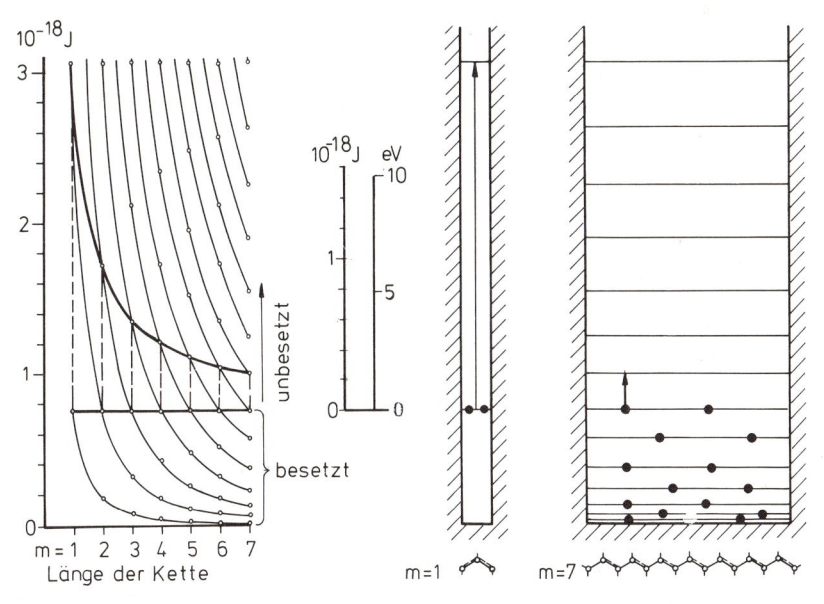

Abb. 2.2 Anregungsenergien im linearen Potentialtopf.
Links: Die möglichen Energieniveaus sind in Abhängigkeit von der Länge des „Topfes", d. h. der konjugierten Anderthalbfachbindungskette (Einheit: –C=C–C–) aufgetragen. Die dünnen Linien verbinden Terme gleicher Quantenzahl miteinander. Die niedrigsten unbesetzten und die höchsten besetzten (zufällig alle auf gleicher Höhe) sind durch dicke Linien gekennzeichnet. Die Differenz beider ist die Anregungsenergie; sie ist proportional zur Frequenz des zugehörigen Lichtes und in diesem Fall umgekehrt proportional zur Kettenlänge, die somit ihrerseits proportional zur Wellenlänge ist.
Rechts: Beispiele für n=1 und n=7 in „anschaulicher" Skizzierung im gleichen Energiemaßstab.

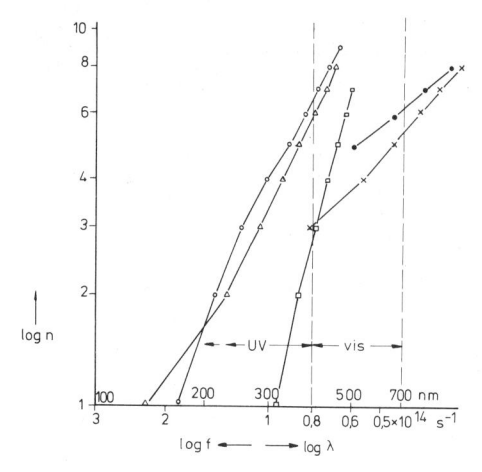

Abb. 2.3 Lage der Absorptionslinien mit den jeweils niedrigsten Anregungsenergien für verschiedene Polyen- und Polymethin-Verbindungen als Funktion der Länge der konjugierten Doppelbindungsketten, angegeben als Zahl n der „Kettenglieder" -C = C-
Die Carbocyanine -●-●- und Thiocarbocyanine -x-x-, bei denen die Kette gleichmäßig aus Anderthalbfachbindungen besteht, folgen der Proportionalität, die die einfache Potentialtopf-„theorie" ergibt. Die Polyenverbindungen -O-O- H-(-CH = CH-)$_n$ -H, -△-△- CH_3 -(-CH = CH-)$_n$ -CH_3 und -□-□- C_6H_5 -(-CH = CH-)$_n$ -C_6H_5 haben dagegen einen Wechsel zwischen Bindungen, die etwas stärker und etwas schwächer als anderthalbfach sind, auf sie trifft die sehr einfache Theorie offenbar nicht zu.

2.3 Das Wasserstoffatom

Nachdem wir nun mit einer extrem einfachen Berechnung ansatzweise erklärt haben, wie relativ komplizierte Farbstoffmoleküle im Prinzip funktionieren, wenden wir uns nun dem einfachsten Objekt der Atomphysik zu und fragen, ob es auch mit dem Licht „wählerisch" umgeht: gemeint ist das Wasserstoffatom. Rutherford hat bei Streu-Experimenten (mit Alphateilchen, also Kernen von Heliumatomen, an Metallfolien) erkannt, daß die Atome fast ganz leer sind und einen positiv geladenen Kern haben. Nach Bohr kann man sich das wie ein Planetensystem denken, bei dem die Elektronen wie Planeten um den Kern laufen.* Der einfachste Fall für die Rechnung ist dabei die Kreisbahn (die aber in den frühen Atommodellen von Bohr und Sommerfeld nicht die einzig mögliche Form ist, sie soll uns aber zur Berechnung genügen). Damit ein Teilchen auf einem Kreis bleibt und nicht geradeaus (tangential) davonfliegt, ist die Zentripetalkraft** $m \cdot v^2/r$ nötig, wie der Name sagt, eine Anziehungskraft zum Mittelpunkt hin. Bei den Planeten besorgt das die Schwerkraft, im Atom gibt es sie zwar auch, aber wegen der Ladungen auch noch die um 43 Zehnerpotenzen(!!) stärkere elektrostatische Kraft, die nach Coulomb benannt ist und nur deshalb im täglichen Leben wenig auffällt, weil elektrische Ladungen sich gegenseitig ausgleichen oder abschirmen können und das fast überall auch tun. Sie ist** $-e^2/(4 \pi\varepsilon_0 r^2)$. Setzen

---
* Gegenüber dem Orbitalwolkenbild gehen wir jetzt historisch weiter zu einem primitiveren Modell zurück!
** v = Geschwindigkeit des Elektrons, m = Masse des Elektrons = $9 \cdot 10^{-31}$ kg, r = Bahnradius, e = Elementarladung (Ladung des Protons, also des H-Atomkerns = +e, die des Elektrons = −e), e = $1,6 \cdot 10^{-19}$ As, ε_0 = elektrische Feldkonstante = $8,85 \cdot 10^{-12}$ As/Vm, h = Planck-Konstante (Wirkungsquantum) = $6,6 \cdot 10^{-34}$ Ws^2

wir beide Ausdrücke für die Kraft gleich, erhalten wir eine Gleichung mit zwei Variablen: es sollte also zu jedem Radius eine passende Geschwindigkeit geben (wie es für kreisförmige Planetenbahnen ja auch stimmt).
Wir erinnern uns nun aber an die de-Broglie-Wellen mit der Länge $\lambda_B = h/(mv)$. Damit sie sich auf dem Umfang der Kreisbahn nicht mit sich selbst auslöschen, sollte ihre Länge ganzzahlig auf den Umfang passen: $2 \pi r = n \cdot h/(mv)$, wobei n eine positive ganze Zahl ist (die Hauptquantenzahl).
Aus beiden Gleichungen zusammen kann man r und v berechnen, und zwar für jede Zahl n eine passende Kombination:

$$r_n = n^2 \frac{h^2 \varepsilon_0}{\pi m e^2} \qquad v_n = \frac{1}{n} \frac{e^2}{2 h \varepsilon_0}$$

Für n = 1 (den Grundzustand) ist r = 53 pm (= $0{,}53 \cdot 10^{-10}$ m), v = $2{,}18 \cdot 10^6$ m/s = 1/137 der Lichtgeschwindigkeit.
Man könnte nun vermuten, daß ein solches Atom elektrische Wellen der gleichen Frequenz aussendet, mit der sein Elektron umläuft. Obwohl es nicht so einfach stimmt, berechnen wir aus Bahnumfang und Geschwindigkeit die Periode $T_n =$

$$n^3 \frac{4 h^3 \varepsilon_0^2}{m e^4}$$

und die (mechanische) Frequenz $f_n = \frac{1}{n^3} \frac{m e^4}{4 h^3 \varepsilon_0^2}$

Die Planck-Konstante verknüpft nicht nur Impuls mv und de-Broglie-Wellenlänge miteinander, sondern auch die Energie eines Photons (Lichtquantes) mit der Frequenz der zugehörigen elektromagnetischen Welle: $W = h \cdot f$ (Einstein).
Vom Planetensystem wissen wir, daß man Energie zuführen muß, um von einer inneren auf eine äußere Bahn zu kommen. Sehen wir uns daher die Energien der einzelnen Bahnen mit den Hauptquantenzahlen n an: wir finden sie aus kinetischer und potentieller Energie:

$$W_n = \frac{mv^2}{2} - \frac{e^2}{4 \pi r \varepsilon_0} = -\frac{1}{n^2} \frac{m e^4}{8 h^2 \varepsilon_0^2} = -\frac{1}{n^2} \cdot 2{,}17 \cdot 10^{-18} \text{ Ws} = -\frac{1}{n^2} \cdot 13{,}53 \text{ eV}$$

Springt das Elektron von einer Bahn n zu einer anderen n', so ist die Differenz der entsprechenden Energien zu nehmen: ein Photon der Energie $W_n - W_{n'}$, wird ausgesendet (emittiert) (Abb. 2.4). Ist diese Differenz negativ, so muß ein Photon mit dem Energiebetrag zur Absorption zur Verfügung stehen, damit der Sprung stattfinden kann. Für n = 2 und n' = 3,4, usw. ist das eine Serie von Spektrallinien im „sichtbaren" Bereich. Sie wird nach Balmer benannt, der ihre zahlenmäßige Gesetzmäßigkeit erkannte. Für die Frequenzen und Wellenlängen* (im Vakuum) ergibt sich:

$$f_{n, n'} = \frac{W_n - W_{n'}}{h} = (\frac{1}{n^2} - \frac{1}{n'^2}) \cdot 3{,}27 \cdot 10^{15} \text{ Hz}$$

$$\lambda_{n, n'} = \frac{c}{f_{n, n'}}$$

---

* $c = 3 \cdot 10^8$ m/s

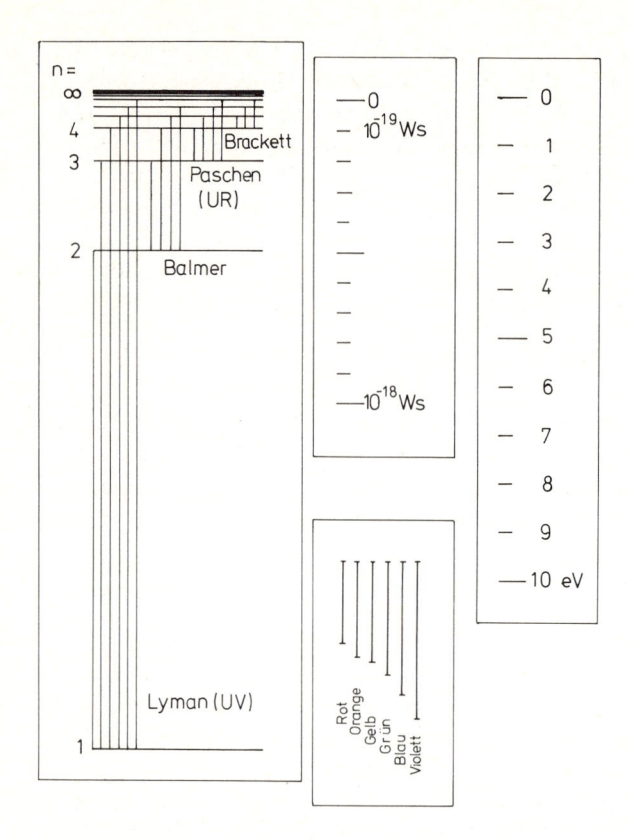

Abb. 2.4 Termschema des H-Atoms und dazu passende Energieskalen. Die angeschriebenen Farben beziehen sich ausdrücklich nur auf die Farben einzelner schmaler Spektralbereiche (im Grenzfall Linien): man kann zwar von der Quantenenergie (bzw. Frequenz bzw. (reziproker) Wellenlänge) auf die Farbe schließen, aber nicht umgekehrt: Gelb z. B. kann auch durch ein zusammengesetztes Spektrum aus grünen und roten Linien entstehen.

Für große Quantenzahlen n findet man etwas für die Atomphysik Bezeichnendes: die klassische Physik erweist sich als Näherung der Quantenphysik (Korrespondenzprinzip von Bohr). Betrachten wir die Energiedifferenz zwischen einer sehr großen Bahn und der nächstgrößeren, also $n \gg 1$, $n' = n + 1$.

$$\frac{1}{n^2} - \frac{1}{(n+1)^2} = \frac{2n+1}{n^4 + 2n^3 + n^2} \approx \frac{2}{n^3}$$

Diese Näherung führt in der Formel für die elektromagnetische Frequenz (wie leicht nachzurechnen) zum exakt gleichen Wert wie die Formel für die Umlauffrequenz der n-ten Bahn: für große n liefern also die klassische und die Quantenphysik die gleichen Ergebnisse. Nun sieht Wasserstoff normalerweise durchsichtig und keineswegs bunt aus. Die kleinste Energie, die aus dem Grundzustand herausführt, ist immerhin $(1-\frac{1}{4}) \cdot 13{,}53$ eV, also über 10 eV. Photonen solcher Größe gehören in den UV-Bereich und sind im Tageslicht relativ selten. Um zu erfahren, für welche Temperaturen solche Energie-„Portionen" typisch sind, nehmen wir die Boltzmann-Konstante $k = 1{,}38 \cdot 10^{-23}$ Ws/K. 10 eV sind $1{,}6 \cdot 10^{-18}$ Ws. Der Quotient aus dieser Energie und k ist (ganz grob) 10^5 Kelvin. Man muß den Wasserstoff also schon erhitzen (wenn auch nicht auf diese 100000 Grad!), um ihn durch die Temperatur anzuregen. In Gasentladungslampen kann man aber auch einzelnen Atomen diese Energie mitgeben, ohne daß dabei etwas anderes heiß werden muß, vgl. F3. Daß der Wasserstoff bei Zimmertemperatur nicht atomar, sondern in Gestalt von H_2-Molekülen vorliegt, ist dabei weniger wesentlich: die Moleküle haben Energieniveaus in der gleichen Größenordnung wie die Atome, allerdings noch zusätzliche feine Abstufungen. Diese hängen einerseits mit Schwingungen der Atome des gleichen Moleküls gegeneinander (Vibrationen) und andererseits mit Änderungen der Rotation des ganzen Moleküls zusammen. Wir können ganz grob abschätzen, ob die zugehörigen Energien in den Bereich des „sichtbaren" Lichtes fallen:

2.4 Schwingungen und Rotationen der Moleküle

Die Planck-Konstante gibt auch die Größenordnung für die kleinsten Drehimpulsänderungen an: $h/2\pi$ (auch als $\hbar$ geschrieben und „h-quer" gelesen), das ist rund 10^{-34} m² kg/s. Wenn Moleküle typischerweise Massen von 10^{-25} kg und Kernabstände von 10^{-10} m haben, so sind die Trägheitsmomente rund (einige) 10^{-46} m² kg. Die Winkelgeschwindigkeiten liegen damit bei 10^{12}/s, die Rotationsenergien um 10^{-22} Ws, also im Milli-e-Volt-Bereich, der in der Optik weit im Ultraroten liegt.
Betrachtet man die Vibrationen der Moleküle, so muß man die Federkonstante abschätzen. Wenn die Bindungsenergien im Bereich einiger eV, etwa um 10^{-18} Ws und die Kernabstände bei 10^{-10} m liegen, so erwarten wir Kräfte der Größenordnung 10^{-8} N. Da sie sich entlang des Kernabstandes drastisch ändern, rechnen wir (ohne besondere Rechtfertigung) so, als wäre die Kraft zum Abstand proportional: die Federkonstante D ist dann rund 10^2 N/m (also im Bereich laborüblicher Federn!). Nach der Thomson-Formel für das Federpendel (f = $\frac{1}{2\pi}\sqrt{D/M}$) erhalten wir als Frequenz einige 10^{13} Hz. Beim harmonischen Oszillator (Federpendel) stimmen die mechanischen (klassisch gerechneten) Eigenfrequenzen mit den elektromagnetischen Frequenzen der zugehörigen Quantensprünge der Größenordnung nach überein. Auch die Schwingungen der Moleküle führen also zu Stufen im Energieschema, zu denen Photonen im ultraroten Bereich gehören: im „sichtbaren" Bereich des Spektrums treten Vibration und Rotation als Ursache für Linienaufspaltungen (in „Banden") auf: Moleküle zeigen daher im Gegensatz zu Atomen keine einzelnen Linien, sondern Banden aus vielen dicht beieinander liegenden Linien.
Die Abschätzungen der Vibrations- und Rotationsenergiestufen sind natürlich sehr grob, vergleichbar etwa der Massenabschätzung eines Baumes, von dem man weiß, daß er 10 m hoch ist und einen Stammdurchmesser von „einigen Dezimetern" hat. Sie können sehr nützlich sein, auch wenn ihre Ergebnisse nicht die Exaktheit haben, die man der Wissenschaft sonst zutraut: im Vergleich zum Aufwand leisten diese Abschätzungen viel.

2.5 Farbmittel

Ein Stoff, der aus dem ankommenden „sichtbaren" Licht aufgrund seiner chemischen Struktur (genauer: dem Niveauschema seiner Elektronenhüllen) selektiv absorbiert, ist allgemein ein Farbmittel, insbesondere wenn er zum Zweck des Färbens beigefügt oder aufgetragen wird. Das Wort „Farbstoff" ist dabei den in organischen Lösungsmitteln löslichen Farbmitteln aus der Organischen Chemie (also im wesentlichen den Kohlenstoffverbindungen) zugeordnet, die anderen werden meist als „Pigmente" bezeichnet (darunter auch das organische Melanin, das unsere Haut und unsere Haare mehr oder weniger dunkel färbt).

Unsere bisherigen Betrachtungen der Energieniveaus in Atomen und Molekülen haben gezeigt: Differenzen aufgrund von Schwingungen und Rotationen der Moleküle sind klein: sie ermöglichen die Absorption im Ultraroten und spalten im „sichtbaren" Bereich die Linien zu Banden auf. Differenzen, die mit dem Springen der Elektronen aus einer Bahn (oder „Schale", wenn man sich die Elektronenhülle zwiebelähnlich aus Schalen zusammengesetzt denkt) in eine andere zusammenhängen, sind nahe dem Grundzustand so groß, daß man ultraviolettes Licht zur Anregung (zum Sprung von innen nach außen) benötigt — jedenfalls beim Wasserstoff. Das gilt auch weitgehend für alle anderen Elemente, deren Atomhüllen relativ einfach gebaut sind: das sind ganz grob die Elemente der Hauptgruppen des Periodensystems. Stoffe wie Wasser (H_2O), Kochsalz (NaCl), Kalkspat ($CaCO_3$), Diamant (C) usw. sind durchsichtig (wenn sie nicht verunreinigt und nicht in Pulverform vorliegen). Man kann etwa sagen: was chemisch relativ einfach ist, ist durchsichtig oder zumindest unbunt. Erst kompliziertere Bindungsverhältnisse (z. B. die besprochenen Ketten von Doppelbindungen, oder die Feinheiten der Nebengruppenelemente*) führen zu hinreichend kleinen Abständen zwischen elektronischen Niveaus.

2.5.1 Weiße Stoffe

Wir sehen einen Körper weiß, wenn er das Licht (zumindest den visuellen Anteil) in der gleichen Zusammensetzung reflektiert, in der es ihn trifft, im Idealfall also vollständig. Dabei soll aber keine regelmäßige Reflexion auftreten, denn bei dieser sähen wir das Spiegelbild eines anderen Körpers. Weiße Stoffe zählen also nach ihrem atomphysikalischen Mechanismus nicht zu den Farbstoffen, sie werden hier aber erwähnt, weil man mit ihnen ja auch Flächen anstreichen kann. Ganz allgemein sehen feine inhomogene Mischungen von durchsichtigen Stoffen weiß aus: das Licht wird an den einzelnen Zwischenflächen oft nach den verschiedensten Richtungen reflektiert:

Emulsionen (feine Tropfen in Flüssigkeit): Milch (Fett in Wasser)
Schaum (Gasbläschen in Flüssigkeit): auf Bier, Waschflotte
Nebel (Tröpfchen in Gas): Wolken, sichtbarer „Dampf"
Staub (Festkörper in Gas): Puderzucker, Schnee.

---

* Mit Nebengruppen sind die Spalten des Periodensystems gemeint, deren leichteste Elemente die Nummern 21 (Sc) bis 30 (Zn) sind. Eine Sonderrolle spielen in (bzw. außer) ihnen die Lanthanoiden und Actinoiden. Alle übrigen Elemente zählen zu den Hauptgruppen.

Ersetzt man (meist unabsichtlich) die Luft im Papier durch Fett, so wird es statt weiß durchsichtig (absichtlich macht man das beim Fettfleck-Photometer).
Einige weiße Stoffe, die zum Anstreichen verwendet werden, sind Oxide und Salze aus den Hauptgruppen des Periodensystems: Calciumcarbonat als Kreide oder Kalkspat ($CaCO_3$), Schwerspat bzw. Blanc-fixe (Bariumsulfat $BaSO_4$), Titandioxid (TiO_2), Bleiweiß (2 $PbCO_3$ · $Pb[OH]_2$), Litopone ($ZnS + BaSO_4$).

2.5.2 Schwarze Stoffe

Körper, die nur einen kleinen Teil des ankommenden Lichtes zurückwerfen, sehen schwarz aus, d. h. wesentlich dunkler als alle anderen. Kohlenstoff (amorph und als Graphit in feiner Form) und Metall- oder Halbleiterpulver absorbieren im ganzen Spektrum. In grobkörnigem Zustand zeigen sie Metallglanz, und ebene Metallflächen eignen sich sogar als Spiegel. Platin heißt in Pulverform „Platinmohr" und ist dann ein guter Katalysator (z. B. für die Oxidation von Wasserstoff). Silber kennt man als Metallschicht in Spiegeln, aber auch als schwarzes Pulver. Während Sie diese Zeilen lesen, haben Sie es mit Kohlenstoff zu tun.

2.5.3 Bunte Stoffe aus den Hauptgruppen des Periodensystems

Die Atome der Hauptgruppenelemente und auch die Moleküle oder Kristalle der meisten ihrer Verbindungen geben keinen Anlaß zu selektiver Absorption im visuellen Bereich: diese Stoffe sehen also unbunt oder durchsichtig aus. Ausnahmen sind die Moleküle einiger Elemente: die zweiatomigen Halogenmoleküle, vgl. Abb. F 4, absorbieren „sichtbares" Licht: die schweren wesentlich stärker als die leichten: F_2 ist fast „farblos", Cl_2 ist gelbgrün (der Name [χλωρός] bedeutet genau dieses), Br_2 ist rotbraun (aber nach dem unangenehmen Geruch benannt), I_2 als Dampf violett (ιοειδής). Schwefel bildet als Dampf Moleküle von S_8 (mäßige Temperatur) bis S_2 (hohe Temperatur). Die mittleren Größen S_4 und S_6 verursachen eine rote Farbe, die chemisch regelmäßigeren S_2 und S_8 eine gelbe.
Mennige (Blei[II]-Orthoplumbat Pb_3O_4) ist eine der wenigen Verbindungen aus den Hauptgruppen, die als Farbmittel eine Bedeutung haben, allerdings ist meist die Schutzwirkung mehr erwünscht als die orangerote Farbe.

2.5.4 Bunte Stoffe aus der 1. Nebengruppe (Cu-Gruppe)

Die Nebengruppenelemente (auch Übergangsmetalle genannt) haben gemeinsam, daß beim Vergleich benachbarter Elemente der Aufbau der Elektronenhülle nicht in der äußersten „Schale" (wie bei den Hauptgruppen) vor sich geht, sondern in der zweitäußersten gewissermaßen nachgeholt wird. Die dabei in Frage kommenden Niveaus liegen relativ eng beieinander, besonders bei gewissen Verbindungen und Komplexbildungen.

Kupfer ist als Metall rötlich getönt, es bildet ein rotes (Cu_2O) und ein schwarzes (CuO) Oxid. Das Hydroxid $Cu(OH)_2$ ist als Bremerblau bekannt, das basische Acetat $Cu(OH)CH_3COO$ findet man als Grünspan.
Kupfer-Ionen Cu^{++} sind „farblos" (z. B. in wasserfreiem (!) Sulfat $CuSO_4$), der Diaquo-Komplex macht z. B. das $CuCl_2 \cdot 2H_2O$ grün, der Tetraquo-Komplex das Kupfersulfat $CuSO_4 \cdot 5H_2O$ (genauer: $[Cu(H_2O)_4]^{++}[SO_4(H_2O)]^{--}$) hellcyanblau. Ersetzt man H_2O durch NH_3, so entsteht der tiefblaue Tetrammin-Komplex $[Cu(NH_3)_4]^{++}$.
Die Silberhalogenide AgBr (Silberbromid, früher und in Fotolehrbüchern immer noch Bromsilber genannt) und AgI (Silber-Iodid) sind in der Fotografie sehr wichtig, sie sehen gelb aus, denn sie absorbieren im „blauen" Bereich des Spektrums (weshalb Schwarz-Weiß-Filme ohne Sensibilisierungsmittel praktisch nur Blau-Auszüge machen).

2.5.5 Bunte Stoffe aus der 2. Nebengruppe (Zn-Gruppe)

Cadmiumsulfid CdS ist nicht nur als Halbleiter in Fotoelementen, sondern auch als gelbes Farbmittel bekannt. Das analoge Quecksilbersulfid HgS heißt Zinnober und ist in stabilem Zustand hochrot (mit einem Stich nach Orange), kann aber auch schwarz vorkommen. Quecksilberoxid HgO kann je nach Korngröße rot (grob) und gelb (fein) vorkommen. Bei einem empfindlichen Nachweis auf Ammoniak (Neßlers Reagens) entsteht das orangebraune $Hg[HgI_3(NH_2)]$.
Einige Quecksilberkomplexsalze liegen bei verschiedenen Temperaturen in unterschiedlichen Modifikationen vor und eignen sich daher zur Temperaturanzeige: HgI_2 (möglicherweise $Hg[HgI_4]$) ist unter 127 °C rot, darüber gelb; $Cu_2[HgI_4]$ unter 71 °C rot, darüber schwarz; $Ag_2[HgI_4]$ hellgelb unter 35 °C und orange darüber.

2.5.6 Bunte Stoffe aus der 6. Nebengruppe (Cr-Gruppe)

Wir kommen nun zu einem Element, das seinen Namen den Farben (gr. χρώμα) seiner Verbindungen verdankt: Chrom. Salze mit 6-wertigem Cr im Anion sind die gelben Chromate CrO_4^{--}, und die aus ihnen durch Säurezugabe entstehenden orangefarbenen Dichromate $Cr_2O_7^{--}$ und roten Polychromate $Cr_nO_{3n+1}^{--}$. Auch das zu diesen Salzen gehörende Oxid CrO_3 ist rot. Chromperoxid CrO_5 und die Peroxydichromate $Cr_2O_{12}^{--}$ sind blau.
Dreiwertig findet man das Chrom im grünen Oxid Cr_2O_3 und in den Hexahydraten des Chlorids, bei dem die Farbe davon abhängt, wie sich Chlor und Wasser auf Kat- und An-Ionen aufteilen:
$[CrCl_2(H_2O)_4]Cl \cdot 2H_2O \rightleftarrows [CrCl(H_2O)_5]Cl_2 \cdot H_2O \rightleftarrows [Cr(H_2O)_6]Cl_3$
    dunkelgrün   hellgrün   violett
Beim Stehenlassen wandelt sich diese Folge von links nach rechts um, beim Erwärmen umgekehrt.

2.5.7 Bunte Stoffe aus der 7. Nebengruppe (Mn-Gruppe)

Das Mangan steht seinem Nachbarn Cr in der Erzeugung bunter Verbindungen kaum nach: MnO ist grünlich-grau, MnS „fleischfarben", die Oxide Mn_2O_3 und Mn_3O_4 sind ebenso wie Braunstein MnO_2 braun. Das bekannte Kaliummanganat(VII) (weniger systematisch Kaliumpermanganat genannt) steht in einer Reihe von Manganaten verschiedener Wertigkeiten, die eine ganze Palette darstellen:

7-wertig Manganat(VII) MnO_4^- violett („Permanganat")
6-wertig Manganat(VI) MnO_4^{--} grün („Manganat")
5-wertig Manganat(V) MnO_4^{---} blau („Hypomanganat")
4-wertig Manganat(IV) MnO_4^{----} braun („Manganit")

Wenn man $KMnO_4$ mit $NaBO_2 \cdot H_2O_2$ reduziert, erhält man der Reihe nach diese Farben.

2.5.8 Bunte Stoffe aus der 8. Nebengruppe (Fe-Gruppe)

Roteisenstein Fe_2O_3 heißt als Malerfarbe „Venetianischrot", das zweiwertige Oxid FeO (genauer etwa $Fe_{0,9}O$) ist dagegen schwarz. Das Hydroxid $Fe(OH)_3$ ist rotbraun und als Rost bekannt, das Sulfid FeS ist grünschwarz, das Rhodanid $Fe(SCN)_3$ rot. Ähnlich wie beim Kupfer sind auch beim Eisen die Komplexe interessant: Eisensulfat $FeSO_4$ ist in wasserfreiem Zustand weiß, der Hexaquokomplex $Fe(H_2O)_6^{++}$ gibt dem $FeSO_4 \cdot 7H_2O$ (wie auch der wäßrigen Lösung) die grüne Farbe.
Anstelle von 6 H_2O-Molekülen können sich auch 6 CN^--Ionen um das Fe^{++} lagern: das gibt dann die Anionen der Hexacyanoferrate, das Eisen kann dabei 2- und 3-wertig sein (auch im gleichen Stoff im Kation anders als im Anion):
$K_4[Fe(CN)_6]$ ist das gelbe, $K_3[Fe(CN)_6]$ das rote Blutlaugensalz, $KFe[Fe(CN)_6]$ das lösliche, $Fe_4[Fe(CN)_6]_3$ das unlösliche Berlinerblau, $Fe_3[Fe(CN)_6]_2$ dagegen das unlösliche Turnbullsblau.
Cobaltverbindungen ohne Wasser sind bei zweiwertigem Co blau, z. B. $CoCl_2$, der Hexaquokomplex $Co(H_2O)_6^{++}$ dagegen schwach rot. Das kann man für Geheimtinte (wird beim Trocknen durch Erwärmen sichtbar) oder für luftfeuchtigkeitsabhängige „Wetterbilder" nutzen. — $Al_2(CoO_4)$ ist als Thénards-Blau bekannt. Analog zu den Blutlaugensalzen des Eisens gibt es das rotviolette $K_4[Co(CN)_6]$ und das hellgelbe $K_3[Co(CN)_6]$.
$NiSO_4 \cdot 7H_2O$ ist grün; ganz analog zu den Sulfaten des Fe und des Cu sorgt der Hexaquokomplex (beim Cu Tetraquokomplex) dafür.

2.5.9 Lanthanoid-Ionen

Die Lanthanoide* sind Elemente, die im Periodensystem auf das Lanthan folgen und sich dadurch unterscheiden, daß der Reihe nach die 14 noch fehlenden Elektronen mit der Hauptquantenzahl 4 eingebaut werden.
Ihre dreiwertigen Ionen zeigen eine eigentümliche Periodizität: ist die 4f-„Unterschale" (also der Bereich dieser 14 Elektronen) entweder gar nicht oder zur Hälfte oder ganz aufgefüllt (La^{3+}, Gd^{3+}, Lu^{3+}), so sind die Ionen „farblos", dazwischen aber (besonders bei Nd^{3+} und bei Ho^{3+} und Er^{3+}) bunt.

2.5.10 Organische Farbstoffe

In den Abschnitten 2.1 und 2.2 haben wir das wichtigste Prinzip der organischen Farbstoffe gesehen: Systeme von konjugierten Doppelbindungen, die man im Falle der Polymethinverbindungen (mit gleichmäßigen Anderthalbfachbindungen) erstaunlich gut quantitativ beschreiben kann, und im Falle der Polyenverbindungen (mit nur teilweiser Angleichung der formal als einfach und als doppelt beschriebenen Bindungen) zumindest qualitativ verstehen kann, ohne mehr als die einfachsten Aussagen der Quantenphysik heranzuziehen. Um die Absorption verschiedener Spektralbereiche zu bewerkstelligen, könnte man nun mit solchen Kettenmolekülen nur aus C und H auskommen. An Farbstoffe werden aber noch andere Anforderungen gestellt: sie müssen chemisch stabil sein, vor allem gegen Lichteinwirkung (lichtecht), und sie sollen, wenn sie an Textilien gebunden werden, beim Waschen nicht verschwinden (waschecht). Farbstoffe, die diese Bedingungen, die ja in der Praxis keineswegs nebensächlich sind, erfüllen, enthalten außer dem Kohlenwasserstoffgerüst typischerweise gewisse funktionelle Gruppen, die wieder im Hinblick auf ihren Einfluß auf die Absorptionsstellen in Klassen eingeteilt werden.
„Auxochrome" („farbverstärkende") Gruppen sind meist auch „bathochrom", d. h. sie verschieben die Absorptionsstellen zu längeren Wellenlängen hin, die Erscheinungsfarbe also in der Regel nach Blau, was man früher als eine „Vertiefung" des Farbtons aufgefaßt hat. Beispiele sind die Hydroxygruppe -OH, die Aminogruppe -NH_2, die Sulfogruppe -SO_3H und die Carboxygruppe -$C{\lessgtr}{}^{O}_{OH}$.
Das Gegenteil, eine Verschiebung der Absorption nach kürzeren Wellenlängen (und damit der Erscheinung zu „helleren" Farben, womit rötliche Töne gemeint sind), bewirken die „hypsochromen" oder antiauxochromen Gruppen, die man früher auch weitgehend als „chromophore" Gruppen aufgefaßt hat (gewissermaßen Chromophore als Träger und Auxochrome als Verstärker). Solche Gruppen sind die Carbonylgruppe $\mathord{>}C = O$, die Nitrosogruppe $-N = O$, die Azogruppe $-N = N-$, die Nitrogruppe -NO_2 und die Carbaminogruppe $\mathord{>}C = N-$.

---

* früher als „Lanthanide" bezeichnet, obwohl dieser Name analog zu „Sulfid", „Chlorid" gewissen Verbindungen des Lanthan zukommt.

2.5.11 Einige natürliche Farbstoffe

Einige wichtige Naturstoffe, die zum Färben benutzt wurden, sind: Purpur, Karmin, Krapp und Indigo. In der Antike mußten 9000 Purpurschnecken zur Gewinnung von 1 g Farbstoff ihr Leben lassen; das erklärt ohne weiteres die Bedeutung dieser Farbe als Statussymbol. Auch Karmin galt durchaus als vornehme Farbe, obwohl es aus Cochenille-Läusen gewonnen wurde. Krapp (Alizarin) stammt hingegen aus den Wurzeln der Pflanze Rubia tinctorum, es wird auch Türkischrot genannt. Indigo erhält man seit der Antike aus verschiedenen Pflanzen der Gattung Indigofera, seit 1897 stellt man es auch technisch her (sonst wären die Blue Jeans sicher noch teurer).

Melanin ist das Pigment (also kein Farbstoff im engeren Sinne) der Haut von Säugetieren sowie ihrer Haare. Es verursacht die bräunliche bis schwarze Farbe (je nach Konzentration); das Vorkommen in der Iris ist schon erwähnt worden (1.5.6). Es dient vor allem als Schutz vor UV-Strahlung der Sonne (sonst wäre es paradox, daß Menschen in heißen Zonen dunkler sind als in kalten) und wird sinnvollerweise in der Haut bei starker Sonneneinwirkung gebildet (Sonnenbräune, wie sie seit einigen Jahrzehnten als Zeichen von Gesundheit und Sportlichkeit angesehen wird, während früher Blässe als vornehm galt). Bei Albinos (z. B. weißen Mäusen, selten auch bei einzelnen Menschen) fehlt das Melanin völlig.

Chlorophyll (Blattgrün) ist ein entscheidender Katalysator bei der Photosynthese (d. h. der Synthese von Kohlenhydraten aus CO_2 und H_2O bei Sonnenlicht), der wir (als Nebenprodukt!) den gesamten Sauerstoffvorrat unserer Atmosphäre verdanken.

Rote bis gelbe pflanzliche Farbstoffe mit großer biochemischer Bedeutung sind die Carotine: Unser Körper (besonders die Leber) kann aus einigen Carotin-Sorten Vitamin A_1 (Retinol) herstellen (man nennt Carotin daher auch ein Provitamin). Das Retinol ist ein Hauptbestandteil des Sehfarbstoffs Rhodopsin in den Stäbchenzellen unserer Netzhaut (daher auch der Name „Retinol"): Mangel an Carotin bzw. Retinol hat Nachtblindheit zur Folge (Ausfall des empfindlichen Stäbchensehens), in schweren Fällen auch andere Augenkrankheiten. Bei der Umwandlung des optischen Signals in ein elektrisches Nervensignal in den Stäbchen spielt der photochemische Zerfall des Rhodopsins eine wichtige Rolle: es hat eine Absorptionsstelle im „grünen" Spektralbereich, was die rote Farbe dieses Stoffes ebenso erklärt wie das Empfindlichkeitsmaximum der Stäbchen im grünen Bereich.

2.5.12 Synthetische Farbstoffe

1856 stellte der 18jährige Henry William Perkin einen Farbstoff her, den man wegen der Farbähnlichkeit mit der Malvenblüte „Mauvein" nannte, 1869 stellte er etwa gleichzeitig mit Carl Graebe Alizarin her, und 1880 synthetisierte Adolf Baeyer (der später geadelt worden ist) den Indigo. 1901 fand R. Bohn einen völlig neuen Farbstoff, den er (nach „Indigo" und „Anthracen") „Indanthren" nannte. Heute ist „Indanthren" eine Sammelbezeichnung für viele wasch- und lichtechte synthetische Farbstoffe.

Man kennt inzwischen über 100000 Farbstoffe, von denen etwa 5000 zum Färben geeignet sind. Bei ihrer Herstellung spielt Anilin $NH_2C_6H_5$ eine große Rolle, das aus Steinkohlenteer gewonnen werden kann.
Das Anilin oder die Farben tauchen oder tauchten in den Firmennamen der größten deutschen Chemiekonzerne* auf. Zwischen den Weltkriegen hatten die größten von ihnen sich zu einem Kartell zusammengeschlossen, das bezeichnenderweise „IG Farben" (IG = Interessengemeinschaft) hieß. Neben Kunststoffen (Nylon, Polyethylen usw.) und Pharmaka sind auch heute noch Farbstoffe und Pigmente die wichtigsten Endprodukte der chemischen Industrie.

2.5.13 Säure-Base-Indikatoren

Wenn man Zitrone(-nsäure) in den aufgebrühten, normalen „schwarzen" Tee gibt, so hellt sich die braune Farbe deutlich auf und wird zugleich etwas rötlicher. Nun ist es nichts Besonderes, daß Farbstoffe durch Chemikalien zerstört oder verändert werden können (z. B. Bleichen durch Oxidation), aber beim Tee ist der Vorgang umkehrbar: mit Natron (Natriumhydrogencarbonat $NaHCO_3$, alter Name: doppeltkohlensaures Natron) im Überschuß wird der Tee wieder dunkel (vgl. Abb. F 5). Das ist ein schönes Beispiel für Chemie in der Küche und zugleich für die Indikatorfunktion mancher Farbstoffe: solche Stoffe ändern reversibel ihre Farbe je nach gewissen physikochemischen Bedingungen. Am bekanntesten sind dabei die Säure-Base-Indikatoren, die in saurer und alkalischer Umgebung verschieden aussehen, wobei der Umschlag nur bei wenigen (z. B. Lackmus) mit dem Neutralpunkt zusammenfällt. Am Beispiel des Phenolphthalein soll das etwas erläutert werden:
Dazu betrachten wir erst noch das Wasser. Es besteht bekanntlich aus Molekülen der Formel H_2O. Aus zwei solchen Molekülen können aber auch die Ionen H_3O^+ und OH^- werden, wobei sich ein H^+-Ion (das ja nichts weiter als der einfachste aller Atomkerne, nämlich ein Proton ist) sozusagen an das falsche Molekül anlagert. Begegnen sich zwei neutrale Moleküle, so geschieht dies mit einer gewissen (kleinen) Wahrscheinlichkeit. Begegnen sich aber die beiden Ionen, so ist die Wahrscheinlichkeit sehr groß, und zwar $3 \cdot 10^{17}$mal größer (in Ziffern: 300000000000000000), daß wieder die neutralen Moleküle daraus entstehen:
$$H_2O + H_2O \rightleftharpoons H_3O^+ + OH^-$$
In flüssigem Wasser geschieht dauernd beides, die Neutralisation (von rechts nach links) und die Dissoziation (von links nach rechts). Ein (dynamisches) Gleichgewicht haben wir dann, wenn beides gleich häufig passiert. Da aber die Wahrscheinlichkeiten verschieden groß sind, müssen die Begegnungen entsprechend umgekehrt verschieden häufig sein: es müssen sich $3 \cdot 10^{17}$mal öfter die neutralen Moleküle als die beiden verschiedenen Ionensorten treffen. An der Zahl der neutralen Moleküle ändert sich kaum etwas, die Zahlen der Ionen können aber ganz verschieden sein. Ihre Begegnungen sind der Zahl der H_3O^+-Ionen proportional, ebenso auch der Zahl der OH^--Ionen, also dem Produkt beider. Das nennt man in der Wahrscheinlich-

---

* Hoechst, Bayer, BASF (= Badische Anilin- und Soda-Fabrik)

keitsrechnung den Produktsatz, in der Chemie (in etwas anderer Formulierung) das „Massenwirkungsgesetz". Wenn das Wasser neutral sein soll, müssen also auf ein Ionenpaar rund $6 \cdot 10^8$ neutrale Moleküle kommen.
Nun kann man aber dem Wasser Stoffe beimischen, die selbst Protonen abgeben (also H_3O^+-Ionen erzeugen), aber keine aufnehmen (also keine OH^--Ionen erzeugen). Die nennt man dann Säuren, und die Stoffe, bei denen es gerade umgekehrt ist, Basen oder Alkalien (die Lösungen dann Laugen). Was geschieht nun mit dem Gleichgewicht? Bleiben wir bei dem ersten Fall, der Säurezugabe: jetzt gibt es viel mehr H_3O^+ als vorher, sagen wir, es sei 100mal mehr als vorher. Damit es wieder ein Gleichgewicht gibt, dürfen trotzdem nicht mehr Ionenpaar-Begegnungen stattfinden. Damit die in 100facher Verstärkung herumschwirrenden H_3O^+ das nicht schaffen, darf es nun nur noch 1/100 der OH^--Ionen geben. Die Neutralisation des Wassers überwiegt also so lange, bis dieser Zustand erreicht ist. Man kann den (sauren) Zustand ganz einfach durch die Zahl der H_3O^+-Ionen, natürlich auf eine bestimmte Flüssigkeitsmenge bezogen, beschreiben. Gebräuchlich ist dazu der pH-Wert: Man nimmt die Zahl der Ionen in einem Liter wäßriger Lösung und teilt sie durch die Avogadro-Zahl $6 \cdot 10^{23}$*. Davon nimmt man den Zehnerlogarithmus und ändert dessen Vorzeichen. Da in 1 Liter Wasser $3,3 \cdot 10^{25}$ Moleküle sind, sind im neutralen Zustand rund $6 \cdot 10^{16}$ H_3O^+-Ionen. Der pH-Wert ergibt sich damit als 7. Für die Säure in der im Beispiel genannten Stärke sind es 100mal so viel H_3O^+-Ionen, der pH-Wert ist dann 5. Das Symbol pH erinnert an Potenz (Umkehrung des Logarithmierens) und an H^+-Ionen (die es aber nur an Moleküle angelagert gibt). pH-Werte unter 7 bedeuten saures Medium, die darüber basisches (alkalisches).
Nun betrachten wir einen Farbstoff, der auch Protonen abspalten kann, und schreiben seine Formel vereinfacht als HFa (Fa soll dabei den Rest des Moleküls bedeuten):

$$H_2O + HFa \rightleftharpoons H_3O^+ + Fa^-$$

Auch für seine Dissoziation gibt es ein Gleichgewicht. Nehmen wir nun an, er wird in eine Säure gegeben, also eine Lösung mit viel H_3O^+. Der Farbstoff kommt dann erst wieder ins Gleichgewicht, wenn sich nur noch wenige Fa^--Ionen mit H_3O^+ treffen können, er wird also ganz überwiegend in die Form HFa umgewandelt. In alkalischer Lösung hingegen gibt es wenig H_3O^+, und die meisten der vom Farbstoff erzeugten positiven Ionen werden von dem Überschuß an OH^--Ionen der Lauge weggefangen. Um wieder ins Gleichgewicht zu kommen, muß der Farbstoff stärker als sonst dissoziieren: er liegt überwiegend in der ionisierten Form Fa^- vor.
Wenn er nun in der Form HFa anders mit dem Licht reagiert als in der Form Fa^- + H^+, kann man an der Färbung der Lösung erkennen, ob sie sauer oder basisch ist. Je nach den Eigenschaften des Farbstoffs kann der Farbumschlag selbst im sauren oder

---

* wie man früher im Kaufladen mit „Dutzend" rechnete, so rechnet man im Chemielabor gerne mit „Mol". 1 Dutzend bedeutet: 12 Stück der gleichen Sorte, 1 Mol bedeutet: $6,023 \cdot 10^{23}$ Stück der jeweiligen Sorte. Leider hat man das Ganze sprachlich noch komplizierter gemacht, indem man das Mol zur Einheit einer eigenen Größenart, der „Stoffmenge" stilisiert hat, was im wesentlichen nur eine Kette von begrifflichen Verwirrungen nach sich zieht. Der Sinn der Sache liegt darin, daß 1 Mol eines Stoffes mit der relativen Molekularmasse N gerade die Masse N Gramm hat, da die atomare Masseneinheit $1 g/6 \cdot 10^{23} = 1,67 \cdot 10^{-27}$ kg ist.

im basischen Bereich liegen. So ist Phenolphthalein nur im mittleren bis starken basischen Bereich rot, im neutralen und sauren „farblos". Das kann man schön für einen Geheimtintentrick anwenden: man schreibt eine Botschaft mit Phenolphthalein auf Papier (mit einer Feder oder einem Pinsel): es ist nichts zu sehen. Zum Korrekturlesen kann man mit einem Lappen voll Ammoniak-Lösung darüberwischen: die Schrift wird rot lesbar, verschwindet aber wieder beim Verdunsten der Lösung. Mit NaOH- oder KOH-Lösung kann man sie dann dauerhaft sichtbar machen.

Einige Säure-Base-Indikatoren (vgl. auch Abb. F6 und Abb. F7) seien hier zusammengestellt:

	← sauer | basisch →
	1 2 3 4 5 6 7 8 9 10 11
Pikrinsäure	farbl. | gelb
Thymolblau	rot | gelb
Methylorange	rot | gelb
2.5 Dinitrophenol	farblos | gelb
Methylrot	rot | gelb
Lackmus	rot | blau-violett
Bromthymolblau	rot | gelb | blau
Phenolrot	gelb | rot
Thymolblau	rot | gelb | blau
Phenolphthalein	farblos | magenta-rot
Alizaringelb RS	gelb | violett

Universalindikatoren zeigen entlang der pH-Werte-Leiter eine ganze Palette von Farben. Sie bestehen aus geeigneten Mischungen verschiedener Indikator-Farbstoffe und erlauben es, auf einen Blick den pH-Wert (grob) abzulesen, wobei man nur einen präparierten Papierstreifen eintauchen muß.

2.6 Absorption

2.6.1 Absorptionsfilter

Ein Filter ist ganz allgemein ein Gerät, das nur für einen bestimmten Teil von einer Substanz durchlässig ist, z. B. ein Kaffeefilter hält alle Teilchen oberhalb eines bestimmten Korndurchmesser zurück. Beim Licht muß man unterscheiden zwischen Filtern bezüglich der Wellenlänge (oder Frequenz, Photonenenergie, was hier gleichbedeutend ist) und bezüglich der Polarisationsrichtung*.

---

* Für manche Insekten führt die Polarisation zu einer eigenen Sinnesqualität, für uns Menschen nicht: wir nehmen bei der Verwendung von Polarisationsfiltern nur Helligkeitsänderungen wahr. Zwei solche Filter kann man so drehen, daß sie gemeinsam kein Licht mehr durchlassen. Erstaunlicherweise kann man aber ein drittes zwischen beide (!) schieben, so daß es wieder eine Aufhellung gibt. Es kommt bei diesen Filtern also nicht nur auf die Orientierung (Drehung um die Strahlrichtung) an, sondern auch sehr auf die Reihenfolge. Beides ist bei den Absorptionsfiltern nicht der Fall.

Die wellenlängen-sortierenden Filter können nun nach zwei Methoden arbeiten: das Interferenzfilter haben wir schon behandelt: bei ihm kommt es auf Schichtdicken, nicht auf die chemische Struktur, an. Beim Absorptionsfilter sind nun Energiestufen in der Elektronenhülle vorhanden, die es ermöglichen, Photonen bestimmter „Größe" (d. h. Energie, was im Wellenbild bestimmten Frequenzen und damit auch Wellenlängen entspricht) zu absorbieren. Die Energie wird natürlich auch wieder abgegeben, aber nicht unbedingt in die gleiche Richtung und nicht in Portionen (Quanten) der gleichen Größe: dem durchgehenden Lichtstrahl wird Licht dieser Frequenz mehr oder weniger stark entzogen. Dieser Anteil ist nun für die einzelnen Stellen (Wellenlängen oder Frequenzen) im Spektrum anzugeben, z. B. in Gestalt einer Kurve: Absorptionsgrad als Funktion der Wellenlänge.

Im allgemeinen wirkt sich die Absorption auf die Farbe eines vom durchgelassenen Licht beleuchteten Gegenstandes aus (vgl. Abb. F8): man spricht daher ungenauerweise von Farbfiltern. Absorbiert ein Filter jedoch im ganzen Spektrum gleichmäßig, so wirkt es als Graufilter (Sonnenbrille!). Beispiele für Absorptionsfilter aus dem täglichen Leben: Konversionsfilter (benötigt man, um bei Tages- oder Glühlampenlicht mit der jeweils nicht angepaßten Farbfilmsorte trotzdem gute Bilder zu machen), Rosé-Wein, Rubin (Aluminiumoxid mit Cr-Beimischung), Kirchenfenster, Diapositive.

Durchsichtige bunte Flüssigkeiten absorbieren weniger, wenn man sie verdünnt und dabei die Schichtdicke nicht ändert, also wenn man seitwärts durch das Gefäß schaut. Schaut man jedoch senkrecht während des Auffüllens hindurch, so wird die Schicht um den gleichen Faktor dicker, um den die Konzentration abnimmt. Wenn die Verdünnung keine chemischen Veränderungen nach sich zieht, ist für die Absorption nur das Produkt aus Schichtdicke und Konzentration maßgebend (Gesetz von Lambert und Beer). Die Abb. 2.5 zeigt dazu einen Versuch mit dem Overhead-Projektor (vgl. Abb. F9).

Abb. 2.5 Ein Demonstrationsversuch zum Lambert-Beerschen Gesetz. Auf dem Overhead-Projektor stehen zwei Küvetten nebeneinander, die mit der gleichen $CuSO_4$-Lösung teilweise gefüllt sind. Zwei zusätzliche Spiegel bringen außer der vertikalen auch eine horizontale Durchsicht der beiden Flüssigkeiten auf die Projektionswand. Verdünnt man nun die Lösung in einer der beiden Küvetten, so hellt sich die Farbe nur in der horizontalen Sicht auf, während in der vertikalen die Verdünnung durch die Vergrößerung der Schichtdicke ausgeglichen wird. (Den Vorschlag zu diesem Versuch verdanke ich Herrn Schneyer, Duisburg.)

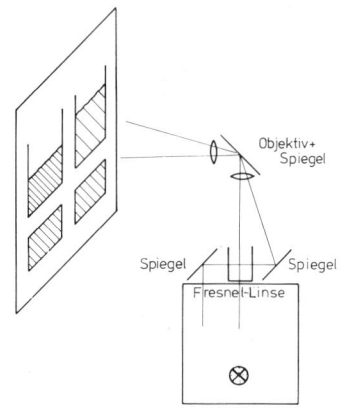

2.6.2 Fluoreszenz

Interessiert man sich für das Licht, das nach der Absorption durch das Zurückspringen der Elektronen emittiert wird, so spricht man von Fluoreszenz im weiteren Sinne. Die Energie der Photonen und damit auch die Frequenz der zugehörigen Welle ist dabei gleich (Resonanz-Fluoreszenz) oder kleiner als bei der vorangegangenen Absorption (Gesetz von Stokes), kann aber auch etwas größer sein (dann wird Energie aus der Schwingung oder Rotation mitverwendet).

Besonders interessant ist die Fluoreszenz, wenn durch sie unsichtbares Licht sozusagen sichtbar wird: eine Ultraviolettlampe („Schwarzlichtlampe") läßt im Dunkeln weiße Nylonhemden durch die Maschen des Pullovers hindurch geisterhaft leuchten, und der Briefmarkensammler untersucht seine Objekte auf geheimnisvolle Streifen. Aber auch bei normaler Beleuchtung fallen manche Dinge besonders ins Auge: Leuchtfarben auf Kunstwerken der Pop-Art und auf der Schutzkleidung der Autobahn-Arbeiter sind deutlich heller als andere Dinge: hier wird in einem Teil des „sichtbaren" Spektrums mehr reflektiert als in ihm zur Absorption zur Verfügung steht: die Energie dazu stammt aus dem ultravioletten Bereich.

In diesem Zusammenhang ist die Behandlung der weißen Wäsche interessant. Wenn nach dem Waschen Verunreinigungen übrigbleiben, so färben sie die Wäsche im allgemeinen dunkler, meistens auch gelblicher. Eine alte Methode ist das Bleichen: Die Oxidation im Freien bei Sonnenlicht oder mit Oxidationsmittel zerstört die Farbstoffe in den Verunreinigungen. Die Zugabe von blauen Farbstoffen zu den Waschmitteln rückt auch dem „Gilb" zuleibe, aber auf Kosten der Helligkeit: außer dem blauen wird nun auch das gelbe Licht teilweise absorbiert: die Wäsche ist dann zwar nicht mehr gelb, aber dafür grau. Der Trick, daß Wäsche (ohne daß sie frei von Verunreinigungen sein müßte!) in einem sehr zutreffenden Sinn weißer als weiß aussieht, liegt in der Fluoreszenz: Energie aus dem UV wird in „blauen" Portionen abgegeben, zusätzlich zu dem reflektierten Licht, die Verluste durch die Vergilbungsstoffe werden damit ausgeglichen (Abb. 2.6). Die Wäsche ist dadurch zwar nicht sauberer als ohne diese „optischen Aufheller", sieht aber wesentlich sauberer aus, was offenbar sehr wichtig ist.

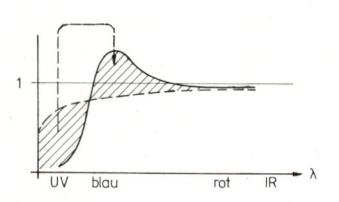

Abb. 2.6 Fluoreszenz bei optischen Aufhellern (schematisch): im UV-Bereich aufgenommene Photonen werden in Form von „kleineren" Photonen im „sichtbaren" Bereich emittiert, insbesondere im blauen Bereich. Damit wird zum einen der Buntton nach Blau verschoben (was sauberer aussieht), und zum anderen wird die Helligkeit gesteigert. Daß im UV nicht reflektiert wird, wird natürlich nicht wahrgenommen.
– – – Absorption
——— Emission

2.6.3 Multiplikative (sog. subtraktive) Mischung

Das Experiment mit drei sich überlappenden Farbfiltergläsern auf dem Overhead-Projektor ist sozusagen ein Musterfall für das, was man als „subtraktive" Mischung bezeichnet: von dem, was das erste Filter übriggelassen hat, nimmt das zweite auch noch etwas weg. Man sieht leicht, daß sich bei Vertauschung der Filtergläser nichts ändert (was eigentlich schlecht zur Subtraktion paßt). Die üblichen „Mischungsregeln" erscheinen plausibel (ganz im Gegensatz zu denen der additiven Mischung): z. B. ergibt Blau mit Gelb subtraktiv gemischt („Blau minus Gelb" sagt man denn doch nicht) Grün, und Rot mit Grün ergibt Braun. Später werden wir sehen, daß bei der additiven Mischung (Übereinanderprojektion von buntem Licht) Blau + Gelb auch Grün, aber Grün + Rot dagegen Gelb gibt. Der voreilige Schluß lautet dann: es gibt zwei Gruppen von Mischungsgesetzen: solche für subtraktive und solche für additive Mischungen. Es sei im Vorgriff gleich angemerkt, daß es für die additive wirklich solche Regeln gibt (zu denen die genannten gehören). Daß die Dinge bei der „subtraktiven" anders liegen, sehen wir in folgendem Experiment: Wir legen ein blaues und ein gelbes Absorptionsfilterglas (wie sie z. B. in der Farbfotografie gebräuchlich sind) erst neben-, dann übereinander in einem Strahlengang (z. B. Overhead-Projektor). Dann machen wir dasselbe mit einem blauen und einem gelben Interferenzfilter. Einzeln liefern die Filter durchaus ähnliche Farben, so daß man im Prinzip nicht sehen kann, ob es Absorptions- oder Interferenzfilter sind. Bei der Hintereinanderschaltung jedoch ergeben die Absorptionsfilter das erwartete Grün, die Interferenzfilter jedoch Dunkelheit. Das ist ein besonders krasser Fall. Im allgemeinen können Filter mit unterschiedlicher Transmissionskurve durchaus ununterscheidbare Farben liefern (solange sie einzeln z. B. bei jeweils gleichem „weißem" Licht benutzt werden). Hinter einer anderen Lichtquelle oder hinter einem Falbfilter sind sie dann im allgemeinen nicht mehr ohne Farbbeeinflussung vertauschbar.

Was wir daraus folgern müssen, ist einfach und kompliziert zugleich: Es gibt keine Mischungsregeln für „subtraktive Mischung" in dem Sinne, daß man aus den Farben der einzelnen Filter auf die Farbe der Kombination schließen könnte. Man muß vielmehr die Verläufe der beiden Transmissionskurven betrachten und punktweise multiplizieren.

Denn für jede Wellenlänge läßt das erste Filter einen Bruchteil des Lichtes durch, das zweite ebenfalls, beide zusammen also das Produkt dieser Werte, das natürlich noch stärker kleiner als Eins ist als jeder einzelne. Es ist also nicht sehr mathematisch gedacht, von einer Subtraktion zu reden, wenn etwas „noch kleineres" herauskommt. Natürlich kann man das Produkt a · b auch schreiben als a − a · (1−b) oder als b − b · (1 − a) und dann behaupten, jede Multiplikation sei in Wirklichkeit eine Subtraktion. Es trifft den Sachverhalt also wesentlich besser, wenn man die Hintereinanderschaltung von Filtern als „Multiplikative Mischung von Spektren" bezeichnet und nicht als „subtraktive Mischung von Farben".

Es sei schon hier angemerkt, daß man die additive Mischung zwar im Prinzip auch über die Spektren behandeln müßte, daß uns aber die Linearität der Zusammenhänge zwischen Spektren und Farben erlaubt, auch Mischungsregeln unmittelbar für die additive Mischung aufzustellen, bei denen es dann nicht mehr auf die Spektren ankommt, sondern nur auf die beteiligten Farben. Dazu eine grobe Veranschaulichung: wenn ich zwei Plastillingebilde A und B zusammenknete zu C, so kann ich von den Durchmessern von A und B nicht auf den Durchmesser von C schließen (außer, es seien bestimmte Formen, z. B. Kugeln vorausgesetzt), wohl aber kann ich über die Massen oder Volumina Aussagen machen, die von den Formen unabhängig sind.

Nun gibt es in der Praxis aber doch so etwas wie Mischungsregeln für die multiplikative Mischung (z. B. beim Tuschkasten). Der Grund liegt darin, daß die Transmissionskurven meistens ein breites Maximum haben und sich gegenseitig etwas überlappen. So überlappen sich die Kurven von grünem und rotem Filter im „gelben" Bereich etwas: wir sehen ein dunkles Gelb, das als Braun bezeichnet wird. Bekanntlich ergibt die additive Mischung von Grün und Rot Gelb, genaugenommen sogar ein ziemlich helles und etwas entsättigten, d. h. blasses oder weißliches. Man kann allgemein sagen: die Mischungsfarben bei der multiplikativen Mischung sind dunkler (schwärzlicher) als die entsprechenden der additiven, und zwar um so dunkler, je weniger die Transmissionsspektren sich überlappen (Extremfall: schmalbandige Interferenzfilter). Das gilt auch für den Sonderfall, daß die Mischung Unbunt ergibt: Cyan und Zinnoberrot gibt additiv Weiß, multiplikativ mehr oder weniger dunkelgrau bis schwarz.

Trägt man durchsichtige Lacke übereinander auf, so hat man es weitgehend mit multiplikativer Mischung zu tun, beim Vermischen von Pigmenten oder beim farbigen Buchdruck ist es nicht mehr ganz so eindeutig: es gibt dort Übergangsformen zwischen beiden Mischungsarten. Dabei ist stets vorausgesetzt, daß es keine chemischen Reaktionen zwischen den Farbstoffen gibt.

2.7 Brechung und Dispersion

Die Absorption wirkt sich nicht nur im unmittelbaren Bereich der betreffenden Spektrallinie oder Bande aus, sondern weit darüber hinaus: die Phasengeschwindigkeit des Lichtes auch für entferntere Frequenzen wird davon beeinflußt. Die Tatsache, daß c nicht in jedem durchsichtigen Stoff denselben Wert hat wie im Vakuum (c_o), hat die Brechung zur Folge, ihre Abhängigkeit von der Frequenz führt zur Dispersion (vgl. Abb. 2.7). Die Brechung ist von größter Wichtigkeit in der technischen Optik: ohne sie wären Linsen sinnlos. Die Dispersion wird in Prismenspektralapparaten genutzt, meistens stört sie aber. Da die Abhängigkeit der Phasengeschwindigkeit von der Frequenz für verschiedene Glassorten unterschiedlich ist, kann man Linsen oder

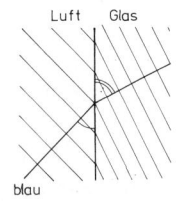

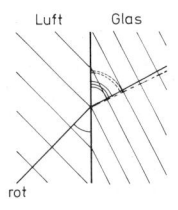

Abb. 2.7 Dispersion. Monofrequentes Licht aus dem kurzwelligen („blau", links) bzw. langwelligen („rot", rechts) Bereich des Spektrums trifft von links unten auf eine Grenzfläche Luft/Glas. Der Strahl und die rechtwinklig dazu verlaufenden Wellenfronten werden durch Brechung geknickt, da die (Phasen-)Geschwindigkeit im Glas kleiner ist als in Luft. Rechts ist außer dem „roten" Strahl zum Vergleich noch einmal der „blaue" (gestrichelt) eingezeichnet. Die Phasengeschwindigkeiten sind für beide Strahlen unterschiedlich (Dispersion), beide werden also i. a. verschieden stark geknickt, und falls sie entlang der gleichen Gerade ankommen, trennen sie sich aufgrund der Dispersion.

Prismen wahlweise so kombinieren, daß sich entweder die Brechungseffekte aufheben und die Dispersion nicht aufhebt (Geradsichtprisma) oder umgekehrt (Achromat und Apochromat). Eine bekannte, aber relativ komplizierte „Anwendung" der Dispersion liegt beim Regenbogen vor (vgl. Abb. F 10).

2.8 Einfluß der Lichtquelle

Wer bei Glühlampenlicht einen weißen Pullover strickt, merkt mitunter bei Tageslicht, daß er verschiedene Sorten von Wolle, weiße und elfenbeinfarbene, genommen hat. Im Evoluon in Eindhoven gibt es ein Diorama mit zwei aus Textilien bestehenden „Schnecken" (vgl. Abb. F 11): sie sitzen in zwei gleichermaßen „weiß" beleuchteten Fenstern, die eine kann aber (auf Knopfdruck) die andere besuchen. Im gleichen Fenster sehen ihre bunten Flecken gleich aus, in den verschiedenen Fenstern aber nicht. Des Rätsels Lösung liegt darin, daß das eine Fenster mit blauen und gelben Lampen beleuchtet wird, das andere mit roten und grünen: weiße Flächen sehen in beiden (fast) genau gleich aus, rote, grüne, blaue und gelbe aber nicht: sie erscheinen weniger bunt, wo die entsprechende Lampe fehlt.

Allgemein gilt folgendes: Ein beleuchteter Körper kann* nur die Spektralanteile reflektieren, die auch von der Lampe bei ihm ankommen. Wenn man von der Farbe eines Gegenstandes spricht, meint man meistens die Körperfarbe für den Fall, daß er vom Tageslicht beleuchtet wird. Damit eine Lichtquelle weiß aussieht oder ein weißes Objekt (das nicht notwendigerweise, aber doch meistens alle Teile des Spektrums gleichermaßen reflektiert) weiß aussehen, muß das Spektrum der Lichtquelle nicht unbedingt alle Wellenlängen enthalten: es genügen sogar zwei (die dann zueinander passen müssen), z. B. eine blaue und eine gelbe. Wenn nun ein Körper nur grüne Spektrallinien reflektiert, sieht er bei einem vollständigen Lampenspektrum grün aus, bei Beleuchtung mit den erwähnten zwei Linien jedoch schwarz.

Streut man etwas Kochsalz in eine Gasflamme, so gibt es nahezu monofrequentes gelbes Licht (von der Natrium-D-Linie, das D stammt aus Fraunhofers Numerierung der dunklen Linien im Sonnenspektrum): man sieht alle Objekte in einem Gelbauszug (vgl. Abb. F 12).

2.9 Glanz

Wer die Farbe eines Autos aussucht, kann dabei auch „metallic"-Glanz wählen. Nach DIN 5033 ist Glanz eine Eigenschaft einer Oberfläche, die sie außer der Körperfarbe noch haben kann, die aber nicht eine Komponente von ihr ist, im Gegensatz zur Helligkeit. Ein Versuch von R. W. Pohl (Optik und Atomphysik) täuscht sehr lehrreich Glanz vor: ein Drahtnetz wird mit Ruß geschwärzt und vor eine gelbe oder rosafarbene kleinere Kartontafel gehängt. Bei starker Beleuchtung hält der unbefangene Beobachter das für Messing bzw. Kupfer. Das Drahtnetz und sein Schatten

---
* abgesehen von der Fluoreszenz

verursachen ähnlich wie zwei Geländer einer Brücke oder zwei Lagen einer doppelten Gardine einen Moiré-Effekt: wo der Schatten hinter dem Draht unsichtbar ist, ist es heller als dort, wo er in die Lücken dazwischen fällt. Die Bereiche hängen dabei sehr stark von der Beobachtungsrichtung ab (außerdem von der Position der Lampe): sie sind sogar für beide Augen verschieden. Bei kleinen Bewegungen wandern sie unregelmäßig und stark. Beim Glanz verhält es sich ähnlich: kleine Bereiche der Oberfläche reflektieren regulär und geben in enge Richtungen sehr helles Licht: für beide Augen verschieden, und stark veränderlich bei Bewegungen des Betrachters.

Der Glanz ist also ähnlich wie das Entfernungssehen ein Effekt, der auf den Abstand der beiden Augen oder ersatzweise auf Bewegungen des Kopfes angewiesen ist; DIN 5033 verlangt aber für die Farben, daß sie mit einem Auge und ohne Bewegung zu unterscheiden sein sollen. Glanz kann man ebenso gut oder ebenso schlecht wie räumliche Tiefe in einem „einäugigen" Gemälde oder Foto wiedergeben: gewisse Strukturen werden entsprechend gedeutet, sind dabei aber nicht eindeutig. Und wenn man den Kopf bewegt, erkennt man deutlich, daß man ein flaches und nichtglänzendes Bild vor sich hat und nicht den räumlichen bzw. glänzenden Originalgegenstand.

3. Aus Physiologie und Farbenmetrik

Bisher war von Farbreizen und ihren Spektren* die Rede, also von physikalischen Aussagen über Licht. Wenn dabei Farben erwähnt wurden, so als abgekürzte Redeweise zur vereinfachten Beschreibung. Dabei ist die Zuordnung zwischen den Spektren und den Farben keineswegs so einfach wie die etwa zwischen Temperatur und Wärmeempfindung (womit nicht gesagt sein soll, daß die völlig trivial wäre), sondern eher von der Art wie die Zuordnung zwischen räumlichen Gegenständen und ihren Schattenbildern. Die Farbe ist dabei keine eindeutige Funktion der Spektren, sondern hängt auch noch von räumlichen und zeitlichen Kontrasten, vom Beleuchtungsniveau und natürlich davon ab, ob der Betrachter evtl. farbenfehlsichtig ist. Wenn diese Einflüsse standardisiert sind, kann man jedem Farbreiz bzw. Spektrum einer Farbe zuordnen, aber nicht umgekehrt der Farbe ein Spektrum: es gibt praktisch unendlich viele Spektren, die zu ein und derselben Farbe führen, so wie es auch unendlich viel Körper gibt, die z. B. einen kreisrunden Schatten werfen können oder einen in Gestalt eines Rechtecks mit bestimmten Seitenlängen. Es ist daher keine Spitzfindigkeit, zwischen den Farben und ihren optischen Voraussetzungen, den Farbreizen mit ihren Spektren streng zu unterscheiden (auch wenn das kaum durchgehalten werden kann: es wäre sprachlich sehr schwerfällig).

Was wir über die Spektren erfahren haben, ist Gegenstand der Physik und der Chemie (die in unserem Zusammenhang nicht von der Physik unterschieden werden muß). Auch wenn wir keine Farben sehen könnten, wären die Spektren kaum weniger gut erforscht (wenn auch sicher später entdeckt worden): das sieht man eindrucks-

---

* „Spektrum" wird hier im Sinne von „Farbreizfunktion" verwendet, eine räumliche Ausbreitung wie im Spektralapparat ist dabei nicht gemeint.

voll an der Erforschung und Verwendung der „unsichtbaren" Bereiche des elektromagnetischen Spektrums: Ultraviolett, Ultrarot, Radiowellen (z. B. in der Astronomie), Röntgen- und Gammastrahlung. Was den Bereich zwischen 400 und 700 nm Wellenlänge auszeichnet, ist nichts Physikalisches, sondern es sind Eigenschaften von biologischen Systemen, die sich physikalisch beschreiben lassen. Die zugehörigen Forschungsgebiete nennt man Physiologie oder Biophysik (mit etwas unterschiedlichen Akzenten).

Das Sehen ist ein Vorgang, den man normalerweise den Augen zuordnet. Mindestens genauso wichtig dabei ist aber unser Gehirn, das keineswegs nur Bilder zur Kenntnis nimmt, sondern aus den Rohdaten, die von den Augen geliefert werden, Modelle konstruiert. Ein brauchbarer Vergleich ist vielleicht die Herstellung von Landkarten mit Hilfe von Stereofotos, die von Flugzeugen aus gemacht werden: die Arbeit ist nicht mit dem Aufnehmen der Fotos getan, sondern es gehört auch noch die Auswertung mit Kenntnis der jeweiligen Flugzeugposition dazu. Falsche Voraussetzungen dabei führen zu falschen Deutungen: genau von dieser Art sind die sogenannten optischen Täuschungen, bei denen meist die Optik völlig in Ordnung ist, aber das Gehirn durch untypische Bedingungen absichtlich irregeführt wird.

In der Antike glaubte man, das Auge sende Strahlen zu den Objekten aus und taste damit die Umwelt ab, etwa wie wir es beim Radar tun. Das ist zwar optisch-physikalisch leicht zu widerlegen, hat aber einen wahren Kern: das Sehen ist ein aktiver Vorgang, bei dem wir einem Objekt unsere Aufmerksamkeit und unsere Augenachsen zuwenden. Wenn wir einen Tisch sehen, so sehen wir kein Trapez (obwohl das Netzhautbild so aussieht), auch kein Bild von einem Tisch, sondern den Tisch selbst: das heißt, daß das Gehirn aus den von den Augen kommenden Informationen und aus seinen (angeborenen und erworbenen) Erfahrungen zu dem Schluß kommt, daß sich da ein Tisch befindet. Zum Sehen gehört also nicht nur die Tätigkeit der Augen, sondern auch noch eines Teils des Gehirns, beides zusammen nennt man das visuelle System. Auch das Farbensehen endet nicht in der Netzhaut, sondern erst in der Hirnrinde.

Was dabei alles geschieht, kann man auf zwei Arten erforschen: objektiv und subjektiv. Bei der objektiven Methode geht man wie bei der Untersuchung einer Fernsehkamera vor: man unterwirft einzelne Abschnitte physikalischen Messungen und nimmt dabei evtl. nicht nur vorübergehende Funktionsstörungen in Kauf. Das schränkt die meisten Verfahren auf Tierversuche ein. Es gibt aber auch objektive Messungen, die keine Schädigungen verursachen, z. B. Reflexionsmessungen an der Netzhaut.

Subjektive Methoden benutzen die Sinneswahrnehmung selbst als Kriterium: Menschen können gefragt werden, ob sie zwei Farben als gleich sehen, oder können an einem Anomaloskop (vgl. Abb. F 22) (Meßgerät für anomales Farbensehen) Farbmischungen so einstellen, daß sie für sie gleich aussehen. Auch Tiere können „befragt" werden, indem man ihnen z. B. beibringt, daß das Futter jeweils bei einer bestimmten Farbe versteckt ist. Können sie sich nun zwischen zwei Farben nicht entscheiden, kann man daraus schließen, daß sie sich für sie nicht unterscheiden, jedenfalls nicht in dem Merkmal, auf das sie dressiert sind (vgl. Abb. F 21).

3.1 Das Auge und die Netzhaut

Das Auge wird oft mit einer Fotokamera verglichen: die Existenz von Linse, Irisblende und reellem Bild auf der Hinterseite legen das nahe. Der Vergleich mit einer Fernsehkamera (man denke an den Sehnerven) ist etwas zeitgemäßer. Gegenüber beiden gibt es aber beim Auge auch optische Unterschiede: Die Brechung wird zum größeren Teil von der Krümmung der Vorderfläche (Hornhaut) und dem dort sehr großen Sprung des Brechungsindex bedingt. Diese Form erlaubt auch das sehr große Gesichtsfeld, das auf der nasenabgewandten Seite über 90°C von der Augenachse zur Seite reicht: Fotoobjektive mit dieser Eigenschaft werden als „fisheye" bezeichnet, könnten aber ebenso treffend „human eye" heißen. Die Linse dient hauptsächlich zur Entfernungseinstellung (Akkommodation, im wesentlichen durch elastische Verformung).

Die Netzhaut (Retina) ist entwicklungsgeschichtlich ein Stück vorgelagertes Gehirn. Sie enthält auf der hinteren (!) Seite die lichtempfindlichen Zellen und davor die Nervenleitungen, die nasenseitig im Blinden Fleck gebündelt als Sehnerv zum Gehirn führen. Jedes Auge hat als Sehzellen etwa 120 000 000 Stäbchen mit dem Sehfarbstoff Rhodopsin und 6 000 000 Zapfen mit Sehfaktor Iodopsin. Die Stäbchen sind besonders empfindlich, erlauben aber nur die Unterscheidung verschieden großer Helligkeiten. Darum sind bei Nacht (bei schwacher Beleuchtung) alle Objekte unbunt. Daß dann alle Katzen grau seien, stimmt aber nicht für schwarze und für weiße, wohl aber für die bunten.

Die Zapfen sind stärker als die Stäbchen auf die Mitte der Netzhaut konzentriert (in der fovea centralis gibt es gar keine Stäbchen: darum gehen Sterne manchmal verloren, wenn man sie ansehen will, und tauchen beim Wegsehen wieder auf).

Es gibt beim Menschen drei Sorten von Zapfen, die sich in ihrer spektralen Empfindlichkeit (Abb. 3.1) unterscheiden: das ist eine der zentralen Voraussetzungen aller Gesetzmäßigkeiten des Farbensehens: man kann jede Farbe durch drei Zahlenangaben kennzeichnen (für die Helligkeit beim Dämmerungssehen genügt eine, für ein Spektrum braucht man im Prinzip unendlich viele Zahlen). Den drei Sorten werden üblicherweise die Farben rot, grün und blau zugeordnet. Die Numerierung ist besonders durch die Bezeichnungen der zugehörigen Ausfallserscheinungen festgelegt: bei der Protanopie fehlt die erste Zapfensorte (rot), bei der Deuteranopie die zweite (grün), bei der Tritanopie (blau) die dritte.

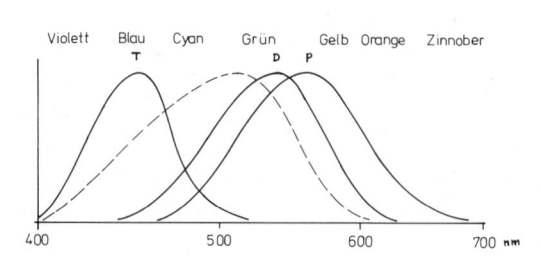

Abb. 3.1 Empfindlichkeitskurven der drei Zapfensehstoffe (drei Iodopsin-Arten), bezeichnet mit P, D und T (gemäß den zugehörigen Farbfehlsichtigkeiten beim Fehlen des jeweiligen Stoffes) und (gestrichelt) des Rhodopsin in den Stäbchen. Die Gesamtempfindlichkeit für das Tagessehen (d. h. das Sehen mit Zapfen im Hellen) ist weitgehend mit D identisch (normiert jeweils auf Maximum).

Die Zuordnung der Farben zu den Rezeptoren ist differenziert zu sehen: der 1. Rezeptor hat sein Empfindlichkeitsmaximum in dem Bereich des Spektrums, der gelb aussieht. Zugleich reizt diese Lichtsorte aber auch den Grünrezeptor, und wir empfinden das als gelb. Wird nur der Rotrezeptor gereizt, was normalerweise nur durch Licht vom langwelligen „Ende" des Spektrums möglich ist, sehen wir ein Rot mit einem leichten Stich nach Orange oder Gelb (Zinnoberrot, Orangerot). Es ist keineswegs das Rot, das wir uns ohne Beimischung anderer Farben vorstellen: das gibt es auch, aber es erfordert zusammengesetzte Spektren!

Für die Helligkeitsempfindung ist bei guter Beleuchtung hauptsächlich der Grünrezeptor zuständig. Verglichen mit den Stäbchen ist er im kurzwelligen Bereich (Blau) weniger und im langwelligen (Gelb, Rot) mehr empfindlich. Sortiert man bunte Flächen nach der Helligkeit, so kommt man beim Dämmerungssehen zu anderen Ergebnissen als im Hellen: Rot wird im Hellen im Vergleich zu Blau heller eingeordnet als bei schwacher Beleuchtung (Purkyně-Phänomen).

Die drei Zapfensorten sind verschieden weit über die Netzhaut verteilt (Abb. 3.2). Für genaue Messungen ist daher auch der Sehwinkel von Bedeutung, unter dem das zu bewertende Objekt gesehen wird.

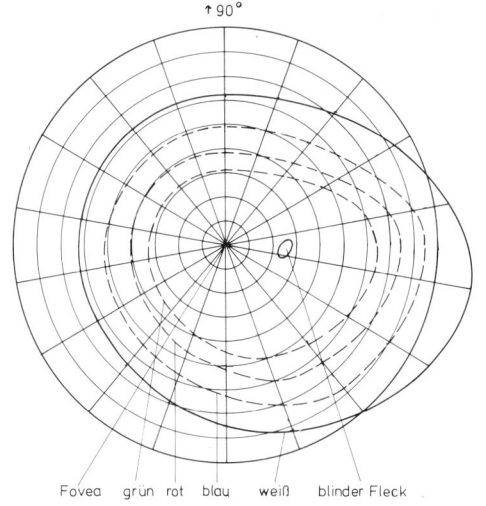

Abb. 3.2 Gesichtsfeld des rechten Auges mit Bereichen der Farberkennung (Darstellung in den Außenraum projiziert).

Fovea grün rot blau weiß blinder Fleck

Schon Thomas Young und später Hermann von Helmholtz (1821—1894) haben angenommen, daß wir drei Rezeptorsorten haben, die den Farben Rot, Grün und Blau zugeordnet sind. Diese Young-Helmholtz-Theorie wird auch als Dreifarbentheorie bezeichnet, im Gegensatz zur Hering-Theorie, die ungenauerweise als Vierfarbentheorie bekannt ist. Was die Sehzellen in der Netzhaut angeht, haben Young und v. Helmholtz recht. Zwei Farbreize, die, obwohl verschieden, alle drei Rezeptoren gleich stark reizen, führen zur gleichen Farbe. Das erklärt aber nicht, warum wir einen Farbreiz mit „vollem" Spektrum nicht als Mischung aus Blau, Grün und Rot, sondern als Weiß empfinden, oder warum spektral reines Rot uns als Mischfarbe aus Rot und Gelb erscheint, reines Rot dagegen nur durch eine spektrale Mischung aus beiden Enden des Spektrums hervorgerufen werden kann.

3.2 Hirnrinde und bewußte Wahrnehmung

Die Leitungen in unserem Kopf gehen von den beiden Netzhäuten über die Sehnerven, die Sehnervenkreuzung (wo die Informationen, die nach linkem und rechtem Auge getrennt ankommen, nun nach linker und rechter Gesichtsfeldhälfte neu zusammengefaßt werden), den Kniehöckern (im Zwischenhirn) bis zur Sehrinde, einem Teil der Hirnrinde am hinteren Ende des Großhirns.

Im Bereich der Kniehöcker und der Großhirnrinde findet man Änderungen der mittleren Häufigkeiten von elektrischen Nervenimpulsen in Abhängigkeit von den jeweils gesehenen Farben. Die Abb. 3.3 zeigen für sechs verschiedene Sorten von Nervenzellen des äußeren Kniehöckers typische elektrische Pulsfrequenzen als Funktion der Wellenlänge (bzw. Frequenz) von monofrequentem Licht. Es fällt auf, daß jeweils zwei (H und D, B und Y, M und G) sich qualitativ symmetrisch und damit antagonistisch zueinander verhalten: nimmt die eine zu, so nimmt die andere ab. Wir haben es also nur mit drei unabhängigen Daten zu jeder Wellenlänge zu tun, etwa vergleichbar mit den sechs Waagschalen von drei Balkenwaagen: hebt sich eine, so senkt sich die zugehörige zwangsläufig.

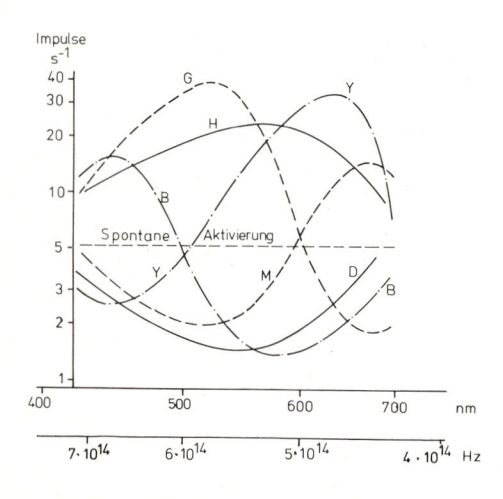

Abb. 3.3 Pulsfrequenzen verschiedener Nervenzellen im Kniehöcker des Zwischenhirns als Funktionen der Wellenlänge bzw. Frequenzen des ins Auge fallenden (spektralen) Lichtes. Umgezeichnet nach de Valois, Abramov und Jacobs 1966. Die hier gewählte logarithmische Darstellung zeigt deutlich die paarweise komplementäre Reaktion der Nervenarten:

H erhöht die Pulsfrequenz stets bei Helligkeit
D erniedrigt sie
G erhöht sie im kurzwelligen und mittleren Bereich und erniedrigt im langwelligen,
M verhält sich umgekehrt,
Y erhöht sie im mittleren und langwelligen Bereich, und erniedrigt sie im kurzwelligen,
B verhält sich umgekehrt.
Im Kniehöcker liegt die Farbe also im Sinne der Theorie von Hering kodiert vor.

Es leuchtet nun ein, daß bei der Überlagerung von Farbreizen, die die Frequenz einer bestimmten Nervensorte einerseits erhöhen (z. B. „gelbes Licht" bei Sorte Y) und andererseits erniedrigen („blaues" Licht bei den gleichen Nerven) sollen, bei geeignetem Mischungsverhältnis eine neutrale Stellung zwischen „Blau" und „Gelb" zustandekommen kann. Das gleiche gilt für Magenta (= reines Rot) und Grün als zweites Paar. (Den Sinn der für Dunkelheit zuständigen Nerven D kann man erst im Zusammenhang mit Kontrasteffekten verstehen.)

Diese erst in den letzten Jahrzehnten physiologisch nachgewiesenen Sachverhalte

sind seit langem Inhalt einer Farbensehtheorie, die Ewald Hering (1834—1918) aufgestellt hat, hauptsächlich aufgrund der subjektiven Bewertung von Farben nach gefühlsmäßigen (nicht optisch-spektralen) „Bestandteilen" (etwa auch im Sinne Goethes) und aufgrund der Gegenfarbeneigenschaften, insbesondere bei Nachbildern. In der Hering-Theorie treten sechs Grundfarben auf, die sich paarweise als Gegenpole zugeordnet sind: Schwarz und Weiß, Blau und Gelb, Rot (= Magenta) und Grün. Solche Gegenfarben (z. B. Grün in bezug auf Magenta) sind für unsere Vorstellung das Extremum an Unähnlichkeit, und während es sinnvoll ist, von rötlichem Gelb oder grünlichem Blau zu sprechen, ist es widersinnig, eine Nuance durch eine Kombination von zwei Gegenfarben (z. B. „rötliches Grün") beschreiben zu wollen. Übergänge zwischen Gegenfarben bestehen lediglich über andere Grundfarben oder im Unbunten (z. B. kann man von Grün über Blau oder über Gelb oder über Weiß etc. nach Grün einen allmählichen Übergang herstellen).
Möglicherweise liegt es an der Erfahrung des reinen Stäbchensehens (bei schwacher Beleuchtung), bei dem nur Hell und Dunkel unterschieden wird, daß wir das Gegenfarbenpaar Schwarz-Weiß von den anderen beiden sprachlich und wohl auch empfindungsmäßig absondern: unbunt und bunt. Wir haben somit im Sinne der Hering-Theorie sechs Grundfarben, zwei unbunte und vier bunte. Daher findet man für Herings Gegenfarbentheorie oft die irreführende Bezeichnung „Vierfarbentheorie".
In Wirklichkeit haben wir jedoch drei voneinander unabhängige Abstufungen: eine auf der Hell-Dunkel-Skala, eine auf der Blau-Gelb- und eine auf der Rot-Grün-Skala. Geometrisch gesprochen, haben wir es (auch hier) mit einem dreidimensionalen Farbenraum (wohlgemerkt für jeden einzelnen Punkt des Gesichtsfeldes) zu tun.
Psychophysische Messungen (nämlich Versuche, bei denen Menschen z. B. mit optischen Geräten Licht mischen sollten, das ihnen in möglichst reinem Rot erschien usw.) ordnen den bunten Grundfarben folgende monofrequente Lichtsorten zu: Blau 468 nm, Grün 504,5 nm und Gelb 568 nm. Reines Rot (Magenta) erscheint nicht im Spektrum, es ist die Gegenfarbe zu einer Farbe, die man mit („grünem") Licht der Wellenlänge 510 nm erzeugen kann.

3.3 Umkodierung und Zonentheorie

Lange Zeit standen sich die Anhänger der Young-Helmholtz-Theorie und der Hering-Theorie mit ihren anscheinend unvereinbaren Theorien gegenüber: jede Seite hatte psychophysische Erkenntnisse (physiologische zunächst weniger) für sich, z. B. die Farbenfehlsichtigkeiten zugunsten der ersteren, die Nachbild-Gegenfarben zugunsten der zweiten. Bezogen auf den Streit, den Goethe mit den Nachfolgern Newtons (also den Physikern besonders) begonnen hatte, steht Hering Goethe etwas näher, Helmholtz den Physikern, vor allem in dem Punkt: bei Hering ist Weiß eine Grundfarbe, bei Helmholtz aber so wenig wie bei Newton. In diesem keineswegs nebensächlichen Punkt und vielen anderen schienen beide Theorien unvereinbar.
J. v. Kries fand im Prinzip die Lösung: er teilte den Sehvorgang bildlich in verschiedene Zonen zwischen der Physik und dem bewußten Erleben ein (etwa in dem Sinne: Linse — Netzhaut — Sehnerv — Hirnrinde) und ordnete nun verschiedenen Zonen

verschiedene Theorien zu. Aufgrund physiologischer Messungen wissen wir heute, daß sich die Ereignisse in den Zapfen der Netzhaut vernünftig im Sinne von Young und Helmholtz beschreiben läßt, die im Zwischen- und Großhirn jedoch im Sinne von Hering. Zwischen diesen Zonen muß eine Umkodierung der Information stattfinden.
Daß diese nicht unmöglich ist, sieht man daran, daß wir in beiden Zonen einen dreidimensionalen Farbenraum (für jeden Gesichtsfeldpunkt) haben: bei den Zapfen (Young—Helmholtz) drei unabhängige Sorten, im Hirn (Hering) drei unabhängige Gegenfarbenpaare (antagonistische Systeme). Im Sinne der analytischen Geometrie handelt es sich bei der benötigten Umkodierung um eine Koordinatenumrechnung im dreidimensionalen Raum ◆◆. Während in den Zapfen eine gewaltige Menge an Informationen (die im Lichtspektrum noch enthalten sind) verlorengehen muß, braucht dies bei der Umkodierung nicht der Fall zu sein.
Über die Details dieser Umkodierung ist ziemlich wenig bekannt, man kennt jedoch die Kodierungen der Farben vor und nach der Umrechnung. So liegt es nahe, kybernetische Modelle zu entwerfen, die im Sinne einer Black Box ähnliche Umkodierungen bewerkstelligen, ohne aber deshalb in den Zwischenschritten irgendwelche Ähnlichkeiten mit der Natur haben zu müssen.
Wir können Auge und Gehirn mit einer Fernsehkamera und angeschlossenem Computer vergleichen. Dieser Vergleich geht gerade an der Stelle der Umkodierung erstaunlich weit: unsere Bildröhren und Aufnahmekameras beim Farbfernsehen arbeiten im Prinzip im Sinne der Young-Helmholtz-Theorie, die Übertragung auf dem Rundfunkkanal lehnt sich dagegen an die Hering-Theorie an (siehe Teil 5).
Beides hat technische Gründe, und die Umrechnung geschieht mit elektronischen Analogrechnern.
Einige kybernetische Modelle erscheinen in einigen der weiter unten behandelten didaktischen Modellen des Farbensehens (Teil 4). Zunächst betrachten wir jedoch einige räumliche Darstellungen der Farben.

3.4 Der Farbenwürfel (Abb. 3.4, F 13)

Haben wir eine Menge von n voneinander unabhängigen Zahlenwerten, so kann man sie als einen Punkt in einem n-dimensionalen Raum darstellen (das ist für $n \leq 3$ anschaulich möglich, für größere n eine typisch mathematische verallgemeinernde Sprechweise). Um ein Spektrum zu beschreiben, benötigt man für jede Wellenlänge eine eigene Zahlenangabe, also in der Praxis bis zu einigen Tausend. Beim Farbensehen werden aber für jeden Bildpunkt nur drei voneinander unabhängige Werte aufgenommen, nämlich die Reizungen der drei verschiedenen Zapfensorten. Von jetzt an sind also maximal drei Dimensionen für den Farbenraum möglich. Nennen wir die drei Anteile (Komponenten) P, D, T (in Anlehnung an die Bezeichnungen der zugehörigen Farbenfehlsichtigkeiten Prot-, Deuter- bzw. Trit-anopie), so können wir z. B. den P-Anteil (rot- und gelb-empfindliche Zapfen) von einem Nullpunkt im Raume aus nach rechts abtragen, den D-Anteil (grün) nach vorne und den T-Anteil (blauviolett) nach oben (oder in anderen, zueinander rechtwinkligen Richtungen). Den Nullpunkt kann man (mit gewissen Vorbehalten!) als Schwarz bezeichnen. Einige

Abb. 3.4 Symbolische Darstellung des Farbwürfels und seiner 8 (nämlich 2^3) Ecken. Nimmt man Schwarz als Ursprung eines cartesischen Koordinatensystems, so kommt man mit drei nichtnegativen Koordinaten aus. Ein solches System ist adäquat für Wandler zwischen optischen und elektrischen bzw. Nerven-Signalen oder umgekehrt: Zapfen (Young-Helmholtz-Theorie), Kamera und Bildröhre beim Farbfernsehen. Diese 8 Farben treten auch im Testbild des Fernsehens auf (in vertikaler Reihenfolge).

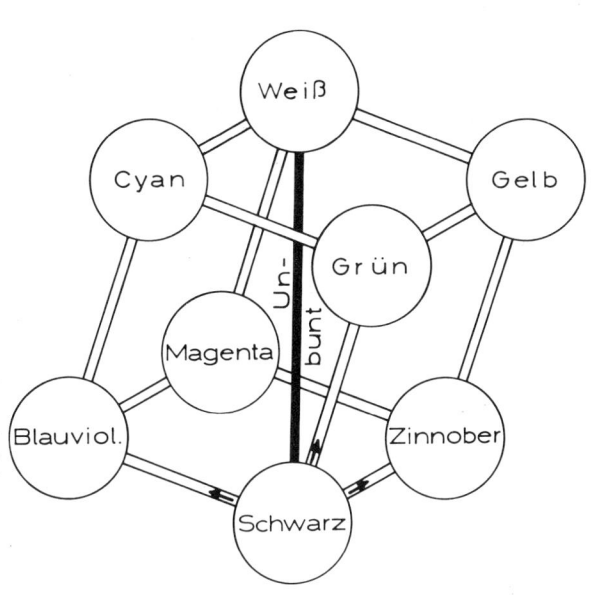

weitere stark idealisierte Koordinaten, insbesondere für die Ecken des so gebildeten Würfels (oder allgemein Quaders: es gibt Gründe, die Koordinatenachsen nicht gleich lang darzustellen):

	P	D	T
Schwarz	0	0	0
Blau-violett (= Indigo)	0	0	1
Grün	0	1	0
Zinnoberrot (Spektral-Rot)	1	0	0
Gelb	1	1	0
Magenta (Purpur, Rein-Rot)	1	0	1
Cyan (= Blau-Grün)	0	1	1
Weiß	1	1	1
Grau (Mittel-)	0.5	0.5	0.5

Diese Tabelle enthält nur nichtnegative Koordinaten, die man den Reizungen der Zapfensorten zuordnen kann. Wir werden ihnen auch später bei der Fernsehbildröhre und einem Teil der Fernsehkamera-Systeme begegnen. Bezeichnend ist in allen diesen Fällen, daß es sich um Wandler handelt, die das Signal dem Licht entnehmen bzw. es wieder in Licht umsetzen: negative Koordinaten wären dabei nicht ohne weiteres sinnvoll.

Die Zeichnung 3.4 zeigt den Farbenquader bzw. -würfel perspektivisch. Ein Modell seiner Oberfläche kann aus Postkartenkarton hergestellt und mit Wasserfarben bespritzt werden (dazu verwendet man eine harte Bürste, z. B. Zahnbürste, und ein Stück Metall oder Kunststoff mit einer harten Kante).

3.5 Die Farbenkugel (F 14)

Ein didaktisch reizvoller Weg zur Farbenkugel führt über das Spektrum und die Nachbild-Gegenfarben. Es wird zunächst ein Kartonband beidseitig mit einem Spektrum bemalt (Abb. 3.5a). Dann bemalt man ein zweites (Abb. 3.5b) mit den jeweiligen Gegenfarben (die man nach dem Kriterium der maximalen Unähnlichkeit oder durch das Nachbild-Experiment (siehe 3.14) aufsucht). Es zeigt sich, daß beide qualitativ weitgehend übereinstimmen, wenn man sie um etwa die halbe Länge gegeneinander verschiebt. Jedoch gibt es einen Bereich im Grün, dessen Gegenfarben im Spektrum nicht vorkommen, nämlich Purpur und reines Rot (Magenta), die sich aber auf dem Gegenfarbenband zwischen Violett und Orange zwanglos einfinden. Es liegt nahe, beide Bänder zu einem geschlossenen Ring zu verschmelzen (mit Büroklammern zusammenzufügen): dem Farbenkreis von Newton (Abb. 3.5c).

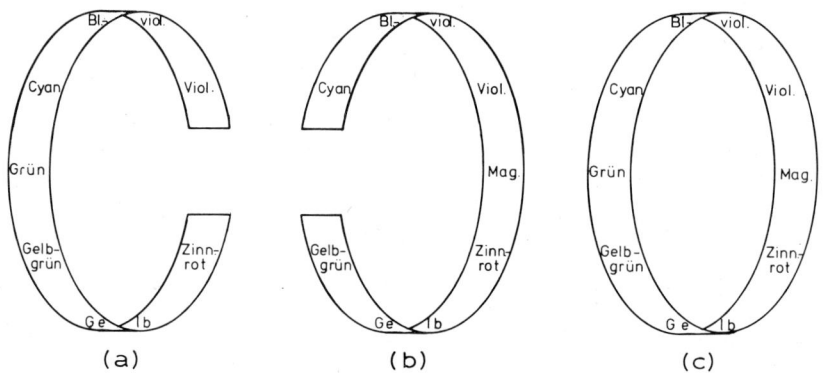

(a) (b) (c)

Abb. 3.5
a Ein Kartonstreifen wird beidseitig mit einem Spektrum bemalt, so als ob er durchsichtig wäre. Versucht man, ihn zu einem Farbenkreis zu schließen, so bleibt eine Lücke (rechts in der perspektivischen Zeichnung, was als „hinten" gedeutet werden möge).
b Ein zweiter Streifen wird mit den jeweiligen Gegenfarben bemalt. Bei ihm bleibt eine Lücke, die vorne (im Bild links) ist, wenn man den fast geschlossenen Ring so ausrichtet wie den vorigen.
c Beide Streifen zusammen ergeben einen geschlossenen Farbenkreis. Magenta ist dabei die Gegenfarbe zu spektralem Grün, ein Purpurrot, das im Spektrum fehlt.

In diesem Farbenkreis liegen sich nun Gegenfarben diametral gegenüber, unbunte Farben kommen in ihm jedoch nicht vor. Es lassen sich aber auch Farbenkreise aus Schwarz, Weiß und jeweils zwei bunten Farben (die zueinander Gegenfarben sind) anfertigen: auch hier liegen sich Gegenfarben gegenüber. Die Abbildungen 3.6 zeigen zwei Beispiele. Will man nun die drei beschriebenen Farbenkreise zusammenfügen, so gelingt dies nicht in der Ebene. Indessen kann man aber ein körbchenartiges Gerüst einer Kugel (Abb. 3.7, Abb. F 15) aus ihnen formen (praktische Ausführung: die Bänder mit Bürolocher an den entsprechenden Stellen lochen und beim Verbinden mit Klammern verknüpfen, wie sie für Warensendungen gebräuchlich sind). Die unbunten Farben zwischen Weiß und Schwarz (also die verschiedenen Graustufen) befinden sich auf einem Kugeldurchmesser, der durch einen Stab (gerollter Karton)

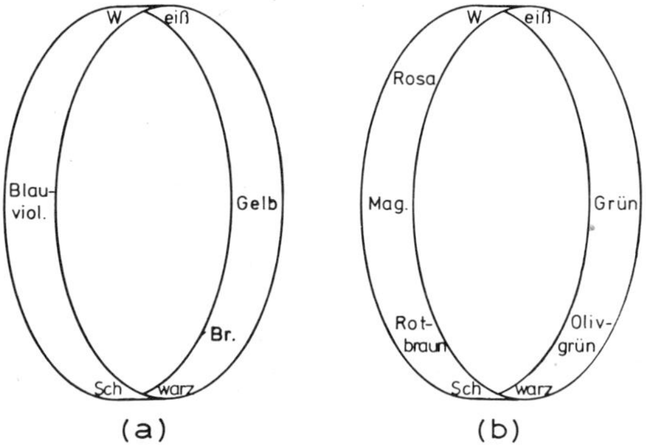

Abb. 3.6 Zwei weitere Farbenkreise, bei denen sich ebenfalls Gegenfarben gegenüberliegen, die aber die unbunten Farben Schwarz und Weiß enthalten.

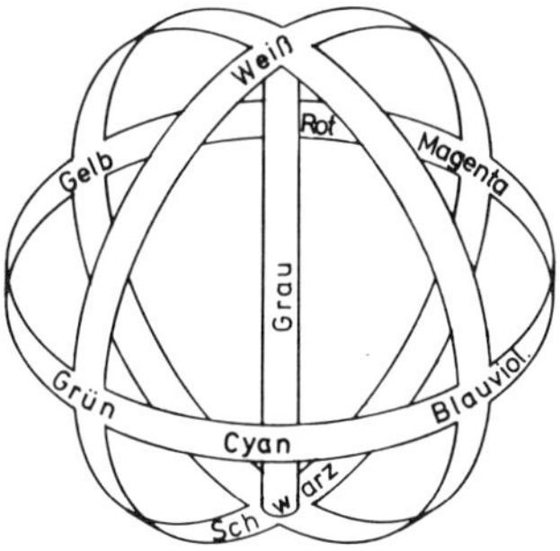

(a)   (b)

Abb. 3.7 Körbchenmodell der Farbenkugel.
Die Farbenkreise aus den vorigen Abbildungen können in der dritten Dimension zum Gerüst einer Kugel zusammengesetzt werden (am besten mit Klammern für Versandbeutel und vorher mit Bürolocher gestanzten Löchern). Zur besseren Deutlichkeit sind die Verknüpfungsstellen so gezeichnet, als wären die Streifen dort verschmolzen. Ein Stab (gerollter Kartonstreifen) mit der Grauskala ist als Polarachse in die Kugel eingefügt. Er erinnert daran, daß auch das Kugelinnere Farben repräsentiert.

realisiert werden kann. — Eine Farbenkugel mit vollständiger Oberfläche (aber dafür ohne Einblick in das Innere) erhält man, wenn man eine Styroporkugel mit Wasserfarben bespritzt.
Zur Festlegung von Punkten auf oder in der Kugel ist es vernünftig, Koordinatensysteme zu nehmen, bei denen der Nullpunkt im Mittelpunkt der Kugel liegt (Abb. 3.8 u. 3.9). Betrachten wir zunächst rechtwinklige:

Farben	Weiß	Blau	Magenta
(Mittel-)Grau	0	0	0
Weiß	1	0	0
Schwarz	—1	0	0
Magenta (reines Rot)	0	0	1
Grün	0	0	—1
Blau	0	1	0
Gelb	0	—1	0

Man kann erkennen, daß dieses System genau der Hering-Theorie entspricht (so wie unser Farbenwürfel der Young-Helmholtz-Theorie entspricht). Wir werden diesem Kugelsystem aber auch bei den Farbfernsehübertragungsmethoden SECAM, NTSC und PAL begegnen (5.1). Interessanterweise treten hier gleichermaßen positive wie negative Werte für die Koordinaten auf. Das ist aber kein Problem, weil es sich in

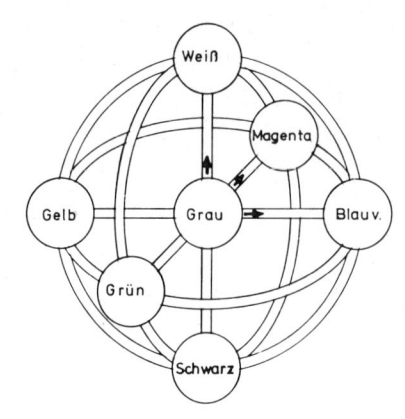

Abb. 3.8 Symbolische Darstellung der Farbenkugel mit Hervorhebung der 6 Pole im Sinne der Gegenfarbentheorie von E. Hering (perspektivisch zu verstehen). Die Pfeile zeigen dabei in drei linear unabhängige Koordinatenrichtungen, die positiv gezählt werden können (die anderen drei sind dann von diesen abhängig und werden negativ gezählt). Damit ist ein dreidimensionales cartesisches Koordinatensystem vom Mittelpunkt der Farbenkugel (Mittelgrau) aus aufgespannt.

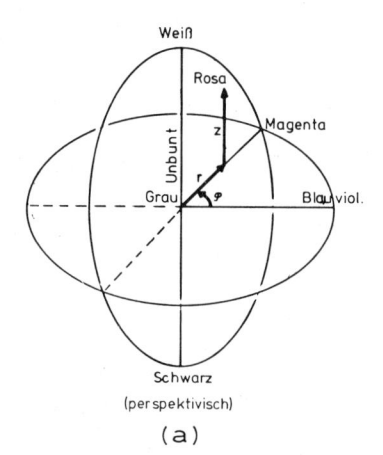

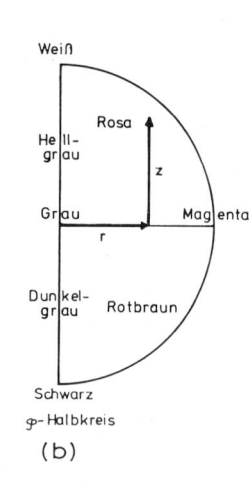

Abb. 3.9 Zylinderkoordinaten der Farbenkugel. Die linke Zeichnung (a) ist perspektivisch zu verstehen, φ ist nicht unbedingt ein rechter Winkel, sondern allgemein der Winkel, um den man die Kugel um die Unbuntachse drehen muß, um zu einem bestimmten Buntton zu kommen. Das rechte Bild (b) zeigt den Halbkreis für den dieser Buntton (und damit das φ) einheitlich ist: er enthält die ganze Unbuntachse und rechts die kräftigste Farbe.

Zwischen- und Endhirn um Pulsfrequenzen der Nervenzentren handelt, die gegenüber einem Ruhewert erhöht bzw. erniedrigt werden; und beim Rundfunkkanal des Fernsehens um Amplituden- oder Frequenzmodulation einer elektromagnetischen Welle.
Stellt man sich die Farbenkugel wie einen Erdglobus vor, so kann man auch die geographische Länge (d. h. eine Winkelkoordinate, die einer Drehung um die Polarachse bzw. Unbuntachse entspricht) zur Kennzeichnung des Bunttons (Farbtons) verwenden. Alle Farben gleichen Bunttons liegen dann auf einem Halbkreis, der die Unbuntachse als Durchmesser enthält (Abb. 3.9). Innerhalb dieses Halbkreises sind dann rechtwinklige Koordinaten günstig: „senkrecht" die Helligkeit, als Abstand von der Unbunt-Achse die Buntheit (das ist die Größe, die am Fernsehgerät ungenauerweise als Farbkontrast bezeichnet wird). Dieses Koordinatensystem ist das System der Zylinderkoordinaten. (Kugelkoordinaten wären bei der Farbenkugel wenig sinnvoll, da es für die Entfernung vom Mittelpunkt keine gebräuchliche Entsprechung gibt.)
Der bekannteste Entwerfer einer Farbenkugel war der norddeutsche romantische Maler Philipp Otto Runge (1777—1810), der die Farben mit religiös-symbolischen Bedeutungen belegte.

3.6 Beziehungen zwischen Farbenwürfel und Farbenkugel

Wir hatten den Farbenwürfel (bzw. bei Verzicht auf die Annahme gleicher Kantenlängen) den Farbenquader auf den Zapfenreizungen (also der Young-Helmholtz-Theorie) aufgebaut, die Farbenkugel jedoch in Anlehnung an die Kodierung im Zwischenhirn und in der Großhirnrinde (also im Sinne der Hering-Theorie) eingeführt. Nun ist die Kugelgestalt eine ziemlich schematische Idealisierung. Begnügen wir uns mit qualitativen Lagebeschreibungen, so können wir die Kugel so drehen, daß ihre Pole Schwarz und Weiß den gleichnamigen Würfelecken entsprechen und die restlichen Würfelecken etwa dem Äquator der Kugel. Neben dieser Drehung ist der wesentlichste Unterschied die Lage des Nullpunktes: bei der Kugel in der Mitte (Neutralgrau), beim Würfel in der Ecke „Schwarz". Das hat einen ernsthaften Hintergrund: die Farbe Schwarz ist nicht einfach identisch mit dem Fehlen von Licht, sondern eine vom neutralen Grau (der indifferenten Farbe schlechthin) definitiv abweichende Empfindung, die nicht dadurch erzeugt wird, daß nichts ankommt, sondern durch (zeitliche und räumliche) Kontrasteffekte.

Die Tatsache, daß man den gleichen Farbenraum sowohl im Sinne des Würfels als auch im Sinne der Kugel lagemäßig (mit mehr oder weniger genauen Koordinaten) beschreiben kann, weist uns darauf hin, daß zwischen Zapfen und Hirnrinde eine Umkodierung (sozusagen Koordinatenumrechnung) stattfindet, die den dreidimensionalen Charakter der Farbenvielfalt aufrechterhält.

3.7 Andere räumliche Darstellungen der Farben

Solange man sich nur damit befaßt, jeder Farbe eindeutig einen Punkt in einem Darstellungsraum zuzuordnen (und zwar ein-eindeutig, also in beiden Zuordnungsrichtungen eindeutig), hat man eine große Auswahl in der Form der „Farbenkörper" (man nennt das die „niedere Farbenmetrik"). Man kann sich nun zusätzlich die Aufgabe stellen, auch die empfindungsmäßigen Unterschiede durch entsprechend große Entfernungen im Farbenraum wiederzugeben (das führt dann zur „höheren Farbenmetrik"). Unser Würfel und unsere Kugel haben den Nachteil, daß man ihr Inneres nur ahnen kann. Um dem abzuhelfen, kann man die Kugel aus mehreren einzelnen Farbton-Halbkreisen zusammensetzen oder aus vielen einzelnen kleinen einfarbigen Kugeln bilden, die einzeln an Fäden neben- und übereinander hängen (vgl. Abb. F 16).

3.8 Zweidimensionale Darstellungen

Nun ist es nicht sehr handlich, mit dreidimensionalen Modellen umzugehen, und in den meisten Fällen interessiert man sich auch nur für den bunten Anteil. Dazu projiziert man nun den jeweiligen Farbenkörper (Kugel oder Würfel z. B.) in eine Ebene, die rechtwinklig zur Unbunt-Achse liegt. Bei der Kugel ist das die Äquatorebene mit den vier Scheitelpunkten Blau, Grün, Magenta und Gelb und einem Mittelpunkt, der

bei der Kugel Mittelgrau bedeutet, in der Projektion aber alle unbunten Farben von Schwarz bis Weiß darstellt. Beim Würfel ist es ein Sechseck, das (ungefähr) die Ecken Blauviolett, Cyan, Grün, Gelb, Zinnoberrot und Magenta hat. Man hat bei dieser Projektion die Auswahl zwischen zwei sinnvollen Möglichkeiten:
Zum einen kann man (wie beim Schatten einer weit entfernten Lichtquelle) parallel projizieren: die Punkte der Ebene bedeuten dann jeweils Mengen von Farben, die man als Farben gleicher Chrominanz zusammenfaßt; sie unterscheiden sich dann noch in der Luminanz, d. h. dem Abstand von der Ebene, die durch den „schwarzen" Pol geht und parallel zum Äquator ist.

Man kann aber auch eine Zentralprojektion nehmen (entsprechend einem Schattenwurf durch eine nahe punktförmige Lichtquelle), und zwar sinnvollerweise vom „schwarzen" Pol (bzw. der „schwarzen" Ecke) des Würfels aus. Man nennt dann die Zusammenfassung von Farben, die dabei auf dem gleichen Punkt der Ebene abgebildet werden, eine Farbart. Farbart und Chrominanz haben viel gemeinsam: beide beschreiben zusammen mit der Luminanz die Farbe, und beide können ihrerseits durch zwei Angaben beschrieben werden, und zwar im Falle der Chrominanz durch Buntton und Buntheit. Immerhin unterscheiden sie sich z. B. darin, daß Schwarz die Chrominanz Null, aber eine nicht definierte Farbart hat. In der Literatur wird oft nicht genau zwischen Farbart und Chrominanz unterschieden, weil man sich meist nur für eine bestimmte Helligkeit interessiert und weil es dann wenig Unterschied ausmacht, ob in der Ebene die Farbarten oder die Chrominanzwerte dargestellt werden.

3.9 Das Grundvalenz-Dreieck und das Normfarbendreieck

Wir werden im folgenden eine Farbenebene verwenden, die didaktisch günstig, aber meßtechnisch ungünstig ist: das Grundvalenzdreieck (Abb. 3.10). Wir zeichnen ein gleichseitiges Dreieck mit den Ecken P, D und T entsprechend den drei Zapfensorten. Wie wir wissen, können wir jede Farbe dadurch beschreiben, daß wir angeben, wie stark die drei gereizt werden. Lassen wir die Helligkeit aus dem Spiel, so normieren wir vorher auf eine konstante Summe. Es bleiben also zwei unabhängige Werte übrig, die man rechtwinklig auftragen kann, die wir aber zur Betonung der Gleichberechtigung der drei Zapfen in Dreieckskoordinaten auftragen: es gilt für die drei Koordinaten (wegen der Normierung) $p + d + t = 1$, die Dreiecksseiten mögen die Längen 1 haben: dann tragen wir t als Abstand von der Gegenseite zu T auf usw. Reizt eine Lichtsorte nur die T-Zapfen (Blauviolett), so wird die zugehörige Farbe im Eckpunkt T abgebildet. Da sich die Empfindlichkeitskurven der anderen beiden Zapfensorten gegenseitig und mit T überlappen, gibt es kein Licht, das nur D oder nur P reizt. Wir können nun für das ganze Spektrum die Farben eintragen und finden einen Linienzug, der in T beginnt und in der Nähe von P endet, aber in weitem Abstand von D verläuft. Die beiden Enden des Spektrums schrumpfen dabei zu je einem Punkt zusammen: das sind die Bereiche, in denen jeweils nur eine Zapfensorte gereizt wird.
Ist nun Licht aus mehreren Spektrallinien zusammengesetzt, so gibt es Farben, die im

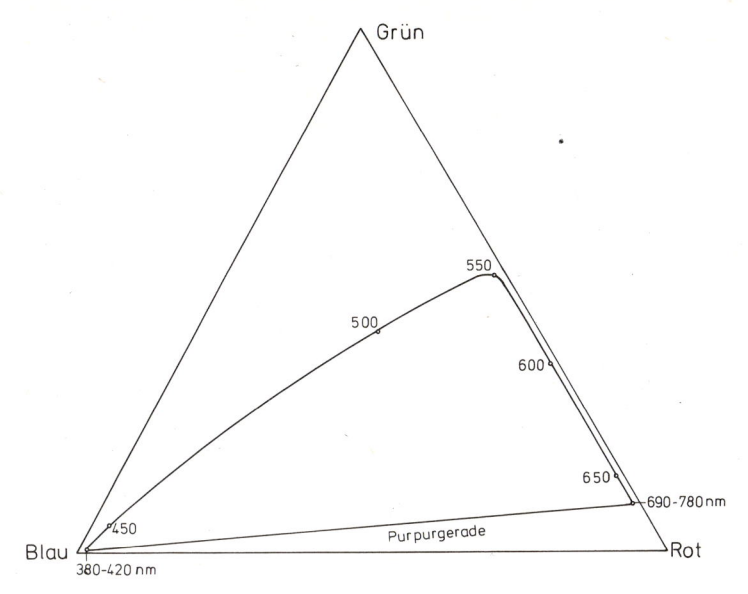

Abb. 3.10 Das Grundvalenzdreieck. Die Ecken bedeuten Reizung jeweils nur eines Zapfensehstoffes (was nur bei Blau und Rot annähernd möglich ist). Nur die im Innern der Kurve und der Purpurgeraden liegenden Farbarten existieren tatsächlich.

Inneren des Spektrallinienzuges liegen. Ein Spezialfall ist dabei wichtig: mischt man die beiden äußersten Enden des Spektrums, so liegt man auf der Verbindungsgeraden der Endpunkte, auf der Purpurgeraden. Alle Farben liegen nun in dem Gebiet, das vom Spektrallinienzug und dieser Purpurgeraden gemeinsam umschlossen wird.

Denken wir an unsere dreidimensionalen Farbenkörper zurück, so finden wir, daß unser Grundvalenzdreieck nichts anderes ist als ein Schnitt durch die Würfelecken Grün, Zinnoberrot und Blauviolett, und daß die Punkte in dem Körper die Farbarten bezeichnen (also die Zentralprojektion von der „schwarzen" Ecke aus die angemessene Projektion ist).

Der Mittelpunkt des Dreiecks ist der Unbuntpunkt. Im Zusammenhang mit der Diskussion der Farbenfehlsichtigkeiten* zeigt sich die didaktische Stärke dieser Form des Farbendreiecks. Aus technischen Gründen ist aber ein ganz anderes Dreieck in der Farbenmeßtechnik gebräuchlich: das Norm-Farbendreieck nach DIN und IEC (Abb. 3.11 und F 17).

Dieses ist gegenüber dem in gewisser Weise natürlichen Grundvalenzdreieck auf eine eigenartige Weise verzerrt (die „grüne" Ausbuchtung ist sehr weit ausladend), und die Eckpunkte für die Dreieckskoordinaten sind mit einer gewissen Willkür gewählt: sie entsprechen weder wirklichen Farben (denn sie liegen ja außerhalb des Farbengebietes) noch Reizungen von jeweils nur einer Zapfensorte. Außerdem verwendet man üblicherweise beim Normdreieck keine Dreiecks-, sondern rechtwinklige Koordinatendarstellungen.

---

* vgl. 3.12

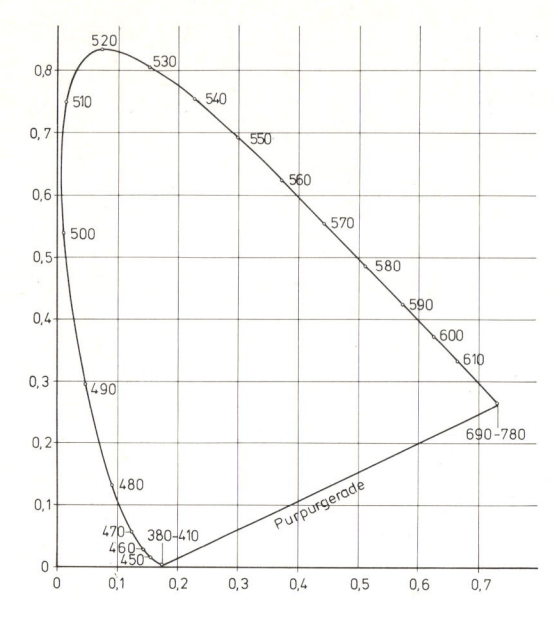

Abb. 3.11 Norm-Farbendreieck (DIN- oder CIE-Dreieck). Die Zahlen an der Kurve sind die Wellenlängen in nm. Die beiden Endbereiche, in denen jeweils nur eine Rezeptorart wirksam ist, fallen dabei jeweils zu einem Punkt zusammen, da dort natürlich keine verschiedenen Farbarten mehr unterschieden werden können.

3.10 Farben-Addition (vgl. Abb. F 18)

Die Addition von Farben ist an einfacher Durchführung, grundlegender Bedeutung und eindrucksvollem Anblick gleichermaßen in der Wissenschaft von den Farben hervorragend. Man nimmt nach Möglichkeit drei Diaprojektoren (oder ähnliche Versuchsaufbauten) mit vorgeschalteten Farbfiltern (z. B. Blau, Grün und Rot; Achtung: blaue Filter, die anstelle von Dias eingesetzt werden, gehen sehr leicht durch Erhitzung zu Bruch!) und je einem Stelltrafo in der Netzzuleitung. Man projiziert mit ihnen an der Wand Kreise oder Rechtecke, die sich weitgehend (aber nicht ganz) gegenseitig überdecken. Wenn die zu den drei Filtern gehörenden Farben im Farbendreieck einigermaßen weit auseinanderliegen, kann man durch Verstellen der Trafos fast alle (das ist wörtlich gemeint:) möglichen Farben erzeugen, genauer: man kann alle erzeugen, die im Innern desjenigen Dreiecks liegen, das die drei Farbörter als Ecken hat.

Ganz Ähnliches geschieht übrigens auf dem Farbfernseh-Bildschirm, (vgl. 5.1).

Im Lehrmittelhandel gibt es auch Geräte, bei denen man auf dem Overhead-Projektor drei Farbfilter nebeneinander hat, deren Bilder man mit drei Spiegeln, von denen zwei verstellbar sind, wahlweise neben- und aufeinander projizieren kann. Gegenüber der Anordnung mit den Stelltrafos hat man hier nur die Möglichkeit, die einzelnen Komponenten ein- oder auszuschwenken bzw. durch Zudecken auf dem Projektor abzuschalten.

Bei diesen Versuchen handelt es sich um echte Überlagerung von Licht: zur gleichen Zeit und an den gleichen Objektpunkten.

Da unsere Netzhaut aber nur ein begrenztes räumliches und zeitliches Auflösungsvermögen hat, gibt es auch andere Möglichkeiten, additiv zu mischen: Werden nebeneinanderliegende Objektpunkte nicht getrennt, so können unsere Zapfen das nicht von der echten Mischung unterscheiden. Diesen Fall haben wir bei der Farbbildröhre und auch weitgehend beim farbigen Buchdruck (insbesondere beim Hochdruck, bei dem sich die Pigmente weniger vermischen als beim Tief- oder Flachdruck). Einige impressionistische Maler, die Pointillisten, darunter besonders Paul Signac (1863—1935) und Georges Seurat (1859—1891), haben Gemälde aus kleinen Tupfern „ungebrochener" Farben (d. h. möglichst ähnlich zu Spektralfarben) zusammengesetzt, um auf diesem Wege mehr das leuchtende Licht als die dargestellten Objekte zu zeigen (vgl. auch F 19). Die additive Mischung aufgrund fehlender räumlicher Trennung wird auch als partitive Mischung bezeichnet.

Betrachtet man eine rotierende Scheibe mit bunten Sektoren oder einen bunten Kreisel, so vermischen sich die Farben bei hinreichender Winkelgeschwindigkeit additiv. Das ist durchaus plausibel, zu farbmeßtechnischen Zwecken aber sehr problematisch: bekanntlich kann man auch bei bestimmten unbunten rotierenden Scheiben bunte Farben sehen (Benham-Scheibe 3.16).

In der Praxis bekommt man mit Farbfiltern und Projektoren schöne Mischungsversuche, insbesondere auch ein einwandfreies Weiß. Die Pigmente auf Farbenkreiseln absorbieren dagegen zuviel, so daß man bestenfalls ein helles Grau bekommt. So sollten wir es Goethe zugute halten, daß er noch keinen Overheadprojektor und kein Farbfernsehgerät hatte: der Farbenkreisel überzeugte ihn jedenfalls nicht von der Möglichkeit, Weiß zu „ermischen", was er grundsätzlich für unmöglich hielt:

558.
Daß alle Farben zusammengemischt weiß machen, ist eine Absurdität, die man nebst andern Absurditäten schon ein Jahrhundert gläubig und dem Augenschein entgegen zu wiederholen gewohnt ist.

Einen Farbenkreisel stellt man am einfachsten aus kreisförmigen Kartonscheiben der verschiedenen Farben (z. B. Schwarz, Weiß, Blau, Gelb, Magenta und Grün) her, indem man jede Scheibe an einer Stelle radial aufschlitzt und in der Mitte mit einem Loch versieht, das die Achse (runder Bleistift oder ähnliches) aufnehmen kann. Man schiebt nun mehrere dieser Kreise ineinander, so daß die gewünschten Farben als Sektoren entsprechender Größe zuoberst liegen. Mit Büroklammern verhindert man das Rutschen während der Rotation.

Die wichtigste Aussage über die additive Mischung ist das I. Graßmannsche Gesetz: Für das Aussehen der Mischung ist nur das Aussehen der in der Mischung benutzten Anteile maßgebend, nicht jedoch die zugrundeliegenden Spektren. Das ist bei der multiplikativen („subtraktiven") Mischung keineswegs der Fall. Symbolisch kann man das so darstellen:

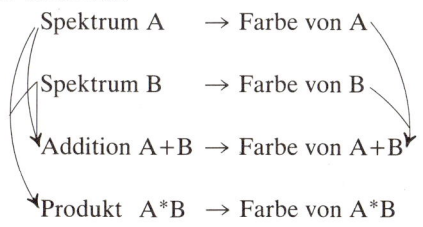

Spektrum A   → Farbe von A
Spektrum B   → Farbe von B
Addition A+B → Farbe von A+B
Produkt A*B   → Farbe von A*B

Die Pfeile bedeuten dabei eine eindeutige (aber nicht ein-eindeutige) Abhängigkeit: aus jedem Spektrum ergibt sich eindeutig eine Farbe (abgesehen von Kontrasteffekten). Die Farbe zu einer Überlagerung (Addition) zweier Spektren kann man auf zwei Arten bestimmen: als Farbe zum Summenspektrum A + B, aber auch eindeutig aus den Farben der einzelnen Spektren. Die Farbe zu einer multiplikativen Mischung zweier Spektren (z. B. Hintereinanderschaltung von Farbfiltern) kann man jedoch nicht (oder nur annähernd unter gewissen Annahmen über typische Spektralkurven) aus den Farben der einzelnen Spektren schließen. Der tiefere Grund liegt darin, daß die Farbkoordinaten lineare Funktionen der Spektren sind (vgl. Computer-Modelle Abschn. 4), bei denen eine Multiplikation im Gegensatz zu einer Addition stört. In unserem Grundvalenzdreieck finden wir die Mischfarbe bei einer Überlagerung von Licht als Schwerpunkt der beteiligten Anteile, d. h. wir tragen die Farben der einzelnen Beiträge als Punkte ein, die wir gemäß der Intensität mit gewissen „Gewichten" belegen, und ermitteln dann den Schwerpunkt. Für die Mischung von zwei Farben liegt dieser natürlich auf der Verbindungsgeraden, bei mehr als zwei in dem Vieleck, das von ihnen gebildet wird.

3.11 Exkurs über die Bienen

Unser Thema ist eigentlich das Farbensehen des Menschen. Welche Tiere bunte Farben unterscheiden können, ist zum Teil (bei den Säugetieren außer den Primaten, die es sicher können) umstritten. Es scheint eine gewisse Vorsicht gegenüber älteren negativen Aussagen angebracht zu sein. Unterschiede und Gemeinsamkeiten des Farbensehens bei uns und bei einigen nicht besonders nah mit uns verwandten Tieren können uns dabei helfen, zu verstehen, wie weit Farben biologisch bedingt sind. Wir wenden uns daher der Honigbiene (Apis mellifica) zu, deren Farbensehen Karl von Frisch (1886—1982) entdeckt und erforscht hat (vgl. Abb. 21). Die Rezeptoren in den Bienenaugen haben ihre Empfindlichkeitsbereiche im blauen, im grünen und in einem Teil des ultravioletten Teil des Spektrums. Wenn man die Mischung aus den beiden Enden des Spektrums jeweils als Purpur bezeichnet (für uns Menschen also die Mischung aus Violett und Zinnoberrot), so ist das Bienen-Purpur eine Mischung aus Grün (langwelliges Ende für Bienen!) und UV. Rote Gegenstände sind für die Bienen nicht etwa unsichtbar, sondern schwarz (wie für uns das „Schwarzlicht" einer UV-Lampe) oder zumindest dunkel. Wenn man die Farbe Weiß nennt, bei der alle drei Rezeptoren beteiligt sind, so muß das, was für uns weiß aussieht, für die Biene nicht weiß sein, ebenso umgekehrt. Eine Mischung aus den Spektralanteilen Blau, Grün und UV kann für die Biene weiß aussehen, für uns sieht sie allemal cyanblau aus. Umgekehrt kann unser Weiß für die Bienen verschieden aussehen: Zinkoxid reflektiert alle Lichtsorten, auf die Bienen- und Menschenaugen ansprechen, gleichermaßen: es sieht für beide weiß aus (wir haben ja erklärt, was die Biene „weiß" nennen soll). Bleiweiß ($Pb(CO_3)_2 \cdot Pb(OH)_2$) dagegen reflektiert zwar das Licht, das wir zum Sehen verwenden, nicht aber den UV-Bereich, sieht also für die Bienen cyanblau aus (genauer: so wie etwas, was für uns cyanblau aussieht und UV nicht reflektiert).

Chlorophyll absorbiert im roten Bereich, sieht also für Menschen grün aus. Da es kein UV absorbiert, reflektiert es aber alle Lichtsorten, auf die das Bienenauge anspricht: für sie sieht es mehr oder weniger genau weiß aus. Wozu gibt es nun rote Blüten? Was für uns rot aussieht, ist für die Bienen entweder schwarz oder ultraviolettfarben, jedenfalls nicht rot (so wie es für uns keine ultraviolettfarbenen Gegenstände gibt). Wenn die Pflanzen die Transportdienste der Bienen benutzen wollen, müssen sie sich natürlich den Geschmack ihres Nektars und die Farben ihrer Blüten („Wirtshausschilder" nennt sie von Frisch) nach den Sinnesorganen der Bienen und nicht nach denen der Menschen ausrichten. Man kann es auch von den Bienen aus betrachten: sie haben ohne bewußte Absicht die Pflanzen so gezüchtet, wie es für die Bienen gut ist, schon lange bevor Menschen es taten. „Der Naturfreund wird sich die Freude an den Blumen nicht nehmen lassen, auch wenn er erkennt, daß sie für andere Augen [als seine] bestimmt sind" (Karl von Frisch).

Obwohl es mit den Farben wenig zu tun hat, soll noch erwähnt werden, daß die Polarisation des Lichtes für die Bienen erkennbar ist, ohne daß sie dabei (wie wir) spezielle Filter vor die Augen halten und drehen müßten. Sie können daraus den Stand der Sonne erkennen, auch wenn diese verdeckt ist (denn das gestreute Tageslicht zeigt in der Polarisation Richtungsabhängigkeiten bezüglich der Sonnenrichtung). Man darf sich das aber nicht als einfaches Hell-Dunkel-Muster vorstellen (wie wir es sehen, wenn wir ein Polarisationsfilter benutzen): die Biene erkennt die verschieden polarisierten Anteile gleichzeitig, und wenn man überhaupt bei Insekten von Sinnesqualitäten sprechen kann, dann kommen durch die Polarisation zusätzlich zu den Farben noch welche hinzu, die wir Menschen uns so wenig vorstellen wie ein Monochromat (absolut-Farbenblinder) die bunten Farben.

3.12 Farbenfehlsichtigkeiten

Unter den Schülern einer Schule findet man im Schnitt etwa 20 bis 30 farbenfehlsichtige Jungen und einzelne farbenfehlsichtige Mädchen. Meist wissen diese davon

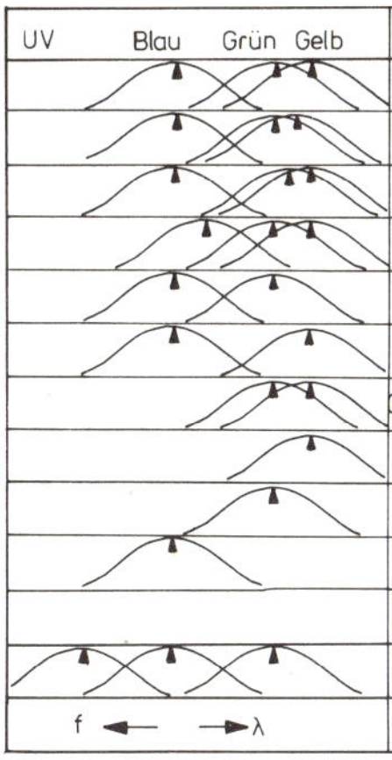

Abb. 3.12 Klassifizierung der wichtigsten Farbfehlsichtigkeiten mit ungefährer Angabe ihrer Häufigkeit und Skizzierung der Empfindlichkeitskurven der Zapfen (die Pfeilspitzen zeigen zur Verdeutlichung die ungefähre Lage der Maxima an).

UV Blau Grün Gelb	♂	♀	⇓ Zahl der wirksamen Zapfensorten		
	92 %	99,7 %	3	Normale Trichromaten	
	0,7 %	0,05 %	3	Protanomale	Anomale Trichromaten
	4,2 %	0,3 %	3	Deuteranomale	
	0	–	3	Tritanomale	
	1,1 %	0	2	Protanope	Dichromaten
	1,8 %	0	2	Deuteranope	
	0,005 %	0,003 %	2	Tritanope	
	–	–	1	Monochromaten	
	0	–	1		
	–	–	1		
	0,02 %	0	0	Achromatopse (Zapfenblinde)	
			3	Bienen (zum Vergleich)	
f ← →λ					

selbst nichts und bekommen schlechte Noten in Kunst oder in Mengenlehre. Dabei handelt es sich nicht um eine Krankheit, sondern nur um verschieden starke Einschränkungen des Gesichtssinnes, deren Auswirkungen meist überschätzt werden. Uns interessieren sie hier besonders im Hinblick auf die Bestätigung der Young-Helmholtz-Theorie. Anhand der Abbildungen 3.12 können wir ein System erkennen (siehe Seite 77).

Die Mehrheit der Menschen hat drei Rezeptorarten (Zapfenarten) mit bestimmten Empfindlichkeitsmaxima: normale Trichromasie (tri = drei). Liegen diese Maxima verschoben (und zwar näher zusammen als normal), so hat man anomale Trichromasie, und zwar für jede Zapfenart die zugehörige Fehlsichtigkeit, numeriert von 1 bis 3 (Prot-, Deuter- bzw. Trit-Anomalie). Fällt ein Zapfensystem ganz aus, so bleiben noch zwei übrig: Dichromasie; die Bezeichnung richtet sich nach der Nummer des ausfallenden: Protanopie, Deuteranopie und Tritanopie. Schließlich gibt es ganz selten auch Menschen mit nur einer Zapfensorte, die Monochromaten, und Zapfenblinde (Achromatopse). Nur die Chromatopsen und die Monochromaten sind wirklich farbenblind, d. h. sie sehen auch im Hellen unbunt. Farbenfehlsichtig sind natürlich alle außer den normalen Trichromaten. Daß ganz überwiegend männliche Personen farbenfehlsichtig sind, erklärt sich aufgrund geschlechtsgebundener rezessiver Vererbung: die Erbinformation sitzt auf den X-Chromosomen. Hat nun eine Frau ein X mit der Anlage zur Fehlsichtigkeit, so wird das meist von dem anderen X (das ja nur selten auch diese Anlage trägt) dominiert: sie ist also dann normal, kann aber die Fehlsichtigkeit an ihre Söhne und Enkel vererben. Bei einem Mann fehlt das rettende zweite X-Chromosom, so daß die ererbte Fehlsichtigkeit auch zum Zuge kommt.

Farbenfehlsichtigkeit bedeutet eine (meist geringfügige) Benachteiligung bei der Benutzung des Gesichtssinnes. Ist der Rot-Rezeptor betroffen, so ist für den Protanomalen bzw. Protanopen das Spektrum am roten Ende kürzer als für den normalen Trichromaten. Die meisten Farbenfehlsichtigen können bestimmte grüne und rote Objekte nur schwer unterscheiden (z. B. reife und unreife Erdbeeren). Es gibt Lichtmischungen, die für eine Gruppe von Menschen (z. B. normale Trichromaten) gleich und für eine andere Gruppe (z. B. eine Sorte der Fehlsichtigen) ungleich aussehen. Darauf beruhen die Farbsehtest-Tafeln, bei denen Ziffern und Buchstaben zu lesen sind, die nur aufgrund von Farbkontrasten und vollzählig nur von normalen Trichromaten erkennbar sind, und die Anomaloskope (Abb. F 22).

Die Dichromasien (bei denen nur zwei der drei Zapfensorten funktionieren) lassen sich im Grundvalenzdreieck besonders einfach erklären (im DIN- oder IEC-Dreieck weniger plausibel!) (Abb. 3.13): Alle Farbarten, die auf einer Geraden durch die Ecke, die zu dem ausgefallenen Rezeptor gehört, führen, sind nicht unterscheidbar. Dichromaten unterscheiden also keine zweidimensionale Mannigfaltigkeit von Farbarten (und dreidimensionale von Farben) wie der Trichromat, sondern nur solche mit einer Dimension weniger.

Anomale Trichromasien wirken sich im Farbartendreieck weniger drastisch aus: im wesentlichen verschiebt sich der Spektrallinienzug auf sich selbst, d. h. die zugehörigen Wellenlängen sind nicht an den selben Stellen wie für die normalen Trichromaten (vgl. Abb. 4.1.3.1). Das wirkt sich dann nur in verminderter Unterscheidungsfähigkeit benachbarter Bunttöne aus.

| Protanopie | Deuteranopie | Tritanopie |

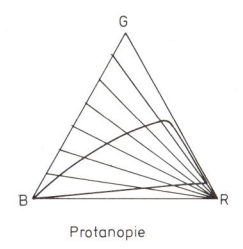

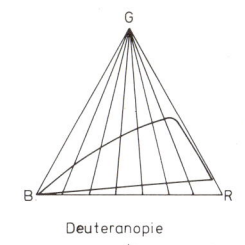

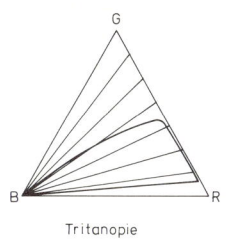

Abb. 3.13 Die Dichromasien, dargestellt im Grundvalenzdreieck. Die Geraden innerhalb des Dreiecks sind die Klassen von Farbarten, die für den jeweiligen Dichromaten ununterscheidbar sind (man kann eine Folie mit diesen Linien in drei verschiedenen Positionen auf das Grundvalenzdreieck legen).

Generell kann man nicht sagen, daß Farbenfehlsichtige einer bestimmten Gruppe etwa statt Grün Gelb sehen oder ähnliches, sondern daß etwas für sie gleich ist, was für andere ungleich ist und umgekehrt. Mit den Benennungen der Farben passen sich die Fehlsichtigen natürlich der Meinung der Mehrheit an, oft ohne überhaupt etwas zu bemerken.

Die relativ niedrigen Prozentzahlen (zusammen knapp 4%) reichen zwar nicht für eine Bundestagswahl, entsprechen aber im Weltmaßstab immerhin fast der Einwohnerzahl einer Supermacht.

3.13 Das positive Nachbild

Wir hatten bis zum Abschnitt 3.10 die Farben als Sinnesqualitäten beschrieben, die sich nicht nur ordnen, sondern auch auf die zugrundeliegenden Farbreize mit ihren Spektren zurückführen lassen: ist das Spektrum bekannt, kann man die Koordinaten der Farbe in einem Farbenraum ausrechnen, wenn auch keineswegs umgekehrt. In den letzten beiden Abschnitten haben wir erfahren, daß das bei Menschen und Tieren verschiedener Arten unterschiedlich sein kann, und daß es auch bei den Menschen Minderheiten gibt, die das gleiche Spektrum anders wahrnehmen als die Mehrheit (genauer: die die Gleichheit von Farben unterschiedlich beurteilen, und zwar aufgrund von physiologischen Bedingungen). In den folgenden Abschnitten kommen Beispiele dafür, daß auch ein und derselbe Mensch auf Licht mit gleichbleibendem Spektrum mit verschiedenen Farbempfindungen reagieren kann. Das hat teilweise den Charakter von visuellen (sogenannten „optischen") Täuschungen, ist aber per saldo keine Schwäche, sondern eine Stärke unseres visuellen Systems. Die Ursachen liegen wenigstens zum Teil in chemischen Empfindlichkeitsanpassungen der Sehzellen an die Helligkeit und in der „Verdrahtung" der Nervenzellen in der Netzhaut (Lateral-Inhibition).

Wenn man viele Minuten lang in einem dunklen Raum die Augen an die Dunkelheit angepaßt (die Sehzellen also auf maximale Empfindlichkeit gebracht) hat, kann man einen eindrucksvollen Versuch machen: man schließt beide Augen mit einer Hand (die Lider sind nicht „dicht" genug), schaltet eine helle Lampe an und bewegt die freie Hand vor sich auf und ab. Dabei öffnet man für den Bruchteil einer Sekunde die

Augen ganz und schließt sie sofort wieder. Man sieht nun die Hand in erstarrter Bewegung wie ein lebensgroßes Foto, nahezu unbunt, und zwar viele Sekunden lang. Hell und Dunkel entsprechen dabei den Objekten, man sieht also ein positives Nachbild.

Goethe beschreibt das im Didaktischen Teil der Farbenlehre so:

20.
Wer auf ein Fensterkreuz, das einen dämmernden Himmel zum Hintergrunde hat, morgens beym Erwachen, wenn das Auge besonders empfänglich ist, scharf hinblickt und sodann die Augen schließt, oder gegen einen ganz dunkeln Ort hinsieht, wird ein schwarzes Kreuz auf hellem Grunde noch eine Weile vor sich sehen.

3.14 Das negative Nachbild

Wer beim positiven Nachbild das Bunte vermißt, wird an den negativen Nachbildern mehr Freude haben. Man nimmt sich dazu einfach ein farbenfrohes Bild vor, für Testzwecke auch eine einfarbige Kartontafel. Besonders reizvoll ist ein Bild, das man aus buntem Papier oder kräftigen Malfarben als Farbnegativ hergestellt hat (z. B. Verkehrsschilder in Cyan und Schwarz). Beim Betrachten muß man den Blick auf einen markanten Punkt in der Bildmitte fixieren. Das ist nicht einfach, da unser Nervensystem den hier gewünschten Effekt zu vermeiden sucht und mit unwillkürlichen Bewegungen der Augäpfel reagiert (sakkadische Bewegungen). Nach einigen Sekunden verblassen die Farben, nur an den Grenzen zwischen den Flächen zucken sie (wegen der nicht ganz vermeidbaren Bewegungen) kontrastreich auf. Blickt man nun auf eine helle weiße Wand, so sieht man ein Bild in den Umkehrfarben: schwarz statt weiß, blau statt gelb, cyan statt zinnoberrot, grün statt magenta und umgekehrt. Dieses Bild wandert mit der Blickrichtung mit. Ist die Wand weiter entfernt als das ursprünglich gesehene Objekt, so erscheint das Bild vergrößert (das ist eine Folge der Größenkonstanz: das Gehirn „berechnet" unbewußt die „wahre" Größe aus der Entfernung der Wand und der Größe des Netzhautbildes und kommt in diesem Fall zu einem zu großen Wert).
Das negative Nachbild kann mit mit der vorübergehenden Abnahme der Empfindlichkeit (Bleichung) einzelner Zapfensorten erklären. Ist das Objekt z. B. violett, so werden die Blaurezeptoren gereizt und während der langen Exposition auch unempfindlicher. Sieht man nun die weiße Wand an, so gibt sie Licht für alle drei Rezeptorarten ab, aber nur der Rot- und der Grünrezeptor reagieren voll, der für Blau aber weniger: man sieht also die Farbe, die einer Reizung von Rot- und Grünrezeptoren zukommt, also Gelb.
Als Goethe das negative Nachbild entdeckte, geschah das nicht in einem Labor an Kartontafeln, sondern bei einem lebendigen „Objekt", das ihn weit eher zu dem dazu nötigen unverwandten Blick motivierte:

52.

Als ich gegen Abend in ein Wirthshaus eintrat und ein wohlgewachsenes Mädchen mit blendendweißem Gesicht, schwarzen Haaren und einem scharlachrothen Mieder zu mir ins Zimmer trat, blickte ich sie, die in einiger Entfernung vor mir stand, in der Halbdämmerung scharf an. Indem sie sich nun darauf hinwegbewegte, sah ich auf der mir entgegenstehenden weißen Wand ein schwarzes Gesicht, mit einem hellen Schein umgeben, und die übrige Bekleidung der völlig deutlichen Figur erschien von einem schönen Meergrün.

3.15 Die Bidwell-Scheibe

Wenn man statt Diapositiven versehentlich gerahmte Negative in den Projektor steckt, kann man die Zuschauer über das Nachbildexperiment in den Genuß der Positive bringen, wenn auch etwas umständlich. Etwas bequemer geht es mit der Bidwellscheibe (vgl. Abb. 3.14). Sie hat drei verschieden große Sektoren: Weiß, Schwarz und ein Fenster. Die Objekte sollen kräftige bunte Farben haben und gut beleuchtet sein. Die Scheibe selbst muß ebenfalls gut, aber nur um etwa den Faktor 10 schwächer, beleuchtet sein. Man kann das mit zwei Lampen bewirken, die sich in entsprechenden Entfernungen (1:3) befinden, sehr gut geht es aber auch bei Sonnenschein: direktes Sonnenlicht auf die Objekte, Schatten auf die Scheibe. Dreht man nun die Scheibe mit einigen Umdrehungen pro Sekunde (genauen Wert ausprobieren!), und schaut dabei durch die Stelle der Scheibe, an der sich die Sektoren abwechseln, so sieht man alle Objekte in ihren Gegenfarben, wie beim negativen Nachbild, nur eben jetzt dauernd (wenn auch etwas flimmernd). Allerdings scheint der Versuch nicht bei allen Menschen zu funktionieren, auch wenn sie sonst normal farbentüchtig sind. — Man kann auch selbstleuchtende Objekte verwenden, Lampen mit Farbfil-

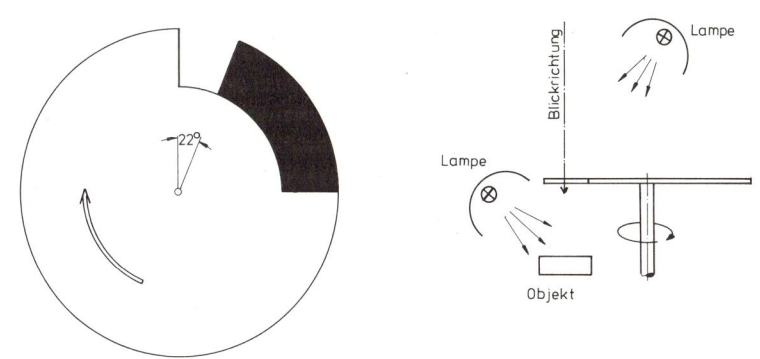

Bidwell - Scheibe

Abb. 3.14 Die Bidwell-Scheibe wird aus Karton hergestellt und hat einen Durchmesser von ca. 30 cm. Der äußere Ringbereich ist zu 3/4 weiß und zu ca. 1/16 weggeschnitten, der Rest ist schwarz. Im Freihandversuch wird sie um einen Bleistift oder um eine Stricknadel in Drehung versetzt. Das Objekt muß dabei (noch) stärker beleuchtet werden als die Scheibe (im Freien: indirektes Sonnenlicht für die Scheibe, direktes für das Objekt).
Sieht man so durch die (passend schnell und im richtigen Sinne) rotierende Scheibe, so sieht man das Objekt in seinen Gegenfarben.

tern davor (so zu sehen im Evoluon in Eindhoven), oder Diapositive (besser: Dianegative), die man zusammen mit einer Mattglasscheibe in einen Projektor ohne Objektiv steckt. Ein Negativ wird dann als Positiv gesehen, wenn man die Scheibe davor dreht und passend beleuchtet.

Die Erklärung der Bidwell-Scheibe ist (noch) schwieriger als die der negativen Nachbilder, obwohl ein Zusammenhang zu vermuten ist. Immerhin überwiegt das Nachbild hier im Zeitmittel gegenüber dem Originaleindruck, wofür offenbar der Wechsel von schwarzem und weißem Sektor (in der richtigen Reihenfolge!) eine Rolle spielt.

3.16 Die Benham-Scheibe

Etwas sehr Ähnliches scheint auf den ersten Blick die Benham-Scheibe (Abb. 3.15) zu sein: auch sie dreht sich und hat schwarze, weiße und noch eine dritte Sorte Sektoren, und auch sie zeigt Farben. Der entscheidende Unterschied ist: die Bidwell-Scheibe kehrt die Farben der vorhandenen bunten Objekte um, die Benham-Scheibe hingegen ist unbunt und erzeugt in Aktion die Illusion von bunten Farben. Ändert man die Drehrichtung, so vertauschen die Sektoren ihre Rollen: entscheidend ist der zeitliche Wechsel von Schwarz, Weiß und gestreiftem Muster.

Bei diesem Phänomen gibt es nun von der Außenwelt überhaupt keine Veranlassung für bestimmte bunte Farben, die Erklärung ist also allgemein darin zu suchen, daß die für die einzelnen Buntanteile zuständigen Systeme in Auge und Gehirn auf die zeitlichen Abläufe verschieden reagieren.

Abb. 3.15 Betrachtet man eine rotierende Benham-Scheibe, so erscheinen die einzelnen Sektoren in bunten Farben. Bei der Umkehrung des Drehsinnes vertauschen innere und äußere Ringe ihre Rollen. Es kommt also auf die zeitliche Reihenfolge der schwarzen, gestreiften und weißen Bereiche an.

Benham-Scheibe

3.17 Umstimmung

Wenn man ein Auge (z. B. das linke) mit der Hand zuhält und das andere unverkrampft mit dem Lid schließt und einer hellen Lichtquelle zuwendet, so läßt das Lid rotes Licht durch. Öffnet man dann nach einiger Zeit die Augen abwechselnd, so sieht die Umwelt abwechselnd wie in kaltes und in warmes Licht getaucht aus, obwohl die Beleuchtung sich ja nicht ändert.

53.

So wie bey den Versuchen mit farbigen Bildern auf einzelnen Theilen der Retina ein Farbenwechsel gesetzmäßig entsteht, so geschieht dasselbe, wenn die ganze Netzhaut von Einer Farbe afficirt wird. Hiervon können wir uns überzeugen, wenn wir farbige Glasscheiben vors Auge nehmen. Man blicke eine Zeit lang durch eine blaue Scheibe, so wird die Welt nachher dem befreyten Auge, wie von der Sonne erleuchtet erscheinen, wenn auch gleich der Tag grau und die Gegend herbstlich farblos wäre. Eben so sehen wir, indem wir eine grüne Brille weglegen, die Gegenstände mit einem röthlichen Schein überglänzt. Ich sollte daher glauben, daß es nicht wohlgethan sey, zu Schonung der Augen sich grüner Gläser, oder grünen Papiers zu bedienen, weil jede Farbspecification dem Auge Gewalt anthut, und das Organ zur Opposition nöthigt.

Der Effekt wird „Umstimmung" genannt. Er wird hier besonders deutlich, weil er nur bei einem Auge stattfindet. Normalerweise sorgt diese Umstimmung dafür, daß uns ein Gegenstand immer in annähernd den gleichen Farben erscheint, auch wenn die Beleuchtung sich drastisch ändert.

Ersetzen wir das Tageslicht durch einen Temperaturstrahler von weniger als 5500 K, z. B. durch eine Glühlampe (2500 K oder weniger) oder gar eine Kerze (2000 K), so verlagert sich der Schwerpunkt im Spektrum der Lichtquelle von Grün nach Rot. Die Spektren des von den Objekten reflektierten Lichtes ändern sich entsprechend. Die sich daraus ergebenden Farben sollten also auch anders sein, im wesentlichen zu „wärmeren" Bunttönen tendieren (also nach rot und gelb), weißes Papier sollte nun orange aussehen. Das ist jedoch nicht (oder nur kurzzeitig nach einem plötzlichen Lichtwechsel) der Fall: das visuelle System sorgt vielmehr dafür, daß das Papier auch jetzt noch weiß aussieht und auch die anderen Objekte uns weitgehend in den Farben erscheinen, in denen wir sie beim Tageslicht sehen. Wenn es dabei bewußt denken würde, wäre die Argumentation etwa so: es sieht alles sehr rötlich aus, sogar die ganz hellen Objekte, offenbar ist die Lichtquelle sehr rotlastig, wir werden deshalb die langwelligen Anteile etwas niedriger gewichten, bis das Papier wieder weiß aussieht. Diese Gewichtung wirkt wie ein internes Farbfilter, sie macht gewissermaßen das gedachte Farbfilter rückgängig, das die Lichtquelle so verfälscht.

Dieser Vergleich mit einem kompensierenden Filter ist gar nicht so abwegig: in der Fotografie kommt derartiges vor. Beim Negativ-Farbfilm nimmt man bei der Aufnahme keine Rücksicht auf die Farbtemperatur der Lichtquelle, man knipst also bei Kerzenschein ebenso wie bei Sonnenlicht mit dem gleichen Film. Im Fotolabor werden dann Probeabzüge gemacht (Positive). Fällt einer davon sehr rötlich aus, so wird das (wenn man nicht ausdrücklich sagt, daß das Absicht ist und so bleiben soll) beim endgültigen Abzug ausgeglichen, indem ein entsprechend starkes Rotfilter eingeschoben wird (kein Grünfilter, weil das Positiv vom Negativ in einem Negativverfahren gemacht wird!). Entsprechendes geschieht bei allen anderen Farbstichen: man nimmt ein Filter der gleichen Farbe wie der „Stich" und von entsprechend abgestufter Stärke.

Wenn man einen Positivfilm (Umkehrfilm) verwendet, so besteht nicht die Möglichkeit, auf diese Weise einzugreifen, daher muß man schon bei der Aufnahme kompensieren: ist die Lichtquelle zu rötlich, muß ein Blaufilter vor das Objektiv (Tageslichtfilm und Glühlampe), im umgekehrten Falle ein Rotfilter (Tageslicht und Kunstlichtfilm). Was geschieht nun, wenn man wegen des rötlichen Lichtes ein blaues Kompensationsfilter vorgeschaltet hat und vergißt, es abzunehmen für das nächste Bild bei Tageslicht? Das Bild bekommt einen kräftigen Blaustich. Das entspricht genau der Situation in dem Versuch mit dem Augenlid: das rote Licht, das durch das Lid dringt, veranlaßt das visuelle System (im wesentlichen durch Änderung der Zapfenempfindlichkeiten in diesem Falle), ein internes Blaufilter einzuschalten (bildlich gesprochen). Öffnet man das Auge nun, wirkt dieses immer noch, obwohl die Veranlassung nicht mehr besteht: dieses Auge sieht nun die Umwelt in Blau getaucht. Das fällt besonders auf, wenn das andere Auge davon nicht betroffen ist und abwechselnd benutzt wird.

Nun ist auch ein Versuch leicht zu verstehen, der auf den ersten Blick erstaunlich wirkt: Ein Gegenstand, der von zwei Lichtquellen mit verschiedenen Farbtemperaturen beleuchtet wird, wirft bunte Schatten. Es ist dabei gar nicht paradox, daß der zur bläulicheren Lampe gehörende Schatten, der ja von der anderen beleuchtet wird, rötlich aussieht, entsprechend umgekehrt. Was eigentlich einer Erklärung bedarf, ist vielmehr die Tatsache, daß bei nur einer Lampe (genauer: einer Beleuchtungsart) Licht und Schatten unbunt aussehen: die Umstimmung sorgt dafür. Bei zwei verschiedenartigen Lichtquellen kann die Umstimmung aber nicht beide Farbtönungen zugleich kompensieren. Das Entsprechende erlebt man in der Fotografie, wenn ein Bild zur Hälfte einen Innenraum mit Glühlicht und zur anderen einen Blick durch das Fenster nach draußen (etwa in der Dämmerung) zeigt: jede Filterbehandlung kann höchstens einen Teil auf „neutrale" Farben bringen: entweder hat der Innenraum einen Gelbstich oder der Außenraum einen Blaustich (oder beides).

65.
Man setze bey der Dämmerung auf ein weißes Papier eine niedrig brennende Kerze; zwischen sie und das abnehmende Tageslicht stelle man einen Bleystift aufrecht, so daß der Schatten, welchen die Kerze wirft, von dem schwachen Tageslicht erhellt, aber nicht aufgehoben werden kann, und der Schatten wird von dem schönsten Blau erscheinen.

3.18 Das Umfeld

Viele Tricks unserer Sinnesorgane und unseres Gehirns lernt man kennen, wenn man sie durch erzwungene Ausnahmesituationen außer Betrieb setzt. Der Einfluß des Umfeldes läßt sich beim Blick durch ein enges Rohr ausschalten. Das Rohr wird aus schwarzem Karton hergestellt und enthält vorne und in der Mitte eine Blende von 1 cm Durchmesser, es ist etwa 30 cm lang und wird hinten (also am augenseitigen Ende) so schräg abgeschnitten, daß es sich ohne Zwischenraum an die Form des Gesichtes anschmiegt. Man schaut auch als Brillenträger ohne Brille hindurch und schließt dabei das andere Auge. Was man sieht, ist ein kleiner Ausschnitt des jeweiligen Objektes, mit einer schwarzen Umgebung, mit einigem Vorbehalt könnte man sagen: ohne Umgebung, ohne Umfeld. Besonders reizvoll ist es, sich gut beleuchtete Objekte vor das Rohr halten zu lassen, deren Identität einem nicht bekannt ist. Man sieht dabei Erstaunliches: schwarze Objekte sehen grau aus, pastellfarbene weiß, braune orange. Was unter anderem wegfällt, ist die sogenannte Schwarzverhüllung. Sie kommt dadurch zustande, daß ein relativ dunkles Objekt neben helleren die Farbkomponente „dunkel" zeigt. Das ist am einfachsten bei unbunten Farben zu zeigen: auch die „schwärzesten" Objekte (Kohlen etwa) reflektieren bei prallem Sonnenlicht mehr Licht als weißes Papier bei Mondschein. Zum Glück gleicht unser visuelles System das aus (beim Fotografieren stellt man die Blende, Belichtungszeit und Filmsorte entsprechend ein), und wir empfinden das Papier auch im Mondlicht noch als weiß und die Kohlen auch im Sonnenlicht noch als schwarz, vorausgesetzt allerdings, daß dabei auch Vergleichsobjekte zu sehen sind. In unserem Versuch mit dem Rohr kommt aber auch von einem schwarzen Objekt noch mehr Licht als von der Innenwand des Rohres: so erscheint es uns keineswegs schwarz, sondern grau. Die Farbe Braun entpuppt sich dabei als ein schwarzverhülltes Orange (oder Rot oder Gelb): das Spektrum eines braunen Gegenstandes ist ähnlich zusammengesetzt wie bei einem der genannten anderen Farben, nur ist die Helligkeit im Vergleich zu anderen Dingen sehr gering. Das Rohr nimmt diese Vergleichsmöglichkeit (genauer: es vergleicht mit einem sehr dunklen Schwarz) und zeigt uns so, was Braun für eine Farbe ist.

Was hier für die Schwarzverhüllung erklärt worden ist, gilt auch in gewissem Umfang für den Buntton: Pastellfarben, wie sie etwa für Schreibpapier verwendet werden, erscheinen nahezu als neutrales Weiß, wenn kein Vergleich im Blickfeld möglich ist. Wie bei der Umstimmung wird der Buntton als Störung aufgefaßt und wegkompensiert. Ähnliches geschieht, wenn man einen auf rosa Papier geschriebenen Brief mit einem Farbnegativfilm aufnimmt: im Fotolabor wird der rote Farbstich als Einfluß einer Lichtquelle aufgefaßt und sorgfältig weggefiltert.

3.19 Der Simultankontrast

Bisher haben wir einige Effekte gesehen, bei denen die Farbe nicht nur vom Spektrum, sondern auch von gewissen Bedingungen und Vorgeschichten abhängig ist. Immerhin war aber zumindest für den gleichen Menschen und den gleichen Zeitpunkt ein bestimmter Farbreiz mit seinem Spektrum die Ursache für eine bestimmte Farbe. Beim Simultankontrast (der im übrigen mit dem Umfeldeinfluß und der Umstimmung große Ähnlichkeiten hat) ist das nun auch noch anders: das gleiche Spektrum kann bei der gleichen Person zur gleichen Zeit (simultan!) zu verschiedenen Farben führen, nämlich nebeneinander im Blickfeld. Eine zinnoberrote Fläche inmitten einer magentaroten sieht zur gleichen Zeit anders (gelblicher) aus als eine objektiv gleiche Fläche inmitten einer orangefarbenen. Eine Umstimmung des ganzen Blickfeldes kann das nicht erklären, allenfalls eine lokale.

56.

Haben wir bisher die entgegengesetzten Farben sich einander successiv auf der Retina fordern sehen; so bleibt uns noch übrig zu erfahren, daß diese gesetzliche Forderung auch simultan bestehen könne. Malt sich auf einem Theile der Netzhaut ein farbiges Bild, so findet sich der übrige Theil sogleich in einer Disposition, die bemerkten correspondirenden Farben hervorzubringen. Setzt man obige Versuche fort, und blickt z. B. vor einer weißen Fläche auf ein gelbes Stück Papier; so ist der übrige Theil des Auges schon disponiert, auf gedachter farbloser Fläche das Violette hervorzubringen. Allein das wenige Gelb ist nicht mächtig genug jene Wirkung deutlich zu leisten. Bringt man aber auf eine gelbe Wand weiße Papiere, so wird man sie mit einem violetten Ton überzogen sehen.

3.20 Schwarz

Im chemischen Teil haben wir gesehen, daß schwarze Objekte nur sehr wenig Licht reflektieren, ohne dabei bestimmte Teile des Spektrums zu bevorzugen. Wenn nun kein Körper wirklich alles verschluckt, was er an Licht bekommt, sollte es überhaupt kein echtes Schwarz geben.

Der Fernsehapparat belehrt uns eines anderen: In einem schwach erleuchteten Zimmer erscheint uns der Bildschirm des ausgeschalteten Gerätes keineswegs schwarz, sondern hellgrau mit einem Stich nach Grün oder Blau. Schalten wir es nun ein und betrachten eine Stelle des Bildschirms, die ein schwarzes Objekt zeigt, so sehen wir dies eindeutig schwarz, obwohl der Bildschirm an dieser Stelle nun mit Sicherheit nicht dunkler ist als vor dem Einschalten. Natürlich haben sich unsere Augen inzwischen auf ein viel höheres Helligkeitsniveau eingestellt: die Stellen sind nun objektiv relativ dunkel (wenn auch absolut heller als vorher). Schwarz ist also (ebenso wie umgekehrt Weiß) eine Farbe, die durch Kontrasteffekte zustande kommt und gerade dadurch bestimmten Objekten zugeordnet werden kann: Kohlen sehen bei jeder Beleuchtung dunkler aus als andere Stoffe bei der jeweils gleichen Beleuchtung.

Schwarzer Samt ist ziemlich schwarz. Man kann aber mühelos etwas finden, das noch „schwärzer" ist: ein Loch in dem schwarzen Samt, hinter dem sich ein unbeleuchteter Hohlraum befindet. Statt „schwärzer" sollte man genauer sagen: jetzt ist das Loch schwarz, der Samt nur noch dunkelgrau, denn das Auge hat etwas noch dunkleres gefunden. Ein Hohlraum muß nicht einmal schwarze Wände haben, um durch ein Loch schwarz auszusehen: ein unbeleuchtetes Zimmer eignet sich als Hohlraum hinter einem ganz normalen Schlüsselloch dazu.

Eindrucksvoll ist auch ein Versuch mit zwei Diaprojektoren: der eine projiziert mit mittlerer Helligkeit eine Kreisfläche auf die Wand, der andere mit variabler Helligkeit (Stelltrafo!) einen Kreisring um den Kreis herum*. Je nach dessen Helligkeit erscheint der Kreis schwarz oder weiß, ohne daß sich an seiner Leuchtdichte etwas ändern würde (allenfalls durch Streulicht im umgekehrten Sinne).

---

* Statt der Diapositive legt man entsprechende Schablonen ein.

3.21 Rückblick auf die physiologischen Effekte

Daß unser Gehirn nicht für jeden Punkt des Gesichtsfeldes die gewaltige Informationsmenge verarbeiten kann, die ein Spektrum enthält, kann man gut verstehen (außerdem wären dazu viel mehr verschiedene Rezeptorfarbstoffe nötig). Man könnte aber nun erwarten, daß das Gehirn einfach die drei verschieden spektral gewichteten Helligkeitsmessungen, wie sie hinter den Zapfen vorliegen und wie wir sie auch aus der astronomischen Photometrie kennen, zur Kenntnis nimmt. Weißes Papier würde uns dann in einer Mischung aus Blau, Grün und Rot erscheinen, und alle Gegenstände würden ihre Farben bei jedem Beleuchtungswechsel ändern, so wie es bei dem Fotografieren mit einem Umkehrfilm ja auch geschieht. Es wäre dann viel schwieriger, Gegenstände wiederzuerkennen. Das Gehirn sorgt dafür, daß fast unabhängig von der Beleuchtung die Farben der Objekte konstant bleiben, ebenso wie es dafür sorgt, daß der Größeneindruck nicht durch die Entfernung verändert wird: die Entfernung wird unbewußt einkalkuliert, so daß uns ein Gegenstand trotz verschiedener Netzhautbildgröße immer gleich groß erscheint. Diese Konstanthaltungsmechanismen erleichtern uns das Sehen sehr: sie entlasten das bewußte Arbeiten des Gehirns gewissermaßen durch unbewußte „Unterprogramme". Als Fotografen stoßen wir dann wieder auf die Probleme: ohne Sucher können wir nur schwer den Bildausschnitt abschätzen, ohne Belichtungsmesser nur schwer die Helligkeit, und ohne Kenntnis der Lichtquellen sehen wir nicht, welche Filmsorte (Tageslicht- oder Kunstlicht-Umkehrfilm) wir nehmen müssen: der Fotograf muß diese Dinge bewußt einkalkulieren, unser Gehirn gleicht sie unbewußt aus, so daß wir sie beim Sehen fast gar nicht feststellen können. Im Hinblick auf die Helligkeit ist eine Belichtungsautomatik eine gute Analogie zu der Konstanzleistung des visuellen Systems.
Natürlich gibt es da auch Grenzen: wenn im Spektrum der Lampe ganze Teile fehlen, kann zwar Weiß immer noch als Weiß erscheinen, die bunten Farben werden aber so verändert, daß die Umstimmung oder ähnliche Mechanismen das nicht ausgleichen können. Bei manchen Leuchtstoffröhren ist das der Fall, am krassesten natürlich bei der Natriumdampf-Niederdrucklampe, die praktisch nur eine einzige (gelbe) Spektrallinie aussendet: alle Objekte haben den gleichen Buntton. Man kann das leicht mit einer Gasflamme ausprobieren, in die man etwas Kochsalz pustet.

4. Didaktische Modelle zum Farbensehen

Ein Modell ist ganz allgemein eine Konstruktion, die eine Realität in einer bestimmten Hinsicht nachahmt. Das reicht von der verbalen Beschreibung über die mathematisierte Theorie in einer „exakten Naturwissenschaft" bis zur Nachahmung in einem Analogieexperiment oder zu einer Computersimulation, die mit einem Digitalrechner ausgeführt wird. Auch Legespiele in der Art von Brettspielen oder Arbeitsblätter zum Ausfüllen und Ausmalen können logische oder mathematische Strukturen nachahmen und zugleich verdeutlichen. Nicht nur die Wellenmaschine, sondern auch der Begriff „Welle" selbst hat Modellcharakter, was zu leicht vergessen wird: wenn man eine Kiste voller gespannter Mausefallen als Modell für die radioaktive Kettenreaktion vorführt, sind die Grenzen der Übereinstimmung zwischen Modell und Realität nicht zu übersehen, bei ausgefeilten Theorien ist das oft anders.

Der Zweck eines Modells ist entweder, eine Beschreibung im Sinne reiner Naturwissenschaft zu sein, es kann aber auch speziell auf technische Auswertungen zugeschnitten oder aber auf die Vermittlung von Wissen (didaktisches Modell). Von einem didaktischen Modell wird man fordern, daß es nicht zu kompliziert ist, seine Strukturen nicht verschleiert und die Grenzen nicht verheimlicht. Genauigkeit ist dabei ein untergeordnetes Ziel. Sehr nützlich ist auch, wenn ein didaktisches Modell neben der Wissensvermittlung noch andere Bedürfnisse des Menschen erfüllt: Möglichkeit zu handgreiflicher Betätigung, ästhetischer Anblick und Spannung (das ist die Mitte zwischen sicherer und unmöglicher Vorhersage eines Ablaufs).

Physikalische Größen können in einem Modell als (gleich- oder andersartige) physikalische Größen auftreten (anolog) oder als Zahlen (digital). Das Zahlensystem zur Basis 1 ist die Schnittmenge beider Möglichkeiten: die Zahl n besteht aus n gleichen Ziffern (Einsen), ihre Länge ist also proportional zu n. Damit lassen sich die Vorteile von analoger und digitaler Darstellung kombinieren.

Im folgenden wird „Modell" in einem apparativen Sinne verstanden: zu ihm soll nicht nur ein theoretisches Konzept, sondern auch ein dazu passendes Unterrichtsmedium gehören: Bildschirmcomputer, Arbeitsprojektor, Arbeitsblatt etc.

In der strengen Behandlung ist die Berechnung der Young-Helmholtz-Koordinaten aus den Spektren jeweils ein Integral über das Produkt zweier wellenlängenabhängiger Funktionen, und die Umrechnung von einem Koordinatensystem in ein anderes (z. B. in das zu Herings Theorie adäquate) ist eine Matrizenmultiplikation. Die Frage ist nun, ob sich derartige Operationen der „höheren Mathematik" für Schüler, insbesondere für jüngere, ersetzen lassen durch anschauliche und leichtverständliche Operationen, die gleichwohl im Prinzip zu den gleichen Ergebnissen führen. Dabei ist etwa an folgendes Muster gedacht: die Flächenbestimmung einer evtl. krummlinig begrenzten Fläche geschieht „exakt" durch ein Integral, kann aber auch mit begrenzter Genauigkeit durch Abwägen eines Papiermodells oder beliebig genau durch Auszählen von Rasterquadraten erfolgen. Natürlich ist das Berechnen der Farben aus einem Spektrum etwas komplizierter, und so werden die didaktischen Modelle dazu weniger einfach sein — jedoch nicht undurchsichtiger, sondern lediglich zusammengesetzt.

Die Modelle beschreiben die Umwandlungen zwischen folgenden Darstellungen:
(1) dem optischen Spektrum (also der Farbreizfunktion),
(2) einer Beschreibung der Farbe im Sinne der Theorie von Young und Helmholtz (adäquat den Zapfentypen), und
(3) einer Beschreibung der Farbe im Sinne der Theorie von Hering (adäquat der bewußten Einordnung und der Kodierung in der Großhirnrinde).

In der Farbmetrik wird aus meßtechnischen Gründen eine Umwandlung bevorzugt, die dem Übergang von (1) nach (2) sehr ähnlich ist. Für das Verständnis des normalen Farbensehens (normale Trichromasie) genügt andererseits der Übergang von (1) nach (3) unter Ignorierung von (2). Zur Erklärung der wichtigsten Farbfehlsichtigkeiten benötigt man (2). Da zudem die Funktion der Zapfen zu den Dingen gehört, die am ehesten über das Farbensehen bekannt sind, sollte ein Modell durchaus beide

Schritte, nämlich von (1) nach (2) und von (2) nach (3) erfassen. Dabei ist der erste dieser Schritte anschaulich noch relativ leicht zu verstehen, so daß auch Modelle sinnvoll sind, die speziell den schwierigeren Schritt von (2) nach (3) erklären.

4.1 Zweistufige Modelle

Es soll zunächst ein Konzept beschrieben werden, das beide Umwandlungen (also von (1) nach (2) und weiter nach (3) darstellt, also zweistufig vorgeht. Es wird mit zwei ganz verschiedenen Unterrichtsmedien benutzt, die sich gegenseitig ideal ergänzen:
(a) mit einem Arbeitsblatt, das nichts anderes ist als ein Formular zum Ausmalen mit Farbstiften, und
(b) einem Programm für einen Computer mit Farbbildschirm, bei dem statt Zahlen farbige Zeichen die mathematischen Operationen darstellen (nicht nur deren Ergebnisse).
Wenn man die auftretenden Zahlen durch sehr einfache Werte ersetzt, läßt sich die an sich komplizierte Mathematik der Sache extrem stark elementarisieren: es werden nur Kästchen auf dem Formular bzw. Bildschirm gelöscht, markiert oder verlagert. An die Stelle von Operationen der höheren Mathematik treten Spielregeln wie in der Grundschulmathematik. Zum Kennenlernen dieser Regeln sind die Arbeitsblätter das ideale Unterrichtsmedium: jeder Einzelschritt wird vom Schüler eigenhändig ausgeführt, nichts (außer den logischen Konsequenzen) geschieht von selbst. Zum Durchspielen vieler verschiedener Varianten wäre das aber zu zeitraubend und damit auch zu langweilig. Genau dort kommen die Vorzüge des Computers zur Geltung: die gleichen Spielregeln werden nun schnell und automatisch ausgeführt. Für sich allein wäre die Computer-Version jedoch unvollkommen: die Spielregeln würden nur durch „passives" Zuschauen gelernt. Ideal ist also der Beginn mit dem Arbeitsblatt, gefolgt von dem Computereinsatz.

4.1.1 Das Arbeitsblatt-Modell zum Farbensehen

Das Arbeitsblatt (Abb. 4.1.1.1) ist ein Formular zum Ausmalen und Anstreichen mit Filzstiften. Es besteht aus drei waagerechten Streifen:
Zuunterst ist der Bereich der Physik, also das Spektrum, darüber wird die Young-Helmholtz-Zone (Zapfen der Netzhaut) dargestellt, zuoberst erscheint die Hering-Darstellung, die gewissermaßen den Output des Gehirns an das Bewußtsein wiedergibt.
Das Spektrum wird in diesem Modell nur sehr grob eingegeben: es stehen 44 (wegen der 22 Spalten des benutzten Computers (VC 20)) Intervalle zur Verfügung (lax gesagt: Spektral-Linien), das orangerote Ende des Spektrums ist links (lange Wellen, niedrige Frequenzen und Quantenenergien, was aber alles zum Verständnis des Modells unwesentlich ist). Die großen Buchstaben O Y G C B V deuten die Lage der Spektralfarben Orange, Gelb (yellow), Grün, Cyan, Blau und Violett an. Von den

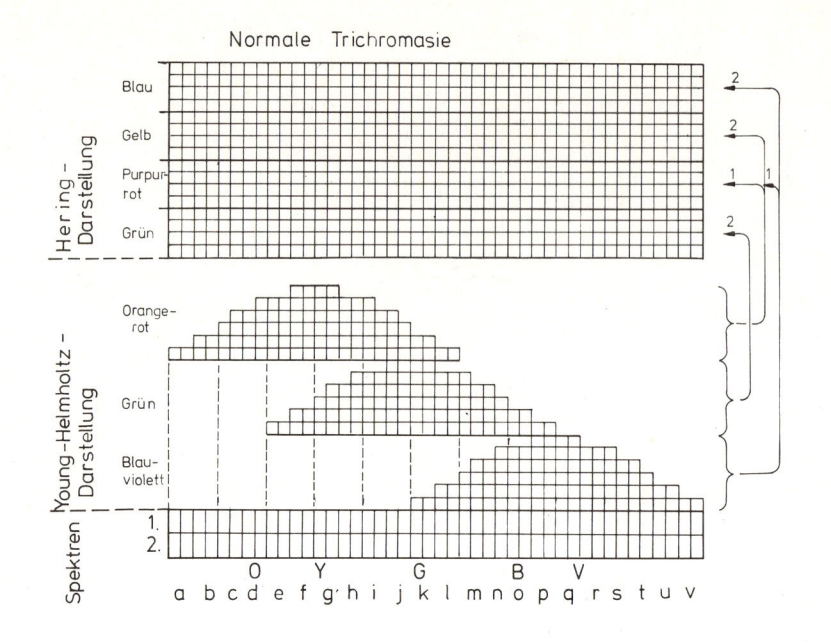

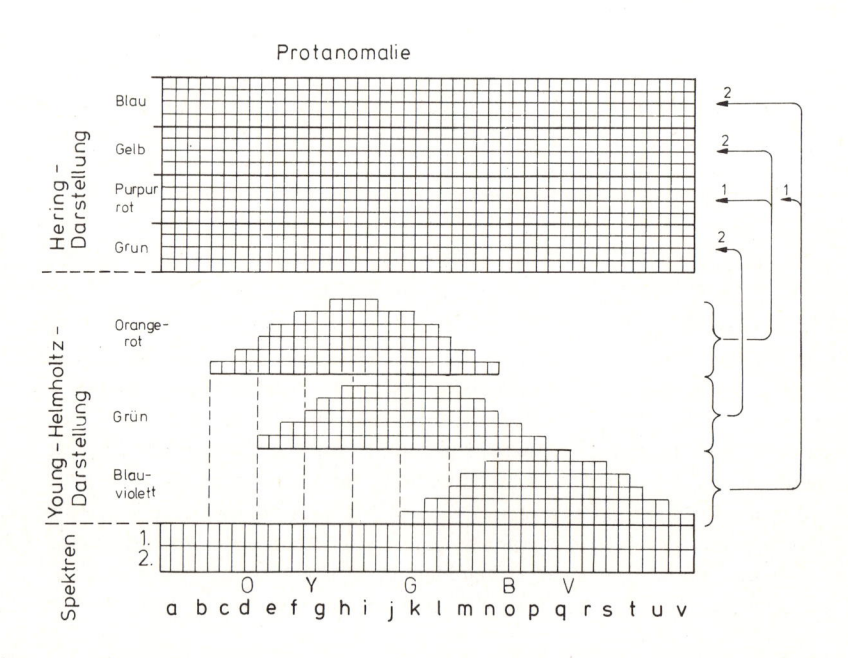

Normale Trichromasie

Protanomalie

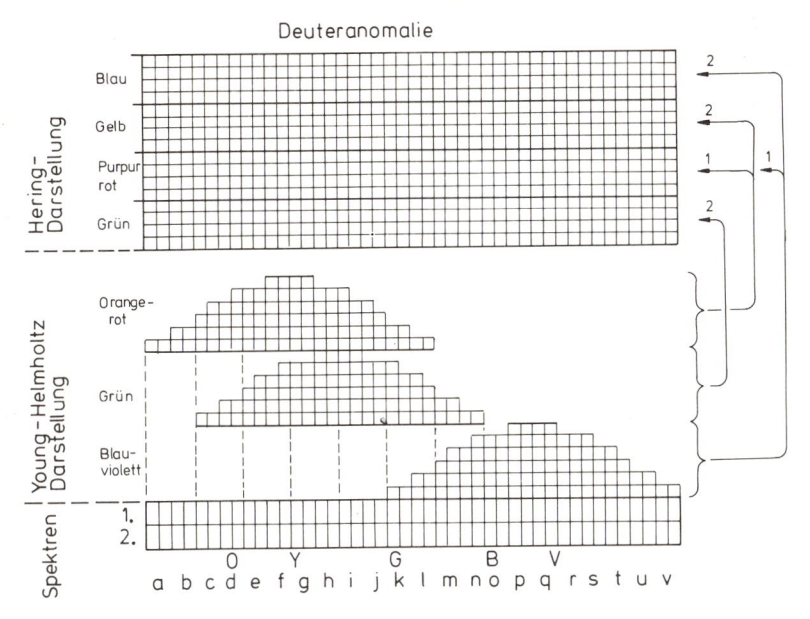

Abb. 4.1.1.1 a–c Arbeitsblatt-Modell zum Farbensehen.
Ausgehend von einem willkürlichen Spektrum (oder der Kombination von zwei Spektren) wird hier nach einfachen Spielregeln die Farbe bestimmt (vgl. Text). Das Bild (a) gehört zum normalen Farbensehen, streicht man generell die Kästchen, die zu einer Zapfensorte gehören, so erfaßt man die Dichromasien (Protanopie, Deuteranopie und Tritanopie). Für die anomalen Trichromasien (hier: Protanomalie (Bild b) und Deuteranomalie (c)) sind jeweils die Kästchen für eine Zapfensorte gegen den Normalfall verschoben.
Auf dem Bildschirm-Computer kann dieses Modell schneller und bequemer ausgeführt werden.

beiden übereinandergezeichneten Spektren verwenden wir zunächst nur eins. Aus Gründen der Übersichtlichkeit beschränken wir uns für jedes Intervall auf die beiden Möglichkeiten „1" und „0" für die Intensität. Zusammen mit der groben Intervallteilung (nur 44 Bereiche!) ist das eine sehr starke Simplifizierung der Spektren, bietet aber immerhin noch 2^{44} Möglichkeiten, das sind mehr als 16 Billionen (wegen 2^{10} = 1024)!
Mit einem schwarzen Filzstift streicht man die „dunklen" Intervalle aus und gibt damit das Spektrum vor. Alles weitere geschieht nun nach festen „Spielregeln", also einem Algorithmus.
Im mittleren Streifen (Young-Helmholtz-Zone) sind die drei Empfindlichkeitskurven schematisch durch Kästchen (passend zu den 44 Intervallen) repräsentiert. Man streicht nun einfach alle Spalten aus, die schon im Spektrum dunkel vorgegeben waren, die restlichen Kästchen werden in den Farben angemalt, die den Zapfensorten zugeordnet sind: zinnoberrot, grün und violett. Betrachtet man nun die bunt bemalten Flächen (bzw. Kästchenzahlen) ohne Rücksicht auf deren räumliche Form und Verteilung, so hat man drei (oder weniger) bunte Flächeninhalte. Genau diese Flächeninhalte sind im Prinzip die Young-Helmholtz-Koordinaten.
Aus der Multiplikation ist das Ausstreichen der Spalten geworden, aus der Integra-

tion der zusammenfassende Blick auf den Flächeninhalt (anologe Darstellung). Werden Zahlen gewünscht, so kann man die Kästchen auszählen.

Der Übergang von Young-Helmholtz zu Hering ist kaum schwerer. In der Hering-Zone hat unser Formular vier Bereiche (als waagerechte Streifen angeordnet), die Signale für die Hering-Grundfarben Blau, Gelb, Grün und Magenta aufnehmen sollen. Die Pfeile am rechten Rand mit den Ziffern 1 und 2 zeigen an, welche Zapfen dabei zu welchen Hering-Signalen beitragen, und in welcher Gewichtung das in unserem Modell geschehen soll: die Proto-Zapfen (rot-gelb-empfindlich) tragen zu Gelb (viel) und zu Magenta (halb soviel) bei usw. Wir gehen nun die Kästchen der Young-Helmholtz-Zone der Reihe nach durch und markieren für jedes zinnoberrote in der Hering-Zone eins im Magenta-Bereich und zwei im Gelb-Bereich. Diese werden aber nur zart mit einem kleinen Punkt angestrichen. Entsprechendes geschieht für die „grünen" Zapfen (zwei Kästchen bei Grün) und die „blau-violetten" (zwei bei Blau und eins bei Magenta jeweils). Die übrigbleibenden Kästchen in den Hering-Bereichen werden schwarz ausgefüllt: sie werden sozusagen nicht benötigt.

Nun besinnen wir uns darauf, daß im Hering-System je zwei Grundfarben antagonistisch zueinander sind: ihre Buntanteile kompensieren sich gegenseitig; sie addieren sich zu Weiß (Unbunt-Hell). Darum schauen wir uns nun die blauen und gelben Kästchen an: solange (falls überhaupt) blaue und gelbe zugleich markiert sind, haken wir sie paarweise ab: diese Kästchen bleiben weiß. Im allgemeinen bleiben dann entweder einige blaue oder einige gelbe übrig: nur diese werden blau bzw. gelb angemalt. Was wir mit Blau und Gelb gemacht haben, wiederholen wir entsprechend mit Grün und Magenta.

In der Hering-Zone haben wir nun außer den schwarzen (die nicht mitzählen) Kästchen von maximal drei verschiedenen Farben: eine davon kann Weiß sein: sie stellt den Unbuntanteil (im Prinzip) dar, eine weitere ist entweder blau oder gelb, die dritte (falls vorhanden) entweder grün oder magenta. Die bunten zusammen stellen die Buntheit (den Buntanteil) dar, ihr Verhältnis zu den weißen die (Bunt-)Sättigung. Der Buntton ergibt sich natürlich daraus, welche beiden der vier bunten Grundfarben bei dem Streichverfahren übriggeblieben sind, und aus dem Zahlenverhältnis der Kästchen. Auch diese Information kann prinzipiell durch Auszählen der Kästchen gewonnen werden (was jedoch bei der Ungenauigkeit des Modells wenig sinnvoll ist), sie wird aber auch unmittelbar beim Anblick des fertigen Formulars anschaulich: die Kästchen und ihre Flächeninhalte geben ja die Hering-Korrdinaten als Analoganzeige wieder.

Man kann noch einen Schritt weitergehen und einen Farbenkreisel mit verstellbaren Sektoren auf dieses Mischungsverhältnis der maximal drei Farben einstellen und rotieren lassen: man sieht nun die Farbe, die sich aus der Wahl des eingegebenen Spektrums ergibt.

Man könnte auch die schwarzen Kästchen der Hering-Zone in die Deutung des Ergebnisses einbeziehen. Das hätte aber zur Folge, daß ein Spektrum aus wenigen schmalen Linien sich stets als dunkle Farbe manifestieren müßte; es ist sinnvoller, die Helligkeit aus der Diskussion herauszulassen, so daß man das Modell auch auf helles monofrequentes Licht anwenden kann.

4.1.2 Spezielle Effekte im Formular-Modell

Farbfehlsichtigkeiten lassen sich sehr einfach dadurch simulieren, daß im Falle der Dichromasien jeweils eine der drei Empfindlichkeitskurven weggelassen wird bzw. im Falle der anomalen Trichromasien seitwärts verschoben wird. Bei der Interpretation ist allerdings etwas Vorsicht geboten: auf jeden Fall kann gezeigt werden (sinnvollerweise in der Computer-Version des Modells), daß Farben, die für den Normalsichtigen gleich sind, für einen Farbfehlsichtigen ungleich sein können und umgekehrt. Man darf aber z. B. nicht folgern, Farbfehlsichtige würden statt Unbunt etwas Buntes sehen.

Gibt man zwei Spektren im Formular vor, so kann man entweder deren Multiplikation oder Addition verwenden. Multiplikation kann bedeuten: Hintereinanderschaltung zweier Farbfilter, oder auch Spektrum einer Lampe und Transmissionsspektrum eines Filters oder Remissionsspektrum eines Objektpunktes. Kommen als Faktoren nur 0 und 1 in Frage (wie in unserem Modell), so ist die Multiplikation nichts anderes als das logische UND bzw. die Schnittmengenbildung. Man kann nun leicht zeigen (am besten wieder in der bequemeren Computer-Version), daß für diese sogenannte „subtraktive Mischung" keine auf die Farben bezogenen Regeln gelten, sondern daß es jeweils auch auf die Form der einzelnen Spektren ankommt.

Überlagert man zwei Farbreize, also Lichtströme mit verschiedenen Spektren auf der Netzhaut (z. B. indem man ein Objekt von zwei Lichtquellen beleuchten läßt), hat man es mit der additiven Mischung zu tun. Hier macht unser Modell etwas Schwierigkeiten: die Addition im Bereich der Zahlen 0 und 1 kann auch 2 ergeben. Es gibt drei Möglichkeiten, das im Modell zu beachten:

— entweder gewichtet man die Spalten, in denen beide Spektren Helligkeit anzeigen, doppelt und führt dann noch etwas Arithmetik in das Modell ein: man muß dann einige Kästchen der Young-Helmholtz-Zone mit der Zahl 2 belegen,
– oder man beschränkt sich darauf, in einem der eingegebenen Spektren nur die ungeraden Intervalle zu belegen und im anderen nur die geraden (beste Möglichkeit),
– oder man nimmt es mit den Ergebnissen quantitativ nicht so genau und ersetzt die Addition durch das logische ODER bzw. die Bildung der Vereinigungsmenge der Intervalle (wie es nur in der zweiten Möglichkeit völlig korrekt ist).

Schließlich kann auch noch das farbnegative Nachbild erklärt werden. Dazu streicht man in der Young-Helmholtz-Zone gerade die Spalten schwarz aus, die im Spektrum hell (!) sind. Damit trägt man der Empfindlichkeitsverminderung der betroffenen Zapfen Rechnung — gerade in dem Maße, in dem sie von der Exposition betroffen gewesen sind. Beim Betrachten einer weißen Wand wirkt also jetzt das Komplement, gerade so, als hätte man es mit dem komplementären Spektrum zu tun.

4.1.3 Übergang zum Computer

Das Arbeitsblatt ist für eine wiederholte Anwendung zu schwerfällig. Daher sollte man nach Möglichkeit, nachdem man es einige wenige Male durchgespielt hat, zum

Computer übergehen, der die sehr einfachen Operationen auf dem Bildschirm automatisch vornimmt, ohne jedoch dabei „im Hinterkopf" irgendwelche Rechnungen auszuführen: er tut nichts anderes als das, was wir nach den Spielregeln des Formulars getan haben, nur tut er es schneller und ohne Anstrengung unsererseits.

Das Programm für dieses anschauliche Modell ist keineswegs einfacher als eins für die zahlenmäßige Berechnung der Integrale oder Matrizenprodukte, wohl aber ist seine Vorführung wegen der Anschaulichkeit leichter zu verstehen (vor allem in Verbindung mit dem Formular).

Ein derartiges Programm für den VC 20 oder C 64 ist im Lehrmittelhandel* erhältlich. Die farbigen Kästchen des Formulars erscheinen hier auf dem Bildschirm als abgetrennte Rechtecke, von denen 2 × 2 auf den Platz eines Buchstabens passen. Entsprechend umständlich ist das Setzen oder Löschen einzelner Kästchen. In diesem Programm werden im verfügbaren Teil des Speichers (RAM) Sonderzeichen definiert, die diese Kästchen und z. B. Fragezeichen von halber Breite enthalten.

Natürlich kann ein ähnliches Programm auch für Bildschirmrechner formuliert werden, die keine Feingrafik haben, ja sogar für unbunt arbeitende. Der Rechner sollte zumindest Rechtecke setzen können, die kleiner als die Buchstaben sind (das geht beim TRS 80 mit SET, bei CBM 3032 etc. mit vorhandenen Elementen des Zeichensatzes), allerdings bilden diese dann meist zusammenhängende Flächen, was den abakusartigen (digitalen) Aspekt verschleiert, aber bezüglich des analog-anzeigenden Prinzips keine Rolle spielt. Natürlich sollte man auch bei unbunt arbeitenden Computern auf eine bunte Wiedergabe nicht verzichten. Da jeder Farbe auf dem Bildschirm ein fester Ort zugeordnet ist, kann man einfach eine mit Folienstiften eingefärbte Folie auf den Bildschirm kleben.

Das Programm arbeitet nun folgendermaßen:

Es fragt zunächst nach der gewünschten Betriebsweise (Einzelspektrum, Addition, Multiplikation, Spektrallinienzug), sodann nach dem Wunsch auf farbnegatives Nachbild und nach einer Farbfehlsichtigkeit und gegebenenfalls der Art derselben. Sodann zeichnet es die drei Empfindlichkeitskurven in Form von Häufchen aus entsprechend gefärbten Kästchen (hier müssen bei dem nur mit 8 Farben arbeitenden VC 20 Kompromisse gemacht werden, wozu noch erschwerend hinzukommt, daß die Farben je nach Computer und Fernsehgerät unterschiedlich ausfallen, vgl. folg. Tab.:

Young-Helmholtz-Grundfarbe	Hering-Grundfarbe	auf dem VC 20 vertreten durch
violett	—	blau
—	blau	cyan
grün	grün	grün
—	gelb	gelb
zinnoberrot	—	rot
—	magenta	purpur

Außer im Falle „Spektrallinienzug" geht es so weiter: Unten erscheint nun ein schmales Fragezeichen, das das Intervall des Spektrums bezeichnet, nach dem gefragt wird.

---

* Programmpaket „Farben", Hagemann Düsseldorf.

Drückt man die Taste der Ziffer „1", so wird es durch ein weißes Kästchen ersetzt, bei jeder anderen Taste durch ein schwarzes, das Fragezeichen wandert eine Spalte weiter. Die Tasten werden dabei als Dauerfunktionstasten abgefragt.

Falls Addition oder Multiplikation eingegeben worden sind, wird noch ein zweites Spektrum darunter abgefragt.

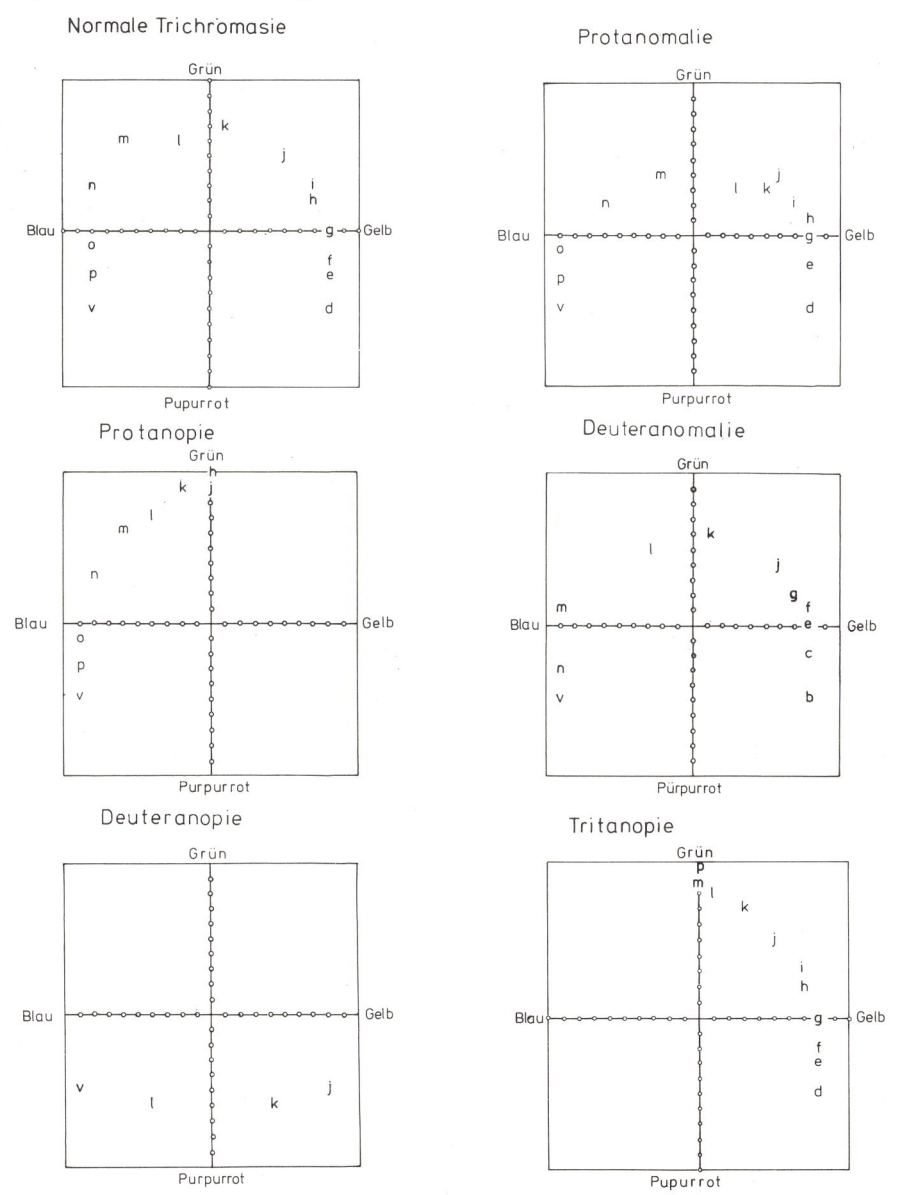

Abb. 4.1.3.1a–f Spektrallinienzüge, wie sie der Computer aufgrund des Arbeitsblatt-Modells berechnet (hier als Zeichnungen wiedergegeben).

Der weitere Ablauf erfolgt so, wie beim Formular-Modell beschrieben, nur automatisch. Er kann angehalten oder verlangsamt werden. Die unbunten „Kästchen" im Hering-System sind schmale weiße Striche, die sich deutlich von den ausgefüllten bunten Kästchen unterscheiden.
Wählt man den „Spektrallinienzug", so entfällt die Eingabe von Spektren. Statt dessen zeichnet der Rechner jeweils ein einzelnes Intervall (eine „Spektrallinie") hell ein und berechnet die Farbkoordinaten, indem er das Modell durchspielt und die Hering-Darstellung als Koordinatenpaar einspeichert. Das wiederholt er für alle 22 Spektralbereiche mit ungeraden Nummern (bezeichnet mit den Buchstaben von a bis v) und zeichnet eine Kurve mit den Punkten. Für Trichromaten sind das Bögen, die weit um den Unbuntpunkt herumgehen, für die Dichromaten sind es kurze Bogenstücke (ohne Normierung wären es Geraden) (Abb. 4.1.3.1a—f).

4.1.4 Andere zweistufige Computermodelle

Es ist nicht sehr schwer, das Programm so abzuändern, daß man die Intensität in den einzelnen Intervallen des Spektrums zwischen 0 und 1 feiner abstufen kann. Ebenso kann man bei hinreichend feiner Teilung des Spektrums die hier stark schematisierten Empfindlichkeitskurven durch realistischere ersetzen. Ein Vorteil liegt in der unproblematischen Erfassung der additiven Mischung, der wesentliche Nachteil ist nun, daß jetzt Rechnungen mit „reellen Zahlen" „hinter dem Bildschirm" beteiligt sind, während im oben beschriebenen Programm nur Operationen mit den Zahlen 0, 1 und 2 vorkamen (außer bei den Spektrallinienzügen): man entfernt sich vom „Abakus-Charakter" und nähert sich der numerischen Integration. Die grafische Darstellung feinerer Werte ist kaum ein Problem: bei vielen Rechnern kann man mit dem Standard-Zeichensatz Säulen auf $\frac{1}{8}$ Zeilenhöhe genau erzeugen (z. B. bei Commodore und Sharp). Das erwähnte Programmpaket enthält auch eine solche Version mit feinerer Graphik.

4.2 Einstufige Modelle

Die bisher beschriebenen Modelle (Formularmodell und seine Computer-Variante) erzeugen aus dem Spektrum die Young-Helmholtz-Darstellung und aus dieser die Hering-Darstellung. Im folgenden sollen noch Modelle skizziert werden, die nur einen Schritt statt zweien ausführen: entweder vom Spektrum „direkt" zur Hering-Darstellung oder von Young/Helmholtz nach Hering.

4.2.1 Modelle, die den Young/Helmholtz-Bereich überspringen

Diese Modelle erzeugen die Hering-Darstellung sozusagen direkt aus dem Spektrum. Der Nachteil für die Schule liegt darin, daß man gerade über die Eigenschaften der Zapfen gewisse Vorkenntnisse in vielen Schulbüchern findet, so daß ein Modell, das diesen Bereich im Dunkel der „Black Box" läßt, unbefriedigend bleibt. Auf der anderen Seite ist es erstaunlich einfach: man ordnet jedem Intervall des Spektrums seine Hering-Darstellung zu, d. h. maximal zwei der vier bunten Hering-Grundfarben (Blau oder Gelb, Grün oder Magenta), sowie deren Mischungsverhältnis (evtl. stark gerundet auf Quotienten niedriger ganzer Zahlen). Man legt dazu gefärbte Acrylglas-Klötzchen spaltenweise auf den Arbeitsprojektor (unterstützt von einer Grundplatte mit Führungsschienen aus Draht), oder man setzt farbige Rechtecke auf den Bildschirm (Abb. 4.2.1.1) des Computers, oder man hängt an eine Wandtafel farbig bemalte Kartonstreifen entsprechender Länge (F 23—F 28). Die „Eingabe" des Spektrums erfolgt wie bei den anderen Modellen durch Löschen der „dunklen" Intervalle bzw. durch Zudecken mit schwarzen Streifen. Was jetzt noch sichtbar ist, wird nach Farben sortiert (was auch unterbleiben kann) und bezüglich der antagonistischen Paare bereinigt. Auf dem Projektor erscheinen statt zweier weggenommener Steinchen (z. B. Blau und Gelb) zwei weiße Flächen (also Unbunt). Bei den Kartonstreifen, deren Längen keinem starren Raster unterliegen müssen, kann man die Kompensation so vornehmen, daß der kürzere Streifen umgekehrt auf den längeren der Gegenfarbe gehängt wird, wobei seine weiße Rückseite den kompensierten Teil verdeckt. Auch ein derartiges Programm ist in dem erwähnten Programmpaket enthalten.

Abb. 4.2.1.1 Ein einstufiges Formularmodell zum Farbensehen: Für 22 Spektralbereiche und bis zu zwei Spektren wird jeweils Helligkeit oder Dunkelheit vorgegeben. Spalten mit Dunkelheit werden schwarz ausgestrichen. Die restlichen Kästchen werden (der Übersichtlichkeit halber zeilenweise nach Farben in den oberen Teil übertragen und dann) soweit möglich paarweise (rote und grüne, blaue und gelbe) ausgestrichen. Des bleiben dann maximal zwei verschiedene Grundfarben übrig, deren Zahlenverhältnis die Hering-Darstellung der Farbart (des bunten Anteils der Farbe also) anzeigt. Das Modell kann mit diesen Zahlen auf dem VC 20 programmiert werden.

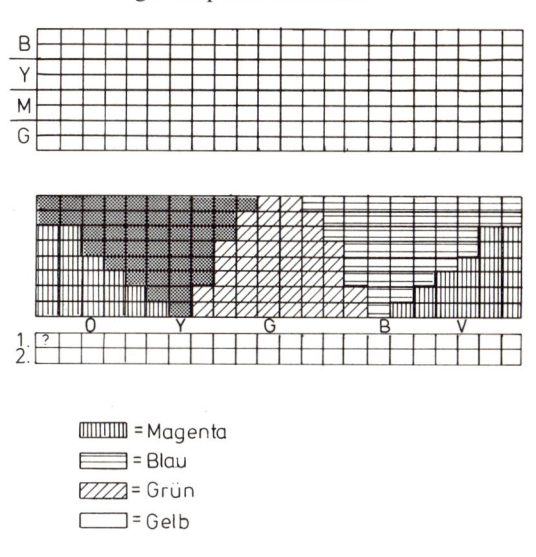

4.2.2 Ein Folienmodell*

Mit vier Overhead-Folien kann die Umkodierung zwischen Young/Helmholtz und Hering qualitativ dargestellt werden (Abb. 4.2.2.1a—d). Die Grundfolie zeigt oben eine waagerechte Koordinatenachse für das Spektrum und unten drei halbierte Ellipsen, die die Zustände in der Hirnrinde symbolisieren. Diese Halbellipsen sind gemäß

---

* Vgl. N. Treitz, Phys. u. Did. 10, 1982, pp 36—46.

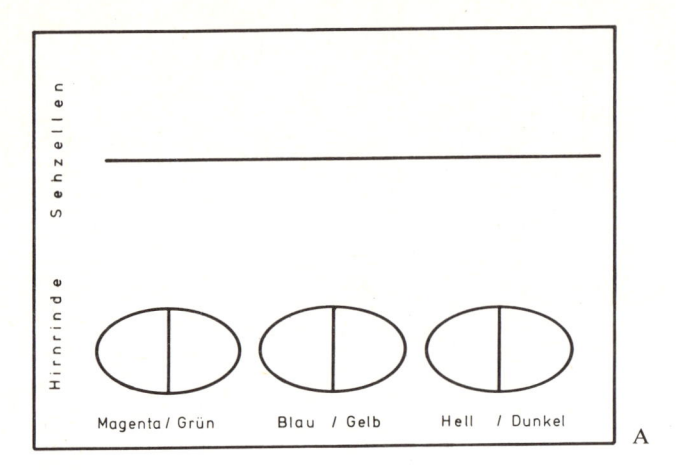

```
     c
     e
     ─
     ─
     e
     z
     h
     e
     S     ─────────────────────────────────

     e
     d
     n
     ─
     r
     n
     i
     H        ⬭         ⬭         ⬭

          Magenta/Grün   Blau / Gelb   Hell / Dunkel      A
```

den entsprechenden Grundempfindungen eingefärbt: Purpur (= Magenta) (roter oder besser: nach rot tendierender „violetter" Folienstift), Grün, Blau, Gelb, unbemalt (für Hell) und schwarz bzw. undurchsichtig (für dunkel). Diese Farben sind auf der Folie mit ihren Bezeichnungen benannt, ebenso die beiden Zonen (im Sinne der von-Kriesschen Zonentheorie) Sehzellen und Hirnrinde. Wenn das Modell nicht projiziert, sondern aus der Nähe betrachtet werden soll (z. B. zum Selbststudium), so kann die Grundtafel auch undurchsichtig angefertigt werden, die anderen Blätter müssen aber in allen Fällen Klarsichtfolien sein.

Jede der weiteren drei Folien zeigt eine Empfindlichkeitskurve (für eine der drei Zapfenarten), einen in einer zugehörigen Farbe ausgefüllten Kreis (zur Andeutung der Zapfenreizung) und Pfeile zu den entsprechenden Halbellipsen der Grundfolie (Umkodierungsschaltung im qualitativen kybernetischen Modell). Auch die Farbbezeichnungen im Spektrum sind auf diesen Folien enthalten. Folie B ist ganz in Blau bemalt und beschriftet: Text „Violett Blau", Kurve, Kreis und Pfeile nach Magenta, Blau und Hell; Folie C ist grün: Text „Grün", Kurve, Kreis und Pfeile nach Grün und Hell; Folie C schließlich ist rot und zeigt den Text „Gelb Zinnoberrot", die Kurve und den Kreis dazu sowie Pfeile nach Magenta, Gelb und Hell.

Um nun anhand dieser Folien aus einem Spektrum die gesehene Farbe herzuleiten, müssen wir anhand der Empfindlichkeitskurven nachsehen, welche Zapfen überhaupt gereizt werden. Abgesehen von quantitativen Unterscheidungen (die dieses Modell sehr grob mißachtet) gibt es bei drei Zapfensorten 8 Möglichkeiten (da es sich mengentheoretisch um eine Potenzmenge zu 3 Elementen handelt und da $2^3 = 8$ ist). 5 dieser Möglichkeiten kommen bei Spektren vor, die jeweils aus nur einem schmalen Bereich (oder gar nur einer einzelnen Spektrallinie) bestehen. In der Tabelle 4.2.2.2 sind dies die Zeilen 1 bis 5.

Welche Zapfensorten dabei jeweils gereizt werden, entnehmen wir den Empfindlichkeitskurven. Es werden dann genau die Folien (B, C und/oder D) auf die Grundfolie A aufgelegt, die „betroffen" sind. Weisen nun Pfeile auf zwei Hälften der gleichen Ellipse, so bedeutet dies, daß diese Nervenzentren infolge von antagonistischen Meldungen „ausbalanciert" sind. Was zählt, sind nur die unausgeglichenen Zentren. Wir

Abb. 4.2.2.1 Foliensatz zum Farbensehen. Die Folien B, C und D sind jeweils einfarbig in Blau, Grün und Rot ausgeführt, in Folie A sind die Halbellipsen in den angeschriebenen Farben ausgefüllt. Es wird jeweils die Folie A zusammen mit einer Kombination aus 1 bis 3 Folien der Gruppe B, C, D aufgelegt, je nachdem, welche Zapfenarten das angenommene Lichtspektrum erregt. Die Pfeile symbolisieren die Umkodierung von der Young-Helmholtz- zur Hering-Zone. Gegenfarben gleichen sich dabei paarweise aus.

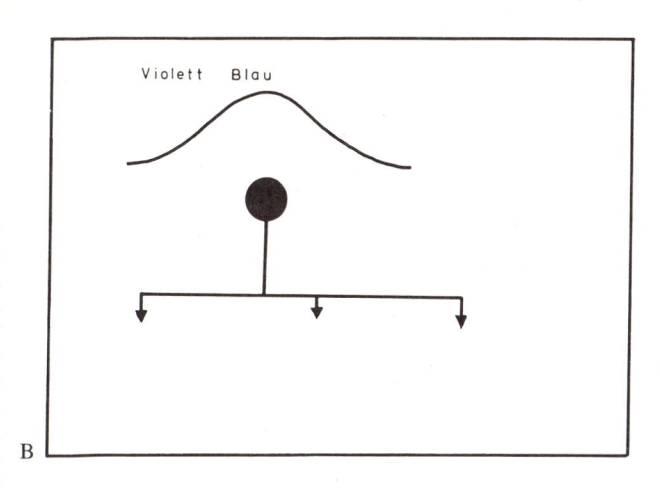

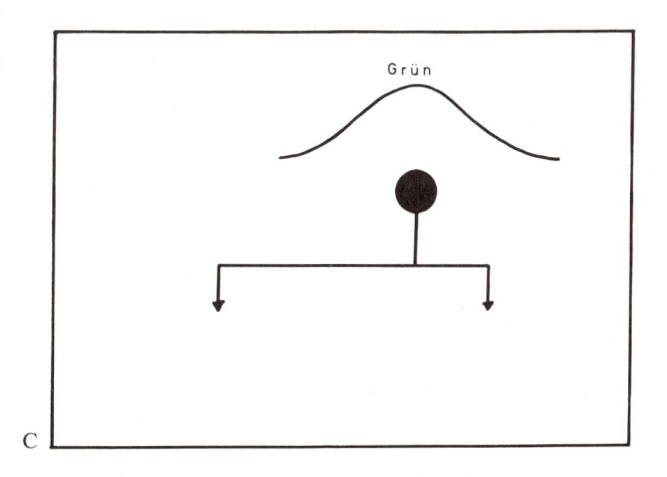

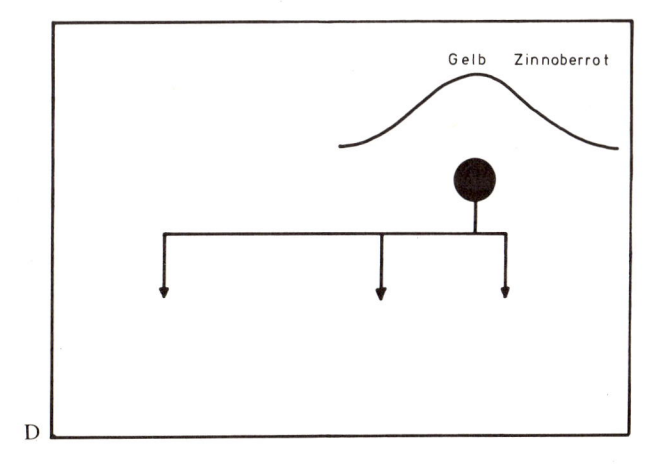

Lfd. Zeile	Monofrequentes Licht des Spektralbereichs	Reizung der Rezeptor-typen			Zustände der Nervenzentren in der Hirnrinde			gesehene Farbe
		Blau-violett	Grün	Gelb-rot	Magenta/Grün	Gelb/Blau	Hell/Dunkel	
0	kein Licht							Eigengrau
1	Violett	X			X	X	X	Violett
2	Blau	X	X		X X	X	X	Blau
3	Grün		X		X		X	Grün
4	Gelb		X	X	X X	X	X	Gelb
5	Zinnober			X	X	X	X	Zinnober
6	Violett Zinnober) zugl.	X		X	X	X X	X	Magenta
7	alle drei zugl.	X	X	X	X X	X X	X	Weiß

4.2.2.2 Schema zum Farbensehen, speziell zum Folienmodell. Die Zeilen-Nrn. 1, 3 und 5 können als Voraussetzungen betrachtet werden, die anderen ergeben sich daraus durch Überlagerung (bzw. Addition, was im qualitativen Modell nicht unterschieden wird), sondern als Bildung von Vereinigungsmengen erscheint). Jeweils zwei antagonistische Kreuzchen (zwischen denen sich genau nur eine gestrichelte Linie befindet) löschen sich gegenseitig aus.

unterscheiden nun zwischen den beiden „bunten" Paaren* Magenta/Grün und Blau/Gelb einerseits und den Hell/Dunkel-Zentren andererseits: Farben, bei denen nur ein buntes Paar unausgeglichen ist, empfinden wir als reine Farben: Blau, Gelb und Magenta-Rot (Zeile 6 der Tabelle), die anderen als gemischt: Violett, Zinnober (bzw. Orange) und Cyan (= Blaugrün). Die Tabelle dient hier nur zur Zusammenfassung der Zustände des Foliensatzes, sie ist bei der Benutzung nicht nötig.

Das letzte Beispiel zeigt, daß reines Rot nicht im Spektrum vorkommt, sondern daß eine physikalische Mischung aus Orange und Violett (z. B.) nötig ist, um eine empfindungsmäßig reine Farbe zu erzeugen. Diese Paradoxie (die Goethes großes Dilemma war) erklärt sich in unserem Modell zwanglos mit dem Ausbalancieren, und zwar im speziellen Fall der blauen (Empfindungs-)Komponente beim „violetten" Licht und der gelben beim „zinnoberroten" oder „orangefarbenen" Licht.

Daß man bei „weißem Licht" (alle 4 Folien übereinander) wirklich unbunt und hell sieht, ist leicht zu zeigen, wobei man die grünen Doppelpfeile angemessen deuten muß. Ein besonderes Problem jedoch die Frage, ob Dunkelheit dasselbe ist wie Schwarz. Das Modell zeigt bei Dunkelheit völlige Indifferenz an: das bedeutet „Eigengrau". Aufmerksame Schüler fragen nun: wenn sehen wir denn überhaupt Schwarz, wenn im Modell kein Pfeil dahingeht?

Tatsächlich entsteht die Wahrnehmung Schwarz allein durch Kontrasterscheinungen, die in diesem Modell nicht dargestellt sind.

Noch deutlicher wird das Modell, wenn man alle Halbellipsen, die in der Balance nicht überwiegen, undurchsichtig verdeckt, so daß nur noch die Farben sichtbar bleiben, die (bzw. deren Mischung) der bewußt wahrgenommenen Farbe entspricht.

Die Leistungsfähigkeit des Foliensatzes ist trotz seiner einfachen Struktur überraschend groß. Fassen wir es als eine nicht näher begründete Beschreibung der wichtigsten Strukturen unseres visuellen Systems auf, so können wird deduktiv „erklären", warum das Spektrum uns (abwechselnd) reine und gemischte Farben zeigt, wie Farbenmischungen entstehen und (mit einer Zusatzannahme) Gegenfarben-Nachbilder.

---

* In diesem Modell werden die antagonistischen Nervenzentren jeweils als eine gemeinsame Einheit erfaßt.

5 Stellen aus dem Spektrum sind in den Zeilen 1 bis 5 bereits erläutert. Die Interpretation ist dabei: wir sehen z. B. Grün, weil („nur") die Magenta/Grün-Zentren auf Grün geschaltet sind, die Blau/Gelb-Zentren aber ausgeglichen, und wir sehen die aus Magenta und Blau gemischte Farbe „Violett", weil beide Zentren etwas anzeigen (außer Hell-Dunkel).

Zwischen den 5 erwähnten Stellen im Spektrum gibt es natürlich Übergänge, die das Modell nicht zeigt, die man sich aber hinzudenken kann. Dazu noch eine Randbemerkung: daß wir das Spektrum als kontinuierlichen Übergang und nicht als gestufte Folge von 3 Farben sehen, liegt an der gegenseitigen Überlappung der Empfindlichkeitskurven.

Die additive und die multiplikative (sog. „subtraktive") Mischung ergibt sich ohne weiteres aus den zugehörigen Spektren, die man addieren oder multiplizieren muß (was bei qualitativer Vergröberung auf Vereinigungs- und Schnittmengen hinausläuft). Da unser Modell nur 8 Fälle unterscheidet (einschließlich der Dunkelheit), ergeben sich dabei keine prinzipiell neuen Farben. Es ist daher kein Unterschied zu sehen, wenn man ein Spektrum, das bestimmte Zapfensorten reizt, durch ein anderes ersetzt, das genau dieselben Sorten reizt (und zwar genaugenommen natürlich auch im selben Intensitätsverhältnis, das aber hier nicht im Modell erscheint). Das kann man anhand von Mischungsexperimenten jeweils am Modell nachvollziehen. — Zur Erklärung der Nachbild-Gegenfarben muß man annehmen, daß eine (oder mehrere) Zapfensorten durch intensive Belichtung unempfindlich geworden ist (bzw. sind). Diese muß man daher aus dem kompletten Foliensatz entfernen, wenn man den Blick auf die weiße Wand darstellt: das Modell zeigt nun die Gegenfarbe an.

Insgesamt verdeutlicht der Foliensatz auf einfachste Weise die Umkodierung, während die Reizung der Zapfen vom Betrachter anhand der Empfindlichkeitskurven selbst abgeschätzt werden muß.

4.2.3 Ein mechanischer Analogrechner als Modell der Umkodierung*

Das Modell kann aus Acrylglas gebaut werden und eignet sich dann zur Overhead-Projektion, es kann aber auch vom Schüler aus Holz hergestellt und dann je nach der Größe von mehr oder weniger vielen Zuschauern betrachtet werden. Es zeigt die Umwandlung der drei positiven Grundvalenzkoordinaten (Zapfenreizungen) in die beiden „bunten" Koordinaten des Hering-Systems (die unbunte Achse wird nicht dargestellt). Es handelt sich also um zwei reelle Variable, die jeweils von denselben drei anderen positiv-reellen Variablen abhängen.

Dabei werden zahlenmäßige Feinheiten nicht korrekt dargestellt, vielmehr wird nur das Prinzip der Umrechnung mit einem Analogrechner dargestellt, dessen physikalische Realisierung von vornherein ganz offenkundig von der des Nervensystems verschieden ist (was bei einem elektronischen Analogrechner weniger eindeutig wäre), aber auf der anderen Seite die mathematischen Zusammenhänge schon von seinem Aufbau her deutlich erkennen läßt.

---

* Vgl. N. Treitz, Ein durchsichtiger Analogrechner zur Erklärung des Farbensehens, PU 1/1982, pp. 77—81.

Das Modell (Abb. 4.2.3.1) enthält auf der Grundplatte 6 Leisten, die sich waagerecht um einige Zehntel Millimeter bewegen können, aber paarweise durch Federn aus Stahldraht (1 mm) zusammengedrückt werden. Sie klemmen die drei Schieber zwischen sich ein, die die Grundvalenzkoordinaten darstellen. Diese Schieber sind entsprechend violett, grün und orange gefärbt. In der Ruheposition sind sie von einer Sichtblende verdeckt (beim Acrylglasmodell genügt undurchsichtiger Klebefilm von der Unterseite, zum Färben der Schieber nimmt man Folienstifte, am besten „extra breit" schreibende). Zieht man einen Schieber ein Stück nach unten, so stellt dies eine entsprechende Reizung dieser Zapfensorte dar, und die zugehörige Farbe wird sichtbar.

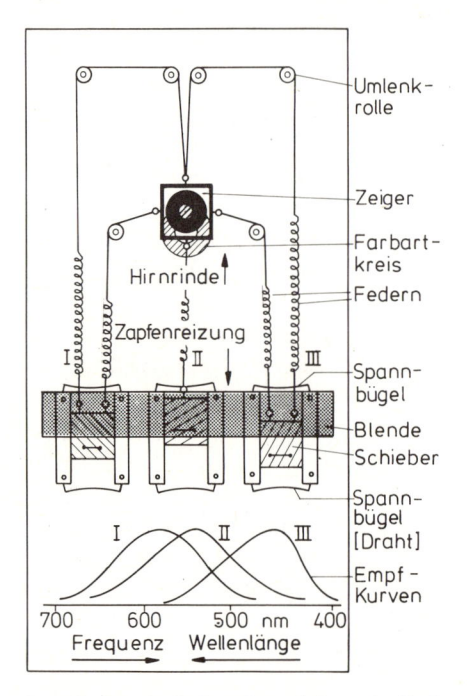

Abb. 4.2.3.1 Durchsichtiger mechanischer Analogrechner zur Umkodierung der Farben. Die Schieber klemmen zwischen zwei Leisten, die elastisch zusammengedrückt werden. Zieht man sie nach unten, so erscheinen sie als mehr oder weniger große Fläche in Orange (I), Grün (II) und Violett (III). Die Fäden ziehen dabei über die Umlenkrollen den ringförmigen Zeiger so, daß in seiner Mitte die jeweilige Farbart angezeigt wird.

Im oberen Teil der Grundplatte befindet sich der Newton-Kreis mit dem Hering-Koordinatenkreuz: rechts blau, links gelb, oben magentarot und unten grün; in der Mitte unbunt (nicht notwendigerweise als Weiß zu deuten!). Der Zeiger ist ein Scheibchen aus Acrylglas oder fester Folie (auch bei undurchsichtiger Grundplatte) mit einer undurchsichtigen Ringblende, deren Öffnung die gemeinte Farbe des Farbenkreises freigibt. Dieser Zeiger ist mit Fäden und Federn über die Rollen (Federn und Rollen z. B. aus Technik-Baukästen) mit den Schiebern verbunden.

Anhand der aufgezeichneten Grundvalenzkurven kann man abschätzen, wie sich einzelne Spektralbereiche auf die Zapfenreizung auswirken. Man kann dann vorführen, wie die Spektralbereiche zu verschiedenen Farbempfindungen führen (nach denen sie dann benannt werden können), wieso verschiedene Spektren zu gleichen Farben führen können, wie die Addition zu erklären ist, schließlich kann man noch berücksichtigen, daß einzelne Zapfensorten ständig oder vorübergehend inaktiv sein können, und damit die negativen Nachbilder bzw. die Farbenfehlsichtigkeiten (besonders die Dichromasien) erklären. Nicht zuletzt zeigt das Modell sehr einfach, wie sich „alle Farben" zu Weiß (genauer: Unbunt) addieren.

5. Farbwiedergabeverfahren

5.1 Allgemeines

Zwischen den biologischen Mechanismen des Farbensehens und den Techniken der Wiedergabe oder Übertragung von bunten (stehenden oder bewegten) Bildern besteht ein enger Zusammenhang. Zum einen ist das Verständnis des Farbensehens eine wichtige Grundlage, optimale Verfahren zu entwickeln, und zum anderen verstehen wir noch besser, was Farben sind, wenn wir uns damit befassen, wie man sie reproduzieren kann. Am deutlichsten ist das bezeichnenderweise bei dem jüngsten Verfahren, der Fernseh- und Video-Technik.

Werfen wir zunächst einen Blick auf die akustischen Parallelen: ein Musikstück oder Hörspiel (etc.) ist physikalisch eine zeitliche Folge von Klängen, die jeweils als Spektren (Intensitätsangaben als Funktion der Frequenz) dargestellt werden können (dabei fehlen noch die räumlichen Effekte, die beim zweikanaligen Stereo-Ton wenigstens für die wichtige Links-Rechts-Dimension enthalten sind). Bekanntlich werden akustische Vorgänge dadurch übertragen (Sprechanlage, Telefon, Hör-Rundfunk) und aufgezeichnet (Schallplatte, Tonband), daß man für die einzelnen Zeitpunkte die Spektren mit mehr oder weniger großer Genauigkeit getreu reproduziert, indem man entsprechende Wechselstromsignale auf Lautsprecher gibt und dort eine Membran annähernd die gleichen Schwingungen machen läßt wie sie auch bei der ursprünglichen Schallquelle (Stimmbänder, Saiten etc.) auftreten. Da die vorkommenden Frequenzen vergleichsweise niedrig sind (50 bis 20000 Hz), gelingt das mit erstaunlich primitiven Hilfsmitteln: man kann aus etwas Draht, einer Postkarte und einem Magneten ein funktionierendes Mikrofon basteln oder mit einer Postkarte und einer Nähnadel im Prinzip Tonabnehmer, Verstärker und Lautsprecher eines Plattenspielers ersetzen (natürlich gibt das keine High-fidelity, reicht aber zum Wiedererkennen von Melodien oder Sprache aus).

Da es sich in der Optik auch um Schwingungen handelt, könnte man versuchen, auch hier die Farbreize mit ihren Spektren zu reproduzieren: ein Bild oder ein Fernsehgerät müßte dann Licht mit den gleichen Spektren aussenden wie die jeweiligen Originale. Unabhängig von der Frage, wie man beliebige Lichtspektren auf Kommando erzeugen kann[*], taucht hier ein großer Unterschied zwischen Gehör und Gesichtssinn auf: ein Bild besteht aus vielen Millionen unterscheidbaren Punkten, das Schallfeld wird dagegen von uns nur an den beiden Punkten, wo unsere Ohren gerade sind, aufgenommen (allerdings können wir den Kopf mit den Ohren drehen: vier Lautspre-

---

[*] Man kann sich etwa vorstellen, das Licht mit einem Gitter oder Prisma räumlich spektral zu zerlegen, dort an den gewünschten Stellen auszublenden, etwa wie bei der Tonspur des Kinofilms, und wieder zu vereinigen. Für einen einzigen Bildpunkt wäre das kein großes Problem.

cher in einer Tetraederanordnung können aber alle räumlichen Informationen wiedergeben). Da unsere Augen etwa 25 Bilder pro Sekunde noch auflösen können, müßten also in jeder Sekunde für einige Millionen Punkte die Spektren übermittelt werden. Das wäre technisch wohl nicht durchführbar, und obendrein auch ziemlich sinnlos.

Wir haben ja gesehen, daß beim Farbensehen schon in den Zapfen von der Informationsfülle der Spektren nur noch dreidimensionale Vektoren übrigbleiben: statt der Intensität für einige tausend Frequenzen nur noch die Intensitäten für die drei Rezeptorarten. Wenn es einer Reproduktionstechnik (Grafik, Fotografie, Fernsehsendung, Videoband) nun gelingt, für den entsprechenden Bildpunkt die gleichen drei Intensitäten mit befriedigender Genauigkeit zu erzielen, dann ist es völlig gleichgültig, wie die Spektren dabei aussehen. Die Reduktion der Information in den Zapfen um etwa 3 Zehnerpotenzen erlaubt es also den Herstellern von Fernsehgeräten, Fotofilmen und Grafiken, im gleichen Verhältnis Aufwand und Kosten zu sparen (es bleibt genug übrig!). Abb. 5.1 zeigt das symbolisch.

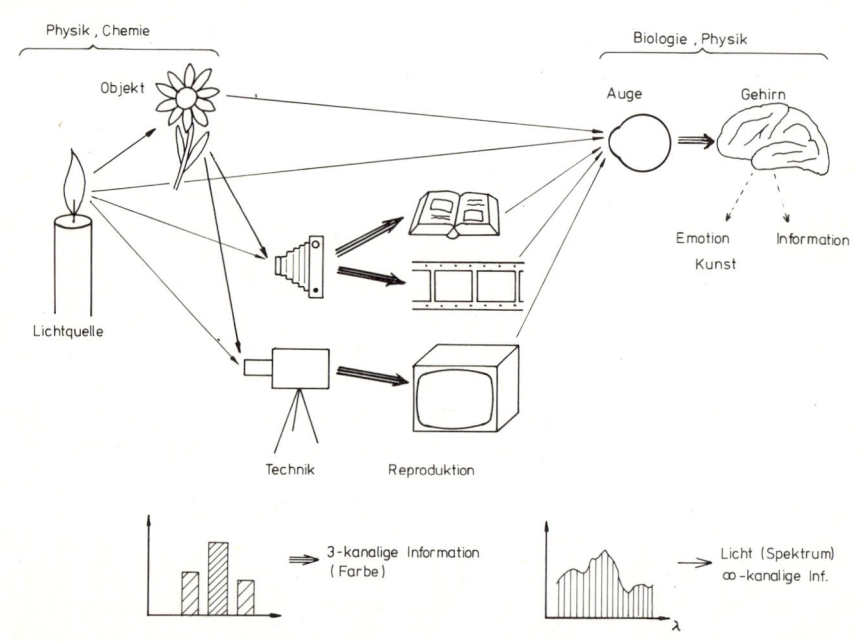

Abb. 5.1 Der Informationsgehalt des Lichtes (im wesentlichen durch Spektren zu erfassen) ist weitaus größer als der der Farbe. Zwischen Netzhaut und Hirnrinde ist die Information auf drei Kanäle (drei Dimensionen) eingeengt, entsprechend drei Grundfarben. Daher kommt man bei der Reproduktion farbiger Bilder im Prinzip mit drei Kanälen (Grundfarben) aus, wobei die Spektren (z. B. vor der Fernsehkamera und „hinter" dem Bildschirm, d. h. betrachterseitig) keineswegs notwendig reproduziert werden.

5.2 Das Farbfernsehen

Erstaunlich viele Details des Farbensehens haben ihre Entsprechungen beim Farbfernsehen, in gewisser Weise wird die mathematisierte Farbenmetrik hier auch unmittelbar in Spannungssignalen eingesetzt.

Im Prinzip könnte man mit Unbuntfernsehgeräten* auf zwei Arten bunte Bilder übertragen: man nimmt drei Kameras mit entsprechenden Farbfiltern (blau, grün und rot) und drei Wiedergabegeräte mit entsprechenden Filtern, deren Bilder man dann optisch überlagern muß (Aufeinanderprojizieren, Halbspiegelsysteme). Bei der anderen Art genügen eine Kamera und ein Wiedergabegerät, vor beide werden synchron laufende Scheiben mit je drei Filtern gesetzt, die sich etwa 25mal pro Sekunde drehen müßten, die Bildfrequenz müßte dann allerdings dreimal so groß sein wie sonst.

Das erste der beiden Verfahren wird kameraseitig im Prinzip nicht anders verwendet, wiedergabeseitig allerdings nur bei Großbildprojektionen (Eidophor). Für das Wohnzimmer hat man kompakte Geräte entwickelt, die das bunte Bild auf einem einzigen Bildschirm erzeugen: man hat gewissermaßen die drei Fernsehröhren an die gleiche Stelle gesetzt.

5.2.1 Die Farbfernsehkamera

Damit auch Nahaufnahmen möglich sind, kann man nicht einfach drei getrennte Kameras nehmen, sondern muß ein einziges Objektiv verwenden. Dahinter befindet sich ein Strahlenteiler, der jeder der drei Einzelkameras etwa ein Drittel des Spektrums zukommen läßt (Abb. 5.2). Im Prinzip könnte man das mit halbdurchlässigen Spiegeln und Farbfiltern machen, würde dann aber viel Intensität ungenutzt lassen. Die Strahlenteiler enthalten dichroitische Schichten, die einen Teil des Spektrums durchlassen und den anderen reflektieren. Am Ausgang der Kamera erhält man drei Farbauszüge: Blau, Grün und Rot. Statt des Grünauszugs kann man auch ein Hellig-

Abb. 5.2 Schema der Strahlenteilung in der Farbfernsehkamera: die Grenzschicht zwischen dem 1. und 2. Prisma reflektiert den kurzwelligen Anteil des Lichtes, die zwischen dem 2. und 3. den langwelligen (die Wellenlängenbereiche werden hier durch unterschiedliche Strichelungen dargestellt). Die drei „Schwarz-Weiß"-Kameras machen auf diese Weise drei verschiedene Buntauszüge des gleichen Bildes.

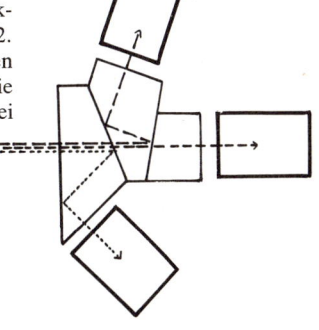

---

* Die üblichen Bezeichnungen sind denkbar ungenau: es gibt Geräte, die die Farben Schwarz, Weiß und viele Graustufen übertragen können, und es gibt andere, die nahezu alle bunten und unbunten Farben wiedergeben: Farben zeigen alle, und nur Schwarz und Weiß zeigt keines!

keitssignal verwenden (Luminanz): auf jeden Fall gibt es drei parallel-laufende Signale, die im 40-ms-Takt den zeitlichen Ablauf wiedergeben und innerhalb jeder $\frac{1}{25}$-Sekunde das Bildfeld in 625 Zeilen abrastern.

5.2.2 Die Farbbildröhre

Wir überspringen vorläufig den interessanten Übertragungsweg und wenden uns zunächst dem Ende der technischen Kette zu: der Bildröhre. Schon 1938 hat Werner Flechsig sich das Prinzip der Schattenmaskenröhre patentieren lassen. Verglichen mit der Röhre im Oszilloskop, haben wir nun drei Elektronenkanonen statt einer, und auf der Bildschirminnenseite gibt es nicht nur eine Sorte Leuchtstoff, sondern drei Sorten, die unter dem Beschuß mit Elektronen blau, grün und rot leuchten*. Sie sind so angeordnet (vgl. Abb. 5.3), daß durch die Löcher einer Schattenmaske alle Elektronen von der ersten Kanone nur die blau leuchtenden treffen, die von der zweiten die grün leuchtenden usw.

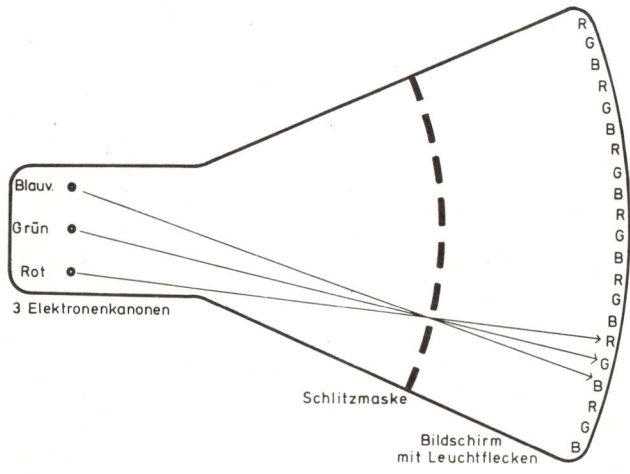

Abb. 5.3 Farbfernseh-Bildröhre mit Schlitzmaske (stark vergröbert).
Die Elektronenkanonen sind als Ausgangspunkte schematisiert, die Schlitzmaske befindet sich in Wirklichkeit viel näher am Bildschirm. Die Buchstaben bedeuten lumineszierende Stoffe, die bei Bestrahlung mit Elektronen rot, grün bzw. blau leuchten. Man kann mit einem Lineal (oder in Projektion mit einer beweglichen Folie, auf die nur ein schwarzer Strich gezeichnet ist) zeigen, daß durch die Maske von der für Grün zuständigen Elektronenkanone nur die grün leuchtenden Flecken erreicht werden usw. Diese liegen so dicht, daß das Auge sie bei üblicher Benutzung nicht auflöst.

---

* Beim Aufbringen der Leuchtstoffe ist die Schattenmaske schon eingebaut: photochemische Prozesse verursachen das Haften an der Scheibe, und das dafür nötige Licht wird durch die Löcher der Schattenmaske geschickt: so kommen die Leuchtstoffe genau an die richtigen Stellen.

Bei einem Testbild kann man gut die partitive Farbenmischung sehen, mit der die Bildröhre arbeitet (also die additive Mischung, bei der räumlich getrennte Punkte in den Einzelfarben vom Auge nicht mehr getrennt werden): es gibt dort acht Rechtecke mit den 2^3 Möglichkeiten:

blau +	grün +	rot	=	weiß
	grün +	rot	=	gelb
blau +	grün		=	cyan
	grün		=	grün
blau +		rot	=	magenta
		rot	=	rot
blau			=	blau
keins davon			:	schwarz

Betrachtet man den Bildschirm aus der Nähe, so erscheinen die einzelnen Punkte oder Schlitze in den tatsächlichen Farben gemustert, aus größerer Entfernung oder beim Unscharfmachen der optischen Abbildung im Auge („falsche" Linse, Mattglas) verschmelzen sie zu den additiven Mischfarben. Man kann das auch sehr schön mit Diapositiven vorführen, die vom Testbild scharf abfotografiert sind, indem man den Projektor abwechselnd scharf und extrem unscharf einstellt.

Natürlich kann jede der drei Kanonen nicht nur zwischen Null und voller Intensität wechseln (wie in diesem Teil des Testbildes), sondern alle Kombinationen der Zwischenstufen können realisiert werden. Das bedeutet: drei voneinander unabhängige Abstufungen, die man sinnvollerweise in einem dreidimensionalen Raum darstellen kann, bei dem jede Kanone eine Basisrichtung (rechtwinklig zueinander) zugeordnet bekommt: Blau, Grün und Rot. Der Nullpunkt für alle bedeutet natürlich schwarz (d. h. relativ dunkler Bildschirm: ob er schwarz aussieht, hängt auch noch von anderen Dingen ab!). Die Farben, die auf diese Weise erzeugt werden können, bilden im Farbenraum ein Quader mit den acht Ecken, die im Testbild vorkommen. Farben, deren Ort in dieser Darstellung (etwas) außerhalb des Quaders liegen, können mit der Röhre nicht erzeugt werden. Im Grundvalenzdreieck entsprechen den Leuchtstoffen Punkte im Innern der von der Spektralkurve und der Purpurgeraden eingeschlossenen Fläche, das von ihnen aufgespannte Dreieck ist mit drei Leuchtstoffen realisierbar. Es fehlen also insbesondere die gesättigten Farben, die im Spektrum zwischen den (ausgewählten) Leuchtstoff-Farben liegen: sie kommen mit verminderter Buntsättigung. Um wirklich alle möglichen Farben wiedergeben zu können, müßte man Leuchtstoffe haben, die jeweils genau eine Spektrallinie aussenden und gemeinsam das ganze Spektrum abdecken. Der Aufwand wäre aber unverhältnismäßig groß, mit drei Leuchtstoffen bekommt man einen sehr vernünftigen Kompromiß aus Nutzen und Aufwand.

5.2.3 Übertragungskodierungen

Zwischen der Kamera und dem Wiedergabegerät ist normalerweise eine Fernübertragung mit Rundfunkwellen (meist drahtlos). Man könnte nun die Bildinformationen auf drei getrennten Kanälen (d. h. hier: drei hochfrequenten Trägern) übertragen.

Das hätte möglicherweise den Nachteil, daß bei Störungen der Buntton stark verfälscht würde, und es wäre kein Empfang mit Unbuntgeräten möglich (jedenfalls nicht mit den schon vorhandenen). Man geht deshalb einen anderen Weg: das Helligkeitssignal (Luminanz) wird wie beim unbunten Fernsehen gesendet, für die Buntanteile kommen Zusatzinformationen hinzu (sie werden gewissermaßen in die Reservebereiche in den Fernsehkanälen gezwängt). Weltweit sind dabei drei verschiedene Verfahren gebräuchlich: NTSC, PAL und SECAM.

In dem Quader, den wir bei den Farben des Bildschirms betrachtet haben, entspricht die Helligkeit (Luminanz) der Diagnonalen von Schwarz nach Weiß. Die Farbart entspricht den einzelnen Richtungen von der schwarzen Ecke aus. Projizieren wir nun den Farbenkörper in eine Ebene rechtwinklig zur Luminanzachse, so gibt es verschiedene Möglichkeiten: bei einer Zentralprojektion durch die schwarze Ecke entspricht jeder Punkt einer Farbart, bei einer Parallelprojektion nennt man den verbleibenden zweidimensionalen Anteil die Chrominanz. Man kann sie beschreiben mit einem Blau(-violett)- und einem (Magenta-)Rot-Anteil, die auch negativ sein können und dann Gelb bzw. Grün bedeuten. Diese „Pole" kennen wir schon von der Farbenkugel und von der Gegenfarbentheorie Herings. Wir beschreiben sie mit rechtwinkligen (cartesischen) Koordinaten vom schwarzen Pol aus: z in Richtung Weiß, x nach Blauviolett und y nach Magenta. Das z-Signal (Luminanz) wird wie beim unbunten Fernsehen auf der Bild-Trägerfrequenz gesendet (und zwar in Amplitudenmodulation, d. h. die Amplitude ändert sich mit der zu übertragenden Helligkeit). Für die Chrominanz steht nun nur noch eine Hilfsfrequenz zur Verfügung. An dieser Stelle unterscheiden sich die Verfahren NTSC, SECAM und PAL. Wir beginnen mit SECAM:

5.2.4 SECAM

Dieses Verfahren kommt aus Frankreich und wird außerdem noch in der DDR und in Osteuropa benutzt. Bei SECAM (Abb. 5.4) wird während der Übertragung einer Bildzeile (das dauert bei 625 Zeilen jeweils 64 µs) entweder nur x oder nur y übertragen, also die Blau-Gelb- bzw. die Magenta-Grün-Komponente der Chrominanz (daneben natürlich stets die Luminanz). Damit nun auf dem Bildschirm ein Punkt in der richtigen Farbe erscheint, werden natürlich alle drei Koordinaten benötigt. Die fehlende Komponente der Chrominanz wird dabei aus der unmittelbar vorher gesendeten Zeile, die ja in der Regel dort eine ähnliche Farbe enthält, entnommen. Diese Information ist jeweils genau 64 µs vorher gesendet worden, muß also zwischendurch gespeichert werden (daher der Name: séquentiel à mémoire: abwechselnd ins Gedächtnis). Diese Speicherung geschieht sehr einfach mit einer Verzögerungsleitung. Diese braucht keineswegs sehr lang zu sein, wenn man das Signal als Schallwelle durch ein Stück Glas laufen läßt (ca. 20 cm Weglänge, piezoelektrische Wandler arbeiten dabei wie ein sehr kleiner Lautsprecher und ein Mikrofon an den Enden des Glasstückes). Ein elektronischer Schalter leitet abwechselnd das direkte Signal als x und das verzögerte als y und bei der nächsten Zeile umgekehrt weiter (Abb. 5.5). Die beiden Chrominanzkomponenten werden in Frequenzmodulation übertragen:

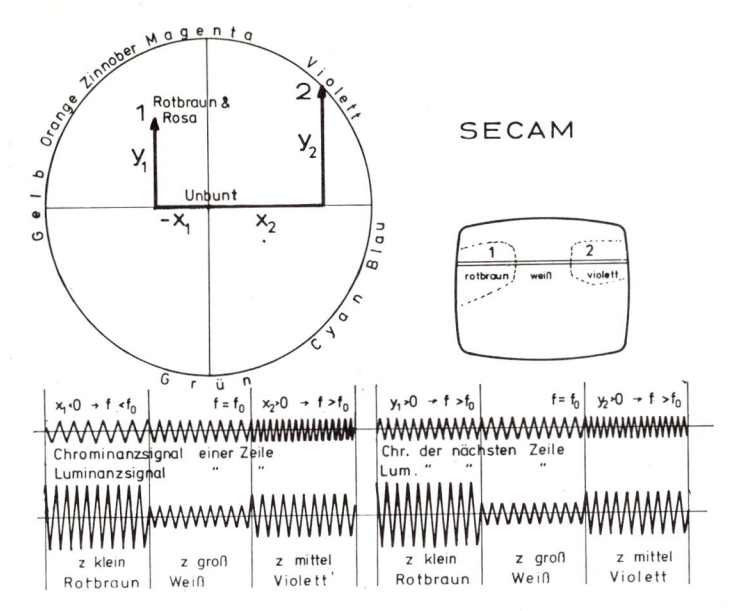

Abb. 5.4 SECAM (Farbfernsehkodierung mit abwechselnder Übertragung der beiden Chrominanzkomponenten).

Es wird dargestellt, wie zwei Zeilen, die links rotbraun, in der Mitte weiß und rechts violett aussehen sollen, übertragen werden. Die zugehörigen Luminanzwerte sind niedrig, groß bzw. mittelgroß. Entsprechend (allerdings gegensinnig: negative Amplitudenmodulation) sieht das Luminanzsignal in beiden Zeilen (gleich) aus.

Das Chrominanzdiagramm links oben stellt diese Luminanz nicht dar (in ihm fallen daher Rotbraun und Rosa zusammen), wohl aber die beiden linear unabhängigen Komponenten der Chrominanz x und y. Während der links unten gezeigten Zeile wird von der Chrominanz nur der x-Anteil übertragen, während der folgenden nur der y-Anteil. Für das (unbunte) Weiß erscheint das Chrominanzsignal mit der Frequenz f_o, in den übrigen Bereichen mit einer erhöhten oder erniedrigten Frequenz, je nach den zu übertragenden Koordinaten (Frequenzmodulation).

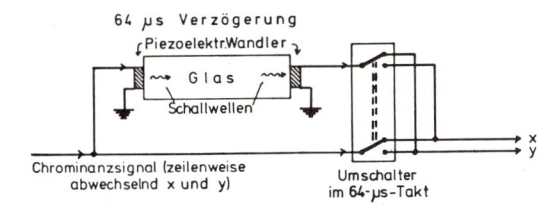

Abb. 5.5 Verzögerungsleitung für SECAM.

Das ankommende Chrominanzsignal wird (auch) als akustische Welle durch Glas (Laufweg ca. 19 cm, in Wirklichkeit im Zickzack) geschickt. Die piezoelektrischen Wandler wirken dabei als Lautsprecher (links) und als Mikrofon (rechts). Der hier symbolisch dargestellte Umschalter im Zeilentakt leitet beide Signale, das verzögerte und das unverzögerte abwechselnd mit zwei verschiedenen Zuordnungen weiter. So stehen gleichzeitig stets ein x- und ein y-Signal zur Verfügung, wobei jeweils genau eines davon um 64 µs, also eine Zeile verspätet ist.

Bei PAL wird die gleiche Verzögerungsleitung benutzt, obwohl x und y gleichzeitig gesendet werden. Bei PAL dient die Verzögerung der automatischen Beseitigung von Übertragungsfehlern des Bunttons (erkauft wie bei SECAM durch Mittelung über jeweils übereinanderliegende Punkte aus verschiedenen Zeilen).

die Amplitude wird also nicht geändert, wohl aber wird die Frequenz je nach Vorzeichen von x bzw. z erhöht und erniedrigt (wie es ja auch beim Tonrundfunk im UKW-Bereich üblich ist). Wenn die benachbarten Zeilen an der betreffenden Stelle verschiedene Farben zeigen sollen, so wird das bei SECAM nicht wiedergegeben: die vertikale Auflösung entspricht für die Bunt-Anteile nur 312 Zeilen (bei 625 Zeilen insgesamt).

5.2.5 NTSC

Das ältere Verfahren NTSC (Abb. 5.6, National Television Standard Committee, USA) hat diesen Nachteil nicht, muß aber auch mit nur einem Hilfsträger für die ganze Chrominanz auskommen. Hier benutzt man die Tatsache, daß eine Sinuskurve nicht nur in ihrer Amplitude eine Information enthalten kann, sondern auch in ihrer Phasenlage, also etwa im Zeitpunkt des Nulldurchgangs von unten nach oben. Man kann das auch als eine Addition einer Sinus- und einer Cosinus-Kurve deuten: beide Amplituden kann man der Summenkurve eindeutig entnehmen.*

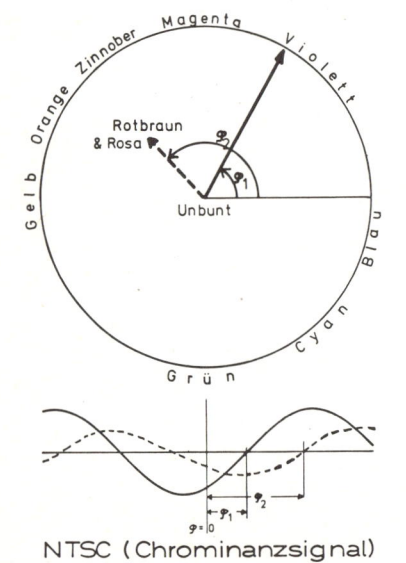

Abb. 5.6 NTSC-Verfahren.
Die Sättigung wird als Amplitude des Chrominanzsignals wiedergegeben, der Buntton (im Diagramm durch den Drehwinkel φ abzulesen) als Phasenwinkel φ. Auf diese Weise kann die ganze Farbinformation ohne Unterbrechung gesendet werden, jedoch wird der Buntton leicht durch Störungen verfälscht.
Diese Beschreibung entspricht Zylinderkoordinaten der Farbenkugel. Mit cartesischen gelangt man zu der gleichwertigen Darstellung einer Überlagerung von cos und sin, mit deren Amplituden man ebenfalls zwei unabhängige Signale übertragen kann.

Man kann also sagen: bei NTSC werden die beiden Chrominanzkomponenten x und y als Amplituden mit einer Viertelschwingung gegeneinander zeitlich versetzt aufmoduliert. Der Empfänger muß nun aber einen zeitlichen Nullpunkt haben, um zu wissen, was Sinus und was Cosinus sein soll.
Man kann das Ganze auch beschreiben, indem man in der Chrominanzebene Polarkoordinaten einführt: die Amplitude entspricht der Buntheit, der Phasenwinkel (bzw. der Winkel gegen eine bestimmte Richtung im Farbenraum) dem Buntton. (Zur

---
* Damit hängt auch die Bezeichnung „Quadraturmodulation" zusammen.

Feststellung des Phasennullpunktes wird ein spezielles Signal (Burst) mitgesendet.) Diese Zuordnung im Farbenraum ist besonders anschaulich. Leider hat das Verfahren einen Nachteil: es ist sehr störanfällig gegen Übertragungsfehler: auf dem Rundfunkweg können leicht Phasenverzögerungen eintreten, sie bewirken auf dem Bildschirm ausgerechnet das, was den Betrachter bei Farben am empfindlichsten stört: Änderungen des Bunttons, so daß die Personen leicht ihre gesunde Gesichtsfarbe verlieren. Spötter deuten NTSC darum so: **n**ever **t**wice the **s**ame **c**olor.

5.2.6 PAL

NTSC ist in den USA und in einigen Ländern Asiens eingeführt. Die erwähnten Nachteile veranlaßten in Europa die Entwicklung von PAL (Abb. 5.7) und von SECAM. Auch bei PAL wird die Sicherheit gegen Übertragungsfehler des Bunttons durch die (unauffällige) Halbierung der vertikalen Auflösung des Buntanteils erkauft. Nach dem Prinzip, daß ein Fehler kein Fehler mehr ist, wenn man ihn abwechselnd mit verschiedenen Vorzeichen macht, dreht man bei PAL die Zuordnung des Phasenwinkels zu dem Winkel in der Chrominanzebene einfach nach jeder Zeile um. Wenn nun durch einen Übertragungsfehler die Phase über mehrere Zeilen hinweg zu groß

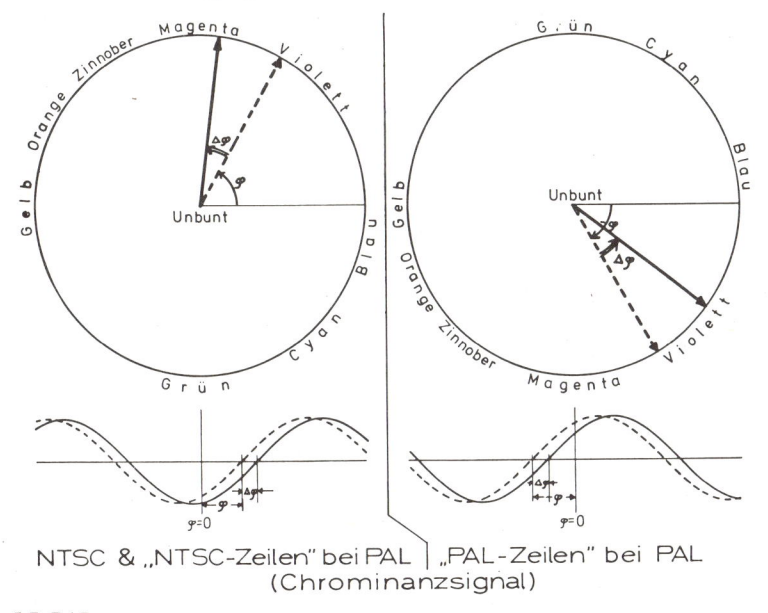

NTSC & „NTSC-Zeilen" bei PAL | „PAL-Zeilen" bei PAL
(Chrominanzsignal)

Abb. 5.7 PAL.
Das Vorzeichen von φ wird nach jeder Zeile umgekehrt. Die Übertragung unterscheidet sich also in der Hälfte der Zeilen nicht von NTSC. Es wird angenommen, Violett soll übertragen werden (gestrichelt), aber ein Übertragungsfehler vergrößert den Phasenwinkel φ über mehrere Zeilen hinweg. Das führt in der NTSC-Zeile zu einer Verschiebung des Bunttons nach rot, in der PAL-Zeile zu einer nach Blau. Bildet man den Mittelwert für benachbarte Punkte aus je einer NTSC- und einer PAL-Zeile, so erhält man (außer einem geringen Verlust an Sättigung) den echten Buntton.

ankommt, so wird der Buntton dadurch abwechselnd nach verschiedenen Seiten verfälscht. In ganz billigen Geräten (Simple PAL) begnügt man sich damit, daß die einzelnen Zeilen entsprechend verfälscht werden und die partitive Farbenmischung beim Betrachten daraus die mittlere, also richtige Farbe (bis auf eine gewisse Entsättigung) erzeugt. Die richtigen (Standard-)PAL-Geräte machen diesen Ausgleich jedoch elektronisch und verwenden dazu eine Verzögerungsleitung, wie wir sie schon kennengelernt haben. Der Name PAL (phase alternating line) spielt auf den Wechsel der Phasen-Zuordnung nach jeder Linie an (die NTSC-Verfechter meinen allerdings, es könnte heißen: **p**ay for **a**dditional **l**uxury).

5.2.7 Vergleich des Farbfernsehens mit dem Farbensehen

Die beiden früher als kontrovers betrachteten Farbsehtheorien von Young und v. Helmholtz einerseits und von Hering andererseits begegnen uns erstaunlicherweise beide beim Fernsehen: die Young-Helmholtz-Darstellung kommt in beiden Fällen da vor, wo die Farbinformation mit der Optik verknüpft ist: bei den Zapfen, der Fernsehkamera und der Bildröhre (Abb. 5.8). Das ist auch ganz vernünftig, denn bei der Lichtintensität können keine negativen Werte vorkommen, und bei Young-Helmholtz kommen auch keine vor. Die Hering-Koordinaten können dagegen ebensogut negativ wie positiv sein, und in beiden Fällen kommen sie bei der „internen" Umrechnung der Farben vor: in der zentralen Zone (im Sinne der Zonentheorie von J. v.

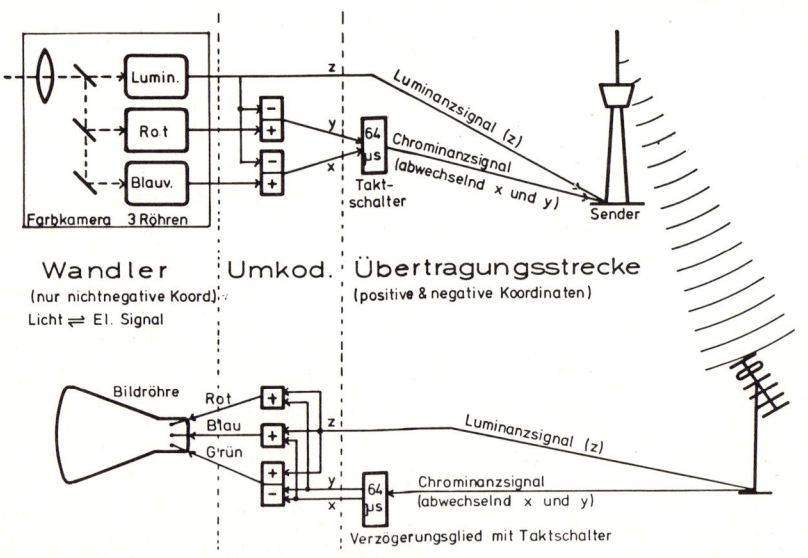

Abb. 5.8 Die Umkodierung beim Farbfernsehen.
Der Informationsfluß geht von links oben nach rechts, dann nach unten und dort wieder nach links. Wegen der besonderen Einfachheit ist hier SECAM dargestellt. Die Farbinformation ist in den linken Bereichen mit nichtnegativen Koordinaten kodiert (Farbenwürfel mit schwarzer Ecke als Nullpunkt), in den rechten Bereichen jedoch mit Koordinaten, die von neutralem Grau als Mittelpunkt ausgehen (Farbenkugel).

Kries) in unserem Nervensystem (durchschnittliche Häufigkeiten von Spannungsstößen werden erhöht oder erniedrigt), und bei der Rundfunkübertragung (bzw. allgemeiner der Hochfrequenzübertragung, auch bei Kabelfernsehen oder Videoaufzeichnung) werden Amplituden oder Frequenzen erhöht oder erniedrigt.

Diese sehr weitgehende Ähnlichkeit (die über das sachlich Zwingende hinausgeht und auch nur teilweise durch bewußte Nachahmung der Natur durch die Technik zu erklären ist) ist ein sehr schönes Beispiel dafür, daß die natürliche Evolution und die technische Entwicklungsarbeit die physikalischen Gesetze manchmal auf verblüffend ähnliche Weise nutzen: die Technik weitgehend durch bewußtes Benutzen von Erkenntnissen, die Natur durch blindes und geduldiges Ausprobieren.

Die Parallele betrifft aber nur die Senderseite des Fernsehens: aus den optischen Spektren wird die Farbinformation erst in dem naheliegenden Young-Helmholtz-System gewonnen (durch Weglassen des größten Teils der formalen Information), mit einem Analogrechner wird sie dann in ein anderes System umgerechnet. Im Falle unseres Nervensystems bleibt es dabei: die Farbe gelangt in den Kategorien der Gegenfarbentheorie (Hell-Dunkel, Blau-Gelb, Rot-Grün) in unser Bewußtsein. Im Falle des Fernsehens wird die Farbinformation in dieser Form vom Sender dem Empfänger zugeleitet (z. B. über Rundfunkwellen), und da es dort nicht direkt in die Hirnrinde, sondern erst in die Augen gehen muß, macht das Fernsehgerät erst die Kodierung rückgängig (wieder in einem Analogrechner) und leitet der Bildröhre die Young-Helmholtz-Koordinaten zu, wo auf dem Bildschirm Spektren erzeugt werden, die mit denen der ursprünglichen Objekte nur gemeinsam haben, daß sie in den Köpfen der Zuschauer (annähernd) die gleichen Farben erzeugen.

5.3 Farbfotografie

Gegenüber dem Fernsehen hat der Kinofilm zwar die geringere Farbtreue, aber die weitaus bessere Bildauflösung (man erkennt das deutlich, wenn man den kleingeschriebenen Nachspann eines Kinofilms im Fernsehen nicht lesen kann). Die Herstellung von Fotos auf Papier, Diapositiven und Kinofilmen beruht auf den gleichen Grundlagen: der Farbfotografie. Wir werfen zuvor einen kurzen Blick auf die Schwarzweiß-Fotografie.

5.3.1 Unbunte Fotografie

Schwarzweiße Bilder gibt es eigentlich nur bei Scherenschnitten und Schattenrissen: sogenannte Schwarzweiß-Fotos enthalten normalerweise auch (oft auch nur) Grauwerte. Das Wort „Fotografie" bedeutet wörtlich „Lichtschrift". Ein reelles Bild in einer Kamera wird auf chemischem Wege festgehalten, wobei fast immer* Silberhalogenide eine entscheidende Rolle spielen.

---

* (Man sollte aber nicht übersehen, daß es neuerdings auch eine sehr gebräuchliche Art der „Fotografie" gibt, die ohne Silberverbindungen auskommt und reelle Bilder elektrostatisch festhält: das Kopieren mit dem Trockenkopierer in Büros und Bibliotheken).

Silberbromid AgBr (früher und in vielen Fotobüchern immer noch „Bromsilber" genannt) ist ein gelblicher Stoff, der sich bei Energiezufuhr in hinreichend großen Portionen in seine Elemente zersetzt: AgBr → Ag + $\frac{1}{2}$Br$_2$.
Photonen, die dies können, müssen genug Energie haben, die Frequenz des Lichtes muß also groß genug, die Wellenlänge klein genug sein: Licht vom blauen und violetten Ende des Spektrums erfüllt diese Bedingung, darum erscheint AgBr auch in der entgegengesetzten Farbe Gelb.
Stellen wir uns nun vor, die AgBr-Kristalle wären so klein, daß sie jeweils nur ein Atom Silber enthielten (nur für ein Rechenbeispiel: als Moleküle hätten sie andere Eigenschaften): ein Photon der passenden (Mindest-)Größe kann somit ein Ag-Atom freisetzen. Wir wissen schon, daß feinverteiltes Silber schwarz aussieht. Legt man eine Schicht von diesem (gedachten feinen) AgBr an den Ort eines reellen Bildes, so entsteht durch das Belichten ein negatives Bild: wo viel Licht hinkommt, wird es besonders dunkel. Es hat aber noch einige Nachteile: während man es anschaut, wird es weiter belichtet und schließlich ganz dunkel. Außerdem wäre ein Film mit so feinverteiltem AgBr sehr unempfindlich.
Bei einem wirklichen Schwarzweiß-Film sind es kleine AgBr-Kristalle (Körner) aus sehr vielen Ag- und Br-Atomen als Suspension (fälschlich als „Emulsion" bezeichnet). Beim Belichten in der Kamera werden mehr oder weniger viele dieser Körner von Photonen getroffen und setzen einzelne Ag-Atome frei. Das reicht nicht zum Erkennen eines Bildes aus, dennoch ist die Information nun auf dem Film: als „latentes Bild".
Der Film wird im Dunkeln aufbewahrt und in der Dunkelkammer entwickelt: ein chemisches Hilfsmittel (Entwickler) setzt nun die Spaltung des AgBr fort, das geschieht aber hauptsächlich bei den Körnern, bei denen das Licht damit schon begonnen hat: das latente Negativbild wird dadurch sehr stark verstärkt. Damit man das Negativ nun bei Licht aufbewahren und verwenden kann, wird das überzählige AgBr herausgewaschen: das Negativ wird fixiert. Um zu einem Positiv zu gelangen, wird das Negativ durchstrahlt und auf einen Film oder ein Papier mit der gleichen Beschichtung projiziert und das Verfahren wiederholt: das Negativ vom Negativ ist ein Positiv.
Statt das Negativ nach der Entwicklung zu fixieren (also das AgBr herauszuwaschen), kann man auch (mit anderen Chemikalien natürlich) das freie Silber herauswaschen und das restliche AgBr diffus (d. h. hier: gleichmäßig über die ganze Fläche) belichten: man erhält so auf dem ursprünglichen Filmstück ein (Dia-)Positiv: das ist das Umkehrverfahren.
Die Belichtungsautomatik und die Rechenschieber an den Belichtungsmessern gehen davon aus, daß es bei der Belichtung nur auf das Produkt aus Lichtintensität und Zeit ankommt (Gesetz von Bunsen und Roscoe), für sehr kurze und sehr lange Zeiten gilt das aber nicht mehr (Schwarzschild-Effekt).
Die wichtigste Angabe bei Schwarzweiß-Filmen ist die Empfindlichkeit: je gröber die Körner sind, um so weniger Licht benötigt man für ein brauchbares Bild, allerdings macht sich das gröbere Korn vor allem bei Vergrößerungen als Begrenzung der Auflösung bemerkbar. Nach amerikanischer Norm (ASA) wird die Filmempfindlichkeit linear angegeben, nach DIN logarithmisch (3 „Zehntel DIN" entsprechen dem Faktor 2, da $10^{0,3}$ ziemlich genau 2 ist).

5.3.2 Sensibilisierung

Ein Film von der bisher beschriebenen Sorte macht praktisch einen Blau-Auszug: rote Objekte erscheinen fast schwarz, der blaue Himmel ist genauso hell wie die weißen Wolken (speziell hiergegen wurden früher Gelbfilter vor das Objektiv gesetzt). Um die Helligkeitsstufen des Schwarzweiß-Films mehr unserem Empfinden anzupassen, braucht man ein Ansprechen auch auf andere Bereiche des Spektrums. Das geschieht mit Sensibilisatoren. Das sind im Prinzip Farbstoffe, die auch „kleinere" Photonen absorbieren können und die Energie dann an das AgBr weitergeben. Bei den sogenannten orthochromatischen Filmen liegt der Empfindlichkeitsschwerpunkt bei Grün, ähnlich wie bei unserer Netzhaut, aber es fehlt trotzdem der rote Bereich. Beim panchromatischen Film ist dieser dann auch vertreten (sogar übermäßig stark).
Diese unterschiedlich (bzw. gar nicht) sensibilisierten Filmsorten bewerten also die Helligkeit der einzelnen Spektralbereiche verschieden, im Extrem würden sie Blau- Grün- und Rotauszüge machen und damit auch Informationen über die Buntanteile speichern: ein Objekt, das bei allen drei Sorten gleichermaßen hell erscheint, ist offenbar blau, eins, das nur beim Panfilm nicht ganz dunkel erscheint, ist in Wirklichkeit rot. Im Zusammenhang mit der Farbtemperatur der Sterne haben wir ja schon gesehen, daß man aus verschiedenen Helligkeitsmessungen auf den Buntton schließen kann, wenn die spektralen Empfindlichkeiten verschieden sind. Damit haben wir schon den Schlüssel zur Farbfotografie.

5.3.3 Negativverfahren

Es hat eine Fülle von verschiedenen Verfahren der Farbfotografie gegeben, darunter auch Rasterverfahren mit additiver Mischung. Die heute gebräuchlichen Methoden haben aber mehrere Schichten übereinander auf dem Film, die nach der Laborbehandlung wie hintereinandergeschaltete Farbfilter, also multiplikativ („subtraktiv") wirken. Entweder in den Schichten selbst oder in den Entwicklungschemikalien sind Farbkuppler enthalten, die beim Entwicklungsvorgang in den einzelnen Schichten die dort gewünschten Farbstoffe erzeugen. Es wäre technisch möglich, dabei in der blauempfindlichen Schicht einen blauen (d. h. für Blau durchlässigen) Farbstoff zu erzeugen und analog für Grün und für Rot. Das wäre dann zwar bezüglich der Bunttöne ein Positiv, bezüglich der Helligkeit aber ein Negativ: helles Blau würde als dunkles Blau wiedergegeben. Man wählt die Chemikalien daher so aus, daß in jeder Schicht nach der Entwicklung die gleichen Spektralanteile absorbiert werden, wie sie während der Belichtung aufgrund der Sensibilisierung der einzelnen Schichten auch absorbiert werden. Da auch die für Grün bzw. für Rot sensibilisierten Schichten nach wie vor für kurzwelliges (blaues) Licht empfindlich bleiben, schützt man sie durch ein Gelbfilter, und zwar eine Schicht mit feinverteiltem (kolloidalem) Silber, das aufgrund der Rayleigh-Streuung in Geradeaus-Richtung als solches Gelbfilter funktioniert, wie unsere Atmosphäre beim Blick gegen die tiefstehende Sonne. Die Reihenfolge der Schichten ist bei vielen Filmsorten:

unsensibilisiert (blauempf.)
Gelbfilter
grünsensibilisiert
rotsensibilisiert
Trägerschicht

So gelangt also jeder der drei Spektralanteile des Lichtes in seine richtige Schicht und startet die AgBr-Spaltung, also die Reduktion des Silbers zur metallischen Form. Bei der Entwicklung wird dies in entsprechender Stärke in den gleichen Schichten fortgesetzt, begleitet von der Entstehung der jeweils entgegengesetzten Farbstoffe.

Wo viel rotes Licht bei der Belichtung angekommen ist, entsteht also viel rotabsorbierender Farbstoff, es wird also später hier wenig rotes, aber fast das ganze blaue und grüne Licht durchgelassen. In der folgenden Tabelle bedeuten die Kreuze, daß in der entsprechenden Schicht beim Belichten absorbiert wurde und nach der Entwicklung der gleiche Spektralanteil absorbiert wird (die zugehörige Farbe also gewissermaßen von Weiß subtrahiert wird). Das bei der Entwicklung entstandene schwarze Silber wird aus dem Film entfernt (also im Gegensatz zur Schwarzweiß-Fotografie zurückgewonnen), ebenso das übriggebliebene AgBr.

Belichtung	Blau	Grün	Rot	Durchlaß
Schwarz				Weiß
Blau	×			Gelb
Cyan	×	×		Rot
Grün		×		Magenta
Gelb		×	×	Blau
Rot*			×	Cyan
Magenta	×		×	Grün
Weiß	×	×	×	Schwarz

Man sieht, daß der Film genau die Gegenfarben durchläßt von den Farben des Objekts, er ist also ein Negativfilm.

Macht man von ihm wieder eine Aufnahme mit dem gleichen Verfahren auf Film oder Papier, erhält man ein Negativ des Negativs, also ein (Dia- oder Papier-)Positiv.

Falls die Farbtemperatur der Beleuchtung bei der ursprünglichen Aufnahme nicht zu dem Film paßt, gibt es einen sogenannten Farbstich (benannt nach dem Mischen von Farben auf einer Palette), den man am besten an einem Probeabzug (also einem Positiv) beurteilen kann. Um ihn auszugleichen bzw. zu vermeiden, schaltet man eine Kombination von Farbfiltern, die genau eine solche Änderung des Bunttons verursachen würden, zwischen das Negativ und das Positiv. Das ist keineswegs so paradox, wie es auf den ersten Blick erscheint, denn auf dem Negativ ist der Farbstich ja gerade entgegengesetzt: er wird durch das Korrekturfilter ausgeglichen.

---

* (Rot ist hier im Sinne von Zinnoberrot oder Orangerot gemeint.)

Beim Negativverfahren ist es üblich, nur eine Filmsorte für Tages- und Kunstlicht zu verwenden und die Korrekturen beim Kopieren vom Negativ zum Positiv in dieser Weise vorzunehmen. Beim Umkehrverfahren ist das nicht möglich: dort muß bereits die Aufnahme stimmen.

5.3.4 Positivverfahren (Umkehrfilm)

Der Umkehrfilm ist ganz ähnlich wie der Negativfarbfilm aufgebaut. Bei der Belichtung entstehen die gleichen latenten Teilbilder in den drei Schichten. Die Entwicklung ist aber etwas komplizierter: zuerst wird ohne Farbkuppler entwickelt, so daß z. B. an den von grünem Licht getroffenen Stellen in der grünempfindlichen Schicht entsprechend viel AgBr verbraucht wird, in den anderen Schichten analog. Nun wird der Film diffus belichtet und jetzt ähnlich wie beim Negativverfahren mit Farbkupplern entwickelt. Wenn noch das ganze AgBr in den Schichten vorhanden wäre, würde das einfach ein schwarzes Diapositiv geben. In der erwähnten Stelle, die beim Belichten grünes Licht bekommen hat, fehlt aber eine zur Helligkeit passende Menge: entsprechend weniger grünabsorbierender Farbstoff wird nun gebildet: der Film ist also nach dieser Entwicklung (und nach dem Entfernen des Silbers) an dieser Stelle für Grün mehr oder weniger stark durchlässig, hat also die gleiche Farbe wie das Objekt, womit nicht nur der Buntton, sondern auch die Helligkeit gemeint ist: je heller das Objekt war, um so mehr AgBr wurde bei der ersten Entwicklung verbraucht, um so weniger absorbierender Farbstoff entsteht also bei der zweiten.
Beim Umkehrfilm entsteht also aus dem ursprünglichen Film ein Diapositiv. Früher wurde es als Nachteil empfunden, daß es ein Unikat ist: Kopien müssen nach dem gleichen Verfahren vom Dia angefertigt werden. Neuerdings ist auch die Verwendung von Positivpapieren sehr gebräuchlich, so daß man beim Herstellen von Papierabzügen von einem Dia kein Zwischennegativ benötigt.
Da bei dem Umkehrfilm keine Gelegenheit besteht, Farbstiche durch Korrekturfilter zu beheben, muß man bei der Belichtung auf die Farbtemperatur achten: für Glühlampenlicht ist der Kunstlichtfilm zu verwenden, der gegenüber dem Tageslichtfilm im kurzwelligen Bereich mehr und im langwelligen weniger empfindlich ist. Will man für einzelne Bilder nicht die Filmsorte wechseln, kann man auch Konversionsfilter (vgl. Abb. 5.9) vor das Objektiv setzen: ein Blaufilter erhöht die Farbtemperatur, ein Rotfilter erniedrigt sie. Bei einer der üblichen Bezeichnungsweisen wird hinter die Buchstaben KB bzw. KR eine Zahl gesetzt, die angibt, um wieviel mired die reziproke Farbtemperatur durch das Filter verschoben wird (mired ist der Kehrwert von 1 000 000 Kelvin, es leitet sich als Abkürzung von micro-reciprocal-degree her). Man kann auch mehrere Konversionsfilter hintereinanderschalten, die Verschiebung der reziproken Farbtemperatur verhält sich annähernd additiv.
Natürlich kann es nicht der Sinn der Sache sein, ein Foto bei Kerzenschein so aufzunehmen, daß es nach Sonnenschein aussieht, auf der anderen Seite ist aber auch ein Verzicht auf die Anpassung der Farbtemperatur zu weit von unseren Sehgewohnheiten entfernt, bei denen die Anpassung ja als Umstimmung unbewußt stattfindet.

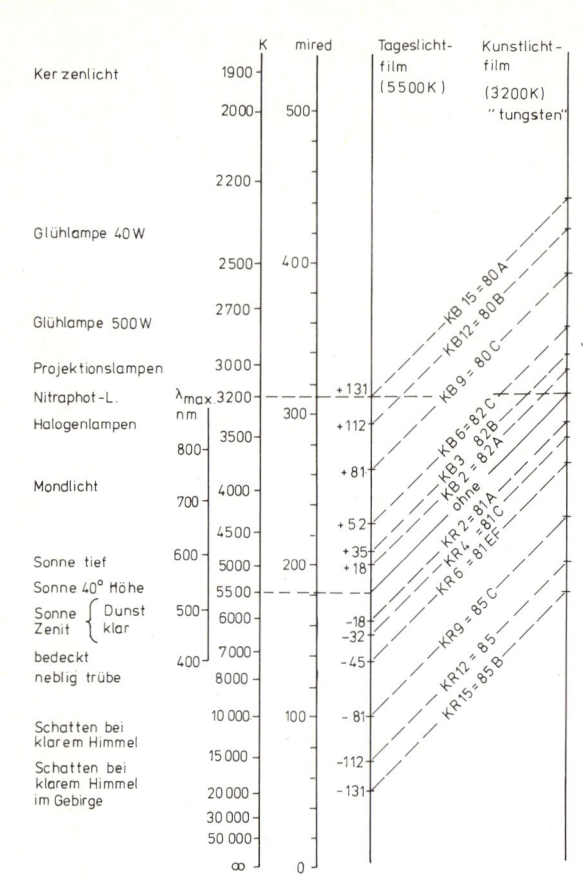

Abb. 5.9 Farbtemperaturen verschiedener Lichtquellen, aufgetragen auf einer Skala mit dem Kehrwert der Temperatur (1 mired = 1/(1 000 000 K)). Umkehrfilme werden üblicherweise an 5500 K (Tageslicht) und an 3200 K (Kunstlicht Wolfram) angepaßt. Konversionsfilter ermöglichen eine Benutzung dieser beiden Filmsorten in einem weiten Bereich. Z. B. kann man mit dem starken Blaufilter „KB 15" (auch „80 A" genannt) die Farbtemperatur um 131 mired verschieben, etwa um mit Tageslichtfilm bei Glühlicht aufzunehmen oder mit Kunstlichtfilm bei Kerzenlicht (dabei wird der Rotstich in beiden Fällen nicht ganz ausgeglichen, was aber auch kaum erwünscht ist).

5.3.5 Farbige Sofortbilder (Polacolor)

Seit wenigen Jahrzehnten gibt es auch bunte Fotos aus Sofortbildkameras, bei denen die Entwicklung sogleich nach der Belichtung erfolgt (bzw. nach der Entnahme des Bildes aus der Kamera). Bei dem Verfahren Polacolor wechseln sich die sensibilisierten Schichten mit zugehörigen Entwicklerschichten ab. Durch Ausquetschen einer alkalischen Substanz beim Herausziehen des Bildes startet die Entwicklung. Wo der Entwickler mit dem Silberhalogenid reagiert, bleibt der Farbstoff an das Silber gebunden. Die übrigen Farbstoffmoleküle diffundieren dann in eine Schicht, aus der dabei das Positiv wird. Beim Bild z. B. eines blauen Gegenstandes bleibt der zugehörige gelbe (also blau-absorbierende) Farbstoff in der Negativschicht, die anderen Farbstoffe (Magenta und Cyan) wandern in die Positivschicht und färben die Stelle blau. Das Ergebnis ist ein positives Papierbild. Da das Negativ nur ein Abfallprodukt ist und keine Abzüge zuläßt, müssen evtl. erwünschte Kopien vom Positiv (mit Umkehrpapier oder einem Zwischennegativ) gemacht werden.

5.4 Druck und Grafik

Hier sollen alle Methoden zusammengefaßt sein, bei denen Pigmente durch Kontakt mit einer „Vorlage" (im weitesten Sinne) auf Papier oder ähnliche Träger gebracht werden, also fast alle Papierbilder außer Fotos und Gemälden. Im Vergleich zur Fotografie und erst recht zum Fernsehen tritt hier die Farbenmetrik weniger klar in Erscheinung: dort hat man es mit eindeutiger Farbenaddition (Bildröhre) oder multiplikativer Mischung (Filterwirkung beim entwickelten Film) zu tun, bei Druck und Grafik jedoch oft mit einer Kombination aus beiden: nebeneinanderstehende Rasterflecken addieren ihre Farben (partitive Mischung), überlappende können ihre Farben multiplikativ mischen (wenn sie transparent sind), es kann aber auch die obere die untere mehr oder weniger vollständig verdecken. Im Hinblick auf Wiedergabequalität und Helligkeitsbereich ist das gedruckte Bild dem Diapositiv und dem Fernsehen weit unterlegen. Als Medium ist aber das gedruckte Bild billiger als der Fotoabzug und im Gegensatz zum Fernsehbild nicht-flüchtig, außerdem ist es in seiner Ausprägung als Grafik (auch als Briefmarke) ein angesehenes Kunst- und Sammelobjekt.

Nach der Art, wie die Pigmente auf das Papier kommen, unterscheidet man vier große Gruppen:
1. Hochdruck: Gummistempel (Kinderdruckkasten, Büro), Holzschnitt, Buchdruck, Tageszeitungen, Linolschnitt usw. Allgemein werden Vertiefungen in eine Fläche geschnitten, die den Stellen entsprechen, die ungefärbt bleiben sollen;
2. Tiefdruck: Kupfertiefdruck (Illustrierte Magazine, Kataloge), Radierung, Kupferstich, Heliogravüre (photochemische Übertragung eines Originals oder Fotos auf die Druckplatte): die Vertiefungen sind die färbenden Stellen der Druckplatte, von den stehengebliebenen Stellen wird das Pigment mit einer Rakel abgestrichen (daher auch Rakeldruck);
3. Flachdruck: Lithographie (Steindruck), Offsetdruck, Lichtdruck: die Druckplatte wird chemisch behandelt, so daß sie an den gewünschten Stellen vom Pigment benetzt wird und dort abfärben kann, beim Offsetdruck wird noch ein Zwischenträger verwendet;
4. Siebdruck: das Farbmittel wird durch ein feines Sieb gedrückt, Schablonen sorgen für die Begrenzung der eingefärbten Bereiche, auch mit der Maschengröße können die Farben abgestuft werden.

Um durch diese Verfahren Bilder zu reproduzieren, müßte man theoretisch mit drei Pigmenten (Druckfarben) auskommen, muß sie aber auch „verdünnt" auftragen können. Das erreicht man durch Raster, wobei durch chemische Ätzung verschieden große Löcher (bei gleichbleibendem Mittenabstand) erzeugt werden. Die Pigmente haben keineswegs die idealen Eigenschaften, die für einen guten Dreifarbendruck nötig wären, insbesondere kommt kein befriedigendes Schwarz durch die bunten Pigmente zustande, so daß man außer Magenta, Cyan, Blau und Gelb auch noch Schwarz als Druckfarbe verwendet, für hochwertige Abbildungen auch noch weitere bunte Pigmente.

Abgesehen vom Offsetdruck wird das Papier nacheinander mit den einzelnen Farbauszügen bedruckt, wobei auch noch die unterschiedliche Deckfähigkeit für die Reihenfolge beachtet wird. Schon Jakob Christof Le Blon (1667—1741) hat auf diese Weise 1711 Gemäldereproduktionen gedruckt, mußte die Farbauszüge aber dabei ohne fotografische Hilfsmittel herstellen.

6. Kodierungen mit Farben

Bisher haben wir die Farbe als Gegenstand von Übermittlung und Kodierung betrachtet: wir haben gefragt, wie aus Spektren Farbeindrücke entstehen und wie man durch Reproduktionstechniken vorgegebene Farben nachahmen kann, ferner: wie der Informationsgehalt einer Farbe kodiert werden kann. Man kann nun fragen, warum sich unser Nervensystem den Luxus leistet, uns mit schönen Farben zu erfreuen, und ob in unserem täglichen Leben die Farben nur zur Verschönerung dienen oder daneben noch andere Funktionen haben.

Ein sehr wichtiger und allgemeiner Gesichtspunkt ist dabei die Verwendung der Farbe als Informationsträger: irgendwelche andere Informationen werden mit Hilfe von Farben verschlüsselt. Der Empfänger dieser Information ist dabei ein Mensch oder ein Tier, auf jeden Fall ausgestattet mit Augen und einem Gehirn, das die Farbinformation interpretiert und für sein weiteres Verhalten zu Rate zieht. Die „Absendung" der Farbinformation kann aber auf sehr unterschiedliche Weise erfolgen: im einen Extremfall ganz ohne Absicht nur aufgrund von Naturgesetzen (z. B. die rote Farbe des Sterns Betelgeuse, aus der wir auf seine relativ niedrige Temperatur schließen können), im anderen Extremfall aufgrund einer individuellen Vereinbarung (der Lehrer zeichnet Kraftpfeile mit roter Kreide und Geschwindigkeiten mit blauer, was er mit den Schülern vereinbart). Zwischen diesen Extremfällen gibt es eine ganze Palette von Übergängen: das Feuerwehr-Auto ist rot angemalt, wohl nicht zufällig verknüpfen wir gefühlsmäßig Rot mit Feuer, und physikalisch ist die Beleuchtung bei üblichen offenen Feuern betont langwellig. Angeborene Signale und ihre Auslösemechanismen haben teilweise zwingende natürliche Gründe (Farbstoff in reifen Früchten), sie gehen andererseits nahtlos in vereinbarte Bedeutungen über (oft für einen ganzen Kulturkreis einheitlich).

6.1 Indikatorfunktion der Farbe

Die Fälle, in denen wir aus der Farbe etwas ablesen können, ohne daß eine Mitteilungsabsicht oder auch nur eine Selektion aufgrund einer Farbinterpretation dahintersteht, sollen in diesem Abschnitt unter dem Begriff der Indikatorfunktion zusammengefaßt werden, man denke dabei an Säure-Base-Indikatoren als Namensgeber.

6.1.1 Benutzung der Farbtemperatur

Im Zusammenhang mit der Temperaturstrahlung (1.6.4) haben wir schon von dieser Möglichkeit erfahren. Glühendes Eisen (oder anderes Material) sieht je nach Temperatur rot, gelb oder weiß aus. Zu noch höheren Temperaturen (und zwar unbegrenzt!) gehört ein blasses Blau. Wir müssen hier streng unterscheiden zwischen einer Farbtemperatur, die annähernd mit der wirklichen Temperatur eines Objektes übereinstimmt (Sterne, heißes Eisen, allgemein: selbstleuchtende Körper hinreichender Dichte), und einer solchen, die durch selektive Reflexion oder Transmission zustandekommt (blauer Himmel, Farbe von Planeten etc.). Für die Anpassung eines Umkehrfilms ist die Herkunft der Farbtemperatur gleichgültig, die Abschätzung der wirklichen Temperatur aus der Farbe ist natürlich nur im erstgenannten Fall zulässig und mehr oder weniger genau.

Sterne können sehr weitgehend durch nur zwei Zustandsgrößen, z. B. Masse und Temperatur beschrieben werden. Von der Beobachtung her sind scheinbare Helligkeit und Farbtemperatur (in Gestalt des Farbindex) am ehesten zu bestimmen. Mit gemessenen oder geschätzten (für Sterne eines gemeinsamen Sternhaufens aber zumindest einheitlichen) Entfernung kann man statt der scheinbaren die absolute Helligkeit gegen den Farbindex auftragen. Man erhält so ein zweidimensionales Diagramm, das Farben-Helligkeits-Diagramm. In ihm haben bestimmte Klassen von Sternen charakteristische Örter, z. B. die roten Riesen, die weißen Zwerge, die Hauptreihensterne (normale Zwerge, zu denen auch unsere Sonne gehört) usw. Im Laufe ihrer individuellen Entwicklung machen die Sterne typische Wanderungen in diesem Diagramm. Eng mit dem Farben-Helligkeits-Diagramm ist das Hertzsprung-Russell-Diagramm verwandt, in dem die Helligkeit gegen die Spektralklassen aufgetragen ist. Die Spektralklassen waren ursprünglich Zusammenfassungen von Sternen mit ähnlichen Ausprägungen im Spektrum und werden mit Buchstaben bezeichnet, wobei Ziffern von 0 bis 9 zur feineren Unterteilung der Übergänge dienen. Man weiß heute, daß diese Klassen sich weitgehend den Temperaturen zuordnen lassen[*], und zwar in fallender Reihenfolge O B A F G K M (Merkvers: O be a fine girl kiss me). Immerhin muß man zur Ermittlung der Spektralklasse das Spektrum des Sterns aufnehmen, während für den Farbenindex die Helligkeitsbestimmung mit zwei unterschiedlichen Farbfiltern genügt; andererseits liefert ein Spektrum natürlich mehr Informationen als nur den Wert der Temperatur.

6.1.2 Interferenzfarben als Temperaturanzeige

Auch auf diese Möglichkeit wurde schon bei den Interferenzerscheinungen hingewiesen (1.4.3): an Luft bildet sich auf Stahl eine Fe_3O_4-Schicht, deren Dicke temperaturabhängig ist und sich infolge von Interferenz in bunten Farben äußert. Man beachte den entscheidenden Unterschied zu den zuvor erwähnten Glühfarben, die in einem höheren Temperaturbereich als Indikator der gleichen Größe (nämlich Temperatur) verwendet werden.

---

[*] wobei diese Zuordnung für verschiedene Leuchtkraftklassen (Riesen, Zwerge) nicht genau gleich ist.

6.1.3 Indikatoren in der Chemie

Einige Elemente oder Verbindungen kann man allein aufgrund ihrer Farbe erkennen (Br_2, I_2, Au, Cu oder das wegen seiner schönen goldenen Farbe so genannte Auripigment AsS_3).
Spuren vieler Elemente in einer Gasflamme führen zu charakteristischen Farben (am bekanntesten und häufigsten Na: gelb). Der Nachweis allein aus der Flammenfärbung ist jedoch meist nicht eindeutig und bei gleichzeitigem Auftreten mehrerer Elemente völlig illusorisch. Bekanntlich verwenden Chemiker darum ein Spektroskop: das ist für uns eine deutliche Bestätigung der Tatsache, daß ein Spektrum wesentlich mehr Information enthält als seine Farbe. Es ist klar, daß farbenfehlsichtige Chemiker besonders nötig das Spektroskop brauchen, mit ihm aber kaum noch gehandikapt sind (wenn es kalibriert ist).
Die analytische Chemie enthält eine Reihe von Reaktionen, bei denen man das Auftreten bestimmter Farben als Kriterium verwendet (Beispiele: CrO_5 im Chrom-Nachweis, rotes Cu(I)-Oxid nach Reduktion durch ein Aldehyd (z. B. Glucose) in der Fehling-Lösung).
Die eindrucksvollsten Beispiele sind die schon im Abschnitt 2.5.13 behandelten Säure-Base-Indikator-Farbstoffe.
Farbindikatoren (womit Stoffe gemeint sind, die aufgrund ihrer Farbe etwas anzeigen) werden auch in der quantitativen Analytik benutzt: beim Titrieren gibt man im einfachsten Falle ein Reagens solange zu, bis ein schwacher Überschuß vorhanden ist, der sich auch auf einen zugegebenen Indikator auswirkt (falls nicht schon einer der beiden Reaktionspartner als Indikator wirkt).

6.1.4 Indikatorfunktionen in Medizin und Biologie

Unser Blut ist je nach Beladung des Hämoglobins mit Sauerstoff hell- oder dunkelrot (arterielles bzw. venöses Blut, eine Bezeichnung, die nur für den Körperkreislauf, nicht aber für den Lungenkreislauf zutreffend ist, denn man bezeichnet alle vom Herzen wegführenden Adern als Arterien, auch die zur Lunge führenden, die natürlich sauerstoffarmes („venöses") Blut enthalten). Unsere Haut wird je nach Stärke der Durchblutung rötlich getönt, was besonders bei den Lippen als diagnostisches Indiz wichtig ist. Bei der Gelbsucht wird die Haut (auch die weiße Lederhaut der Augen) durch Bilirubin gelb getönt.
Daß reifes Obst eine andere Farbe hat als unreifes, ist ebenfalls als Informationsquelle für uns sehr praktisch, aber hier haben wir einen Übergang zum nächsten Abschnitt: es steckt zwar keine Absicht der Obstbäume dahinter, aber eine Pflanzenart, deren Früchte zur rechten Zeit von Tieren verspeist und verbreitet werden, breitet sich offenbar besser aus als eine andere, so daß das Entstehen roter und gelber Farbstoffe zur Reifezeit bei der Selektion begünstigt wird. Dazu gehört natürlich auch, daß Früchte den Verbrauchern gut schmecken und daß diese in der Lage sind, die Farbe als Ankündigung zur Kenntnis zu nehmen (dabei dürfen wir aber nicht an die modernen Zuchtformen der Obstbäume denken, weil da der planvoll handelnde Mensch noch hinzukommt).

6.2 Angeborene Signale und Emotionen

6.2.1 Angeborene Signale bei Tieren und Pflanzen

Zwischen Jungen und Eltern derselben Art oder zwischen Lebewesen verschiedener Arten, die sich gegenseitig nützlich sind, gibt es Signale, die zum Teil auf Farben beruhen.
Ein Beispiel ist die bunte Farbe von Blüten, die durch Bienen bestäubt werden. Angenommen, es gab einmal bunte und unbunte Blüten und Bienen mit guter und schlechter Farbtüchtigkeit. Eine Biene, die eine Blüte mit Nektar findet, ernährt sich und ihre Angehörigen, und die Pflanze wird befruchtet, weit ab von jeder Inzucht. Es ist klar, daß bei diesem Vorgang die farbentüchtigen Bienen und die bunten Blumen im Vorteil sind und sich besser vermehren können als die anderen. Das bedeutet, die Farben der Blüten und die Farbtüchtigkeit der Bienen passen sich stammesgeschichtlich einander an und verhalten sich infolge dieser Entwicklung wie Schlüssel und Schloß.
Ein anderes Beispiel ist das Sperren von Jungvögeln, die ihren Eltern einen weitaufgerissenen leuchtendroten oder gelben Schlund entgegenrecken. Die angeborene (weil für die Arterhaltung zweckmäßige) Reaktion der Eltern ist, Eßbares hineinzustopfen.
Bei dem Werbungs-, Kampf- und Balzverhalten männlicher Tiere, besonders Fischen und Vögeln, spielen Farben eine große Rolle (vgl. Abb. F 29). Sie können (wie beim Pfau) durch besondere Körperhaltungen zur Geltung gebracht werden und sind zum Teil während der Paarungszeit ausgeprägter als sonst. Diese Signale existierten nicht in dieser Form, wenn die Weibchen nicht „darauf programmiert wären", sie entsprechend zu würdigen. Man kann fast allein aus der Existenz (besonders) bunter Tiere (jedenfalls im Falle der Balztracht) auf das Vorhandensein des Farbensinns schließen.
Die biologischen Farbsignale sind für die Individuen angeborene Auslösemechanismen: der Sender des Signals trägt die Farbe entweder seit der Geburt oder infolge von hormonaler Steuerung, der Empfänger reagiert aufgrund angeborener Gehirnmechanismen zwangsläufig auf dieses Signal, das er wahrnimmt. Solche angeborenen Auslösemechanismen sind genetisch genauso verankert und erklärbar wie z. B. die anatomische Anpassung eines Lebewesens an seine Nahrung oder seinen Lebensraum.

6.2.2 Angeborene Signale und Vorlieben bei Menschen

Angeborene Auslösemechanismen mit bunten Farben gibt es auch beim Menschen, allerdings weniger beherrschend als bei Tieren. Ein Gesicht, das rot vor Zorn ist, wirkt ausgesprochen drohend; Limonade, Bonbons und viele andere Lebensmittel werden chemisch gefärbt oder in ihrer Färbung stabilisiert, teilweise sogar ohne Rücksicht auf schädliche Wirkungen ($NaNO_2$ in Fleischwaren); in Räumen mit ungünstiger Beleuchtung (Extremfall: Na-Licht) vergeht buchstäblich der Appetit (weil rote Farbkomponenten der Lebensmittel fehlen).

Daß die rote Farbe auch bei Anziehung (Attraktion) der Geschlechter vorkommt, sieht man am deutlichsten daran, daß die Farbe von Lippen und Wangen seit altersher notfalls durch aufgetragene Pigmente verstärkt wird.

Mit solchen Mechanismen hängen anscheinend auch klimatische und symbolische Wirkungen von Farben zusammen: Orange als Wandfarbe, „Farbklima" läßt einen Raum um mehrere Kelvin wärmer erscheinen als Blaugrün.

Nach Frieling („Farbe im Raum") bevorzugen 5—8jährige Kinder die Farben (in absteigender Reihenfolge): Zinnober, Purpur, Gelb, Rosa, Blau, Orange, Cyan, Grün, Violett, sie lehnen ab: Schwarz (ganz entschieden!), Braun, Grau, Weiß. Große Unterschiede zwischen Jungen und Mädchen gibt es nur bei Rosa (welches Mädchen besser finden) und Weiß (was Jungen stärker ablehnen), offenbar besteht da (noch) eine Beziehung zur Kleidung. Vgl. dazu Farbabb. F 30.

Das Bild nivelliert sich bei älteren Kindern: 15—16jährige bevorzugen: Blau, Zinnober (etwa gleichstark), Grün, Gelb, Cyan usw., sie lehnen ab: Braun, Schwarz, Hellgrün, Lila, Hellgrau, Violett usw.

Zu Goethes Zeit schien es ähnlich gewesen zu sein:

135.

Endlich ist noch bemerkenswerth, daß wilde Nationen, ungebildete Menschen, Kinder eine große Vorliebe für lebhafte Farben empfinden, daß Thiere bey gewissen Farben in Zorn gerathen, daß gebildete Menschen in Kleidung und sonstiger Umgebung die lebhaften Farben vermeiden und sie durchgängig von sich zu entfernen suchen.

775.

Die active Seite ist hier [bei gelbroth] in ihrer höchsten Energie, und es ist kein Wunder, daß energische, gesunde, rohe Menschen sich besonders an dieser Farbe erfreuen. Man hat die Neigung zu derselben bey wilden Völkern durchaus bemerkt. Und wenn Kinder, sich selbst überlassen, zu illuminiren anfangen, so werden sie Zinnober und Mennig nicht schonen.

835.

Naturmenschen, rohe Völker, Kinder haben große Neigung zur Farbe in ihrer höchsten Energie, und also besonders zu dem Gelbrothen. Sie haben auch eine Neigung zum Bunten. Das Bunte aber entsteht, wenn die Farben in ihrer höchsten Energie ohne harmonisches Gleichgewicht zusammengestellt werden. Findet sich aber dieses Gleichgewicht durch Instinct, oder zufällig beobachtet, so entsteht eine angenehme Wirkung. Ich erinnere mich, daß ein hessischer Officier, der aus Amerika kam, sein Gesicht nach Art der Wilden mit reinen Farben bemalte, wodurch eine Art von Totalität entstand, die keine unangenehme Wirkung that.

6.3 Assoziationen und Symbole

6.3.1 Assoziationen mit Farben

Im Fischer Lexikon der Psychologie findet man Polaritätsprofile nach Osgood und Hofstätter, die angeben, wie Versuchspersonen Begriffe wie „Rot", „Blau" oder „Liebe" auf verschiedenen Skalen zwischen je zwei entgegengesetzten Eigenschaften einstufen (unter dem Stichwort „Assoziationen").

Eher zu Blau passen:	zu beiden gleich	eher zu Rot passen:
Gemüt, Besinnung, Bescheidenheit, Ruhe, Trauer, Einsamkeit, Ermüdung	Intelligenz, weiblich, (keine) Angst	Liebe, männlich Zorn, Haß

Das „Polaritätsprofil" von „Liebe" ist nahezu identisch mit dem von „Rot": beides wird gleichermaßen mit folgenden Eigenschaften assoziiert: hoch, stark, aktiv, voll, groß, warm, klar, jung, gesund, rund, froh, schön, frisch, mutig, nah, liberal, tief und gut.
An Unterschieden gibt es fast nur: Rot ist laut, die Liebe ist leise, Rot ist wild, und die Liebe ist genau in der Mitte zwischen „wild" und „sanft".
Daß Rot als Symbolfarbe für die Liebe geeignet ist, ist demnach klar, unklar ist jedoch, ob die Übereinstimmung im Assoziationstest die Ursache oder die Folge davon ist (vermutlich beides).
Schlägt man eine Illustrierte auf und achtet auf die Farbgebung der bunten Anzeige, so sind nicht nur Lebensmittel warmtönig und rotbetont (was sie ja auch in der Realität sein müssen, um über den optischen Kanal zum genußvollen Speisen beizutragen), sondern auch viele andere Dinge. Werbung für Erdgasheizung ist braunorange gehalten, die für Waschmittel, Waschmaschinen (auch dann, wenn die Maschinen in Wirklichkeit weiß sind), Körperpflegemittel usw. bevorzugen kühles Blau, offenbar wegen der Verbindung blau — kühl — frisch — sauber (vgl. Abb. F 31).

6.3.2 Farbsymbole

Daß Schwarz Trauer anzeigt, erscheint uns fast selbstverständlich, und eine rationale Erklärung fällt nicht schwer: es ist ja optisch durch einen Mangel an Licht gekennzeichnet. Dennoch gibt es auch Kulturkreise, in denen andere Farben (z. B. Gelb) Trauer anzeigen. Durch Brauchtum und amtliche Festsetzungen (Flaggen, die nicht auf halbmast gesetzt werden können, erhalten statt dessen schwarze Bänder) können Farbsymbole zugleich zu semantischen Zeichen werden: sie tragen dann eine vereinbarungsgemäße Bedeutung, die oft auch notfalls leicht erraten werden könnte, zumindest lehnt sich die Zuordnung an vorhandene Assoziationen an. Das gilt besonders für die liturgischen Farben der katholischen Kirche: Schwarz wieder als Trauer

(Requiem, Karfreitag, Allerseelen), Violett als Buße (Advent und Fastenzeit), Rot naheliegenderweise bei Märtyrerfesten, aber auch zu Pfingsten, Weiß an den höchsten Feiertagen Ostern und Weihnachten. In der bildenden Kunst der Gotik und der Renaissance trägt die Madonna normalerweise einen blauen Mantel, Christus dagegen ein rotes Gewand (vgl. Abb. F 32).

In der Politik werden einige Farben bestimmten Parteigruppen fest zugeordnet: Sozialisten verschiedener Richtungen bevorzugen rote Fahnen oder rote Blumen, Umweltschützer verwenden „Grün" sogar unmittelbar im Namen der Parteien, Faschisten trugen schwarze oder braune Hemden, sie wurden aber hauptsächlich von ihren Gegnern als „braun" bezeichnet.

6.4 Vereinbarte Signale

Bekannte Beispiele sind die Farben von Armaturen für Wasser (grün), Preßluft (blau), Gas (gelb), für Wasserhähne für kaltes und warmes Wasser (blau bzw. rot), Druckgasbehälter (rot Wasserstoff bzw. andere brennbare Gase, grün Stickstoff, blau Sauerstoff etc.).

Negative Zahlen werden manchmal rot geschrieben, was besonders schlimm ist, wenn auch die Bilanzsumme in Rot erscheint.

Die verabredeten Bedeutungen können für einen Einzelfall bestimmt sein (wie im folgenden Beispiel aus der Theseussage), meist sind sie aber im Verkehr oder in der Technik allgemeingültig.

Das Beispiel aus der Theseussage: Theseus segelt als einer der 14 Jugendlichen, die Athen dem Minotauros opfern muß, nach Kreta, wobei zum Zeichen der Trauer schwarze Segel verwendet werden. Für die erhoffte glückliche Rückkehr werden weiße (bzw. nach anderer Überlieferung mit der Kermesfarbe – einer Baumschildlausart – rotgefärbte) Segel vereinbart. Bekanntlich tötet Theseus den Minotauros in seinem Labyrinth und gelangt mit Hilfe des von Ariadne gegebenen Wollfadens wieder zum Ausgang zurück. Auf der Rückfahrt vergißt er jedoch, die Segel zu wechseln. Sein Vater Aigeus sieht von weitem die schwarzen Segel und stürzt sich aus Verzweiflung in das Meer, das seitdem das Ägäische Meer heißt.

Ein Beispiel aus neuerer Zeit zeigt die Farbabbildung F 33: die Farbe des Rauches aus der Sixtinischen Kapelle zeigt an, ob ein Wahlgang zur Papstwahl erfolgreich war.

In dem Film „The Navigator" wacht Buster Keaton mit seiner Angebeteten auf einem steuerlos auf dem Meer treibenden Schiff auf. Als sich ein anderes Schiff nähert, hißt er eine gelbe Flagge, die er gerade findet, mit der vernünftigen Begründung „Die kann man gut von weitem sehen". Leider müssen die beiden nun sehen, wie das Schiff sofort abdreht und sich entfernt. — Gerade wegen der guten Sichtbarkeit der gelben Farbe hat man nämlich dieses Zeichen des Flaggenalphabets nicht nur mit dem Buchstaben „Q", sondern auch mit der Bedeutung „Quarantäne" (Seuche an Bord) belegt.

Ein anderes Beispiel für das Mißverständnis eines Farbsignals sehen wir im Film „Modern Times" von Chaplin. Ein Lastwagen verliert die rote Fahne, die an der überhängenden Ladung befestigt war. Charlie hebt die Fahne auf und will sie dem

Fahrer zurückbringen, der aber weiterfährt. Plötzlich laufen viele Leute hinter ihm und seiner Fahne her, und die Polizei verhaftet ihn wegen des Anführens einer kommunistischen Demonstration.

Paradoxerweise sind die beiden Filmbeispiele aus unbunten („Schwarz-Weiß"-)Filmen. Dennoch ist für die Zuschauer klar, daß die verwendeten Fahnen diese Farben haben, ebenso wie es klar ist, daß die Haarfarbe von Marlene Dietrich in einem (älteren) Schwarz-Weiß-Film nicht hellgrau, sondern blond ist. Das erinnert uns wieder daran, daß das Sehen die Verarbeitung von Speicherinhalten aus dem Gehirn miteinbezieht, in diesem Falle also das Wissen über übliche Bunttöne beim Betrachten unbunter Bilder (vgl. Abschnitt I 63 in Wittgensteins „Bemerkungen über Farben").

Eine ähnliche vereinbarte Funktion von Farben haben wir bei den gelben und roten Karten, die der Schiedsrichter Fußballspielern zur Verwarnung bzw. zur Strafmitteilung zeigt, in ähnlicher Abstufung (rot gewissermaßen ernster als gelb) auch im Straßenverkehr: die Ampel signalisiert Halt bzw. freie Fahrt, rotumrandete runde Schilder zeigen an, was verboten ist, blaue runde Schilder reservieren eine Fahrspur für die abgebildeten Verkehrsteilnehmer. Auch bei Wegweisern erkennen wir schon an der Farbe, ob es sich um Autobahnen (blau), Ziele innerhalb der Stadt (weiß) oder außerhalb (gelb) handelt (diese Zuordnung gilt für Deutschland).

Einige Gruppen von vereinbarten Farbzuordnungen stellen Rangordnungen oder unmittelbar Ziffern dar:

Beim Judo wird der erreichte Rang durch die „Kyu-Farben" des Gürtels angezeigt: Weiß, Gelb, Orange, Grün, Blau, Braun (in aufsteigender Folge); die noch höheren „Dan-Grade" haben als gemeinsames Zeichen den schwarzen Gürtel; dagegen dient der rote Gürtel nur zur Unterscheidung der beiden Gegner. — Auch beim römisch-katholischen Klerus zeigt die Farbe der Kleidung den Rang an: Schwarz (Priester), Violett (Bischof), Purpur (Kardinal) und Weiß (Papst).

Auf morphologischen (physischen) Landkarten wird die Höhenlage des Landes oder Meeresbodens durch abgestufte Farben zwischen Dunkelgrün über Gelb bis nach Dunkelbraun bzw. von Hell- nach Dunkelblau dargestellt: jede Farbe bedeutet dabei ein Höhenintervall (z. B. zwischen 100 und 200 m). Ähnliches wird auch bei geographischen Darstellungen von klimatischen Daten, der Bevölkerungsdichte etc. verwendet.

In der Elektrotechnik gibt es den bekannten Farbcode (Farbabb. F 34) für Widerstände und Kondensatoren: Schwarz (0), Braun (1), Rot (2), Orange (3), Gelb (4), Grün (5), Blau (6), Violett (7), Grau (8) und Weiß (9). Die ersten beiden gültigen Ziffern und die Zahl der dann folgenden Nullen werden durch Ringe oder Punkte in diesen Farben bezeichnet*. Weiteres siehe DIN 41429. — Auch die Schmelzeinsätze von Sicherungen sind farbig gekennzeichnet: die Unterbrechermelder zeigen die Nennstromstärke an (z. B. Grün 6 A, Grau 16 A, Schwarz 35 A usw.), beim Abschalten fallen sie heraus.

Den Darstellungen von Rängen oder Ziffern ist gemeinsam, daß sie eine geordnete

---

* Zur Kennzeichnung niedriger Toleranzwerte werden die Eigenschaften „Gold" und „Silber" wie Farben verwendet.

Menge von Bedeutungen auf Farben übertragen. Es ist daher naheliegend, daß die zugeordneten Farben auch im Sinne einer Nachbarschaftsrelation gewählt worden sind: beim Judo und beim Klerus im Sinne ab- bzw. zunehmender Helligkeit, bei der Landhöhe schrittweise Änderung des Farbtones, bei der Meerestiefe der Sättigung (und auch der Helligkeit) und bei den Widerständen im wesentlichen ein Durchlaufen des Spektrums (mit Vor- und Nachschaltung unbunter Farben). Es ist klar, daß die Verwendung von Farben die Übersichtlichkeit erhöht und daß Codierungen mit den erwähnten Eigenschaften leichter zu merken sind als völlig willkürliche.

6.5 Unterscheidung und Tarnung

6.5.1 Farben zur Unterscheidung

Schon in DIN 5033 finden wir, daß man Farben zur Unterscheidung von Flächen verwenden kann. Wenn dies ohne inhaltliche Zuordnung geschieht, liegt der Sinn der Farbe allein in der Unterscheidung. Diese Fälle sind in diesem Abschnitt gemeint. Beispiele sind die schwarzen und weißen Figuren beim Schach oder die bunten beim Mensch-ärgere-dich-nicht, die Soldatenuniformen im 18. Jahrhundert (heute noch im Karneval zu sehen), beim Fußball oder beim Boxen erkennt man die Gegner an den Farben der Hosen, beim Judo trägt jeweils einer der Kämpfer einen roten Gürtel (der nichts mit den Rangstufen bei den anderen Gürtelfarben zu tun hat); beim Roulette kann man u. a. auf Rouge oder Noir setzen.

Im Büro machen bunte Aktenordner und Karteikarten das Blickfeld nicht nur farbenfroher, sondern erleichtern auch das Wiederfinden. Ohne verschiedene Farben wäre auch das Suchen des eigenen Wagens auf großen Parkplätzen mühsamer, und manche U-Bahn-Stationen erkennt man schon an der Farbe der Wände. Auch für einzelne Linien im Nahverkehr werden oft Kennfarben benutzt, sie haben natürlich nur innerhalb eines Liniennetzes eine feste Bedeutung.

Weitere Beispiele sind die Farben von Reihenhäusern oder von einzelnen Geschossen in Hochhäusern, die die Orientierung erleichtern.

Das Musterbeispiel der Verwendung von Farben zur Unterscheidung ist die politische Landkarte (d. h. die Färbung der Flächen nach Staatsgrenzen). Man verlangt dabei, daß zwei Staaten, die entlang einer Linie aneinandergrenzen, verschieden gefärbt werden. Wenn man Exklaven dabei als getrennte Staaten auffaßt (oder gar nicht zuläßt), braucht man in der Ebene oder auf der Kugel genau vier verschiedene Farben für alle möglichen Grenzverläufe (oft reichen auch schon drei). Daß dies so ist, hat 1852 Francis Guthrie vermutet; Arthur Cayley machte das Problem 1878 publik; ein angeblicher Beweis von Alfred B. Kempe (1879) wurde 1890 von P. J. Heawood widerlegt, der aber zeigen konnte, daß 5 Farben auf jeden Fall ausreichen. 1976 veröffentlichten Kenneth Appel und Wolfgang Haken (Bull. Amer. Math. Soc. 82, 711), daß sie mit einem Computer den Vierfarbensatz bewiesen haben. Dieser kleine Ausflug in die Topologie soll mit der Bemerkung schließen, daß man auf dem Torus 7 Farben benötigt und auf dem 8-förmigen Doppeltorus (d. h. allgemein einem Körper mit 2 „Henkeln") 8 Farben, was sehr leicht zu merken ist. (Das hat Heawood herausgefunden; vgl. auch K. Appel und W. Haken, Spektrum der Wissensch. 1, 82 (1978) und Revue du Palais de la Découverte, No. spec. 12, Jan. 1978.)

6.5.2 Verbesserung der Sichtbarkeit (vgl. Abb. F 35—37)

Die diakritische Funktion kann mit der Hervorhebung eines Gegenstandes und der Verbesserung seiner Sichtbarkeit kombiniert sein:
Helle und gesättigte Farben, besonders Rot, Orange und Gelb werden oft benutzt, um Gegenstände deutlich sichtbar zu machen oder hervorzuheben. Rote Tinte hebt sich stark vom weißen Papier und der schwarzen oder blauen Schrift ab, im Schulheft ist sie „die Farbe des Lehrers", in der Buchhaltung sind „rote Zahlen" die negativen Zahlen. Man unterstreicht mit roter Tinte oder überstreicht Textstellen mit gelbem Filzstift (meistens noch fluoreszierend). Feiertage sind im Kalender rot eingetragen, die Preisschilder an Sonderangeboten sind oft rot, ebenso die Umschläge der Lieferscheine (die man sonst zwischen der Holzwolle übersehen könnte).
Rot und Gelb dienen auch als Warnfarben auf Schildern, die auf Gefahren durch Radioaktivität, explosive Stoffe oder Laser-Strahlen hinweisen. Auch die Schilder an Lastwagen mit gefährlichen Flüssigkeiten tragen die Code-Nummern auf orangefarbenem Grund. Im Straßenverkehr tragen Schulanfänger gelbe Mützen und Autobahn-Bauarbeiter Kleidung mit roter Fluoreszenzfarbe. Blinde und Sehbehinderte haben einen weißen Stock und schwarz-gelbes Abzeichen, gelbe Autos und gelbe Regenmäntel sind auch bei Regen noch (relativ) gut zu sehen. Ganz allgemein sind Tarnfarben für den Straßenverkehr nicht zu empfehlen.

6.5.3 Tarnung

Gute Sichtbarkeit kann die Überlebens-Chance verbessern, wenn keine Tötungsabsicht besteht (z. B. auf der Autobahnbaustelle) oder wenn ein Tier seinen Jäger vor seiner Giftigkeit oder Ungenießbarkeit warnen will (oder auch vor der eines anderen Tieres, dem es zum Verwechseln ähnlich sieht, was eine Art der Mimikry ist).
Oft ist es aber günstig, möglichst unsichtbar zu sein.
Ganz wörtlich schaffen das einige Fisch- und Froschlarven, Medusen und Plankton, indem sie fast durchsichtig sind. Andere Tiere erreichen zumindest eine Anpassung an ihren üblichen Hintergrund (Vogelweibchen, die das Nest nicht verlassen können wie ihre bunten Gatten, Eisbären usw.). Der Hermelin ist nur im Winter weiß, sonst braun wie die meisten Säugetiere, das gilt aber nur für Gegenden, in denen es im Winter Schnee gibt. Sprichwörtlich für die farbliche Anpassung an den Hintergrund ist das Chamäleon, das die Farbe sowohl zur Tarnung als auch zum Ausdruck von Stimmungen sehr schnell ändern kann. Plattfische wie der Heilbutt reproduzieren sogar die Muster der Fläche, auf der sie liegen, d. h. sie sehen mit der Haut der untenliegenden Seite die Strukturen und reproduzieren sie auf der Haut der anderen Seite.
Soldaten verwenden heutzutage ebenfalls Tarnfarben, anders als vor 200 Jahren, als

durch farbenfrohe Uniformen die Zugehörigkeit zu einer bestimmten Armee gekennzeichnet wurde.

Man kann sich auch dadurch dem Gesehenwerden entziehen, daß man das Medium rundherum undurchsichtig macht, wie es Tintenfische tun.

6.5.4 Farben als Informationskanäle für Stereobilder (Anaglyphen)

Stereobilder nutzen den verschiedenen Standort der beiden Augen aus. Es werden dabei zwei Fotos (meist mit einer doppelten Kamera) von zwei entsprechenden Standorten gemacht. Bei der Wiedergabe ist nun dafür zu sorgen, daß jedes Auge das einschlägige Bild erhält. Da unsere Augen ohne Zutun des Bewußtseins die Achsen auf die gleiche Entfernung ausrichten (Konvergenz), auf die auch der Brechungsapparat scharfgestellt wird (Akkommodation), ist es ohne ein gewisses Training nicht leicht, nebeneinanderstehende Stereobilder räumlich zu betrachten. In speziellen Stereoskopen hilft man sich mit Ablenkungen durch Spiegel oder durch Prismen. Andere Möglichkeiten bestehen darin, die Teilbilder am selben Ort zu erzeugen und auf dem gleichen Lichtweg eine Trennung der Teilbilder mit zwei „Kanälen" vorzunehmen. Dazu kann man Farben benutzen: das Bild für das eine Auge wird mit grünem Licht projiziert oder mit grüner Druckerfarbe gedruckt, das andere in Rot.

Vor die Augen werden einfach Absorptionsfilter gesetzt (eine Brille mit einer grünen und einer roten Folie). So blicken beide Augen auf die gleiche Stelle der Reproduktion, erhalten aber jeweils im wesentlichen das jeweilige Teilbild. Rot auf Weiß ist für das Auge mit dem Rotfilter fast unsichtbar, vgl. dazu auch Abb. F 37, für das mit dem Grünfilter dagegen nahezu schwarz, bei Grün auf Weiß ist es umgekehrt. Manchen Büchern liegen solche Brillen zum Betrachten von Stereobildern bei. Daß die „Kanaltrennung" nicht vollkommen ist, stört im allgemeinen kaum. Eine bedeutsame Einschränkung ist aber natürlich darin zu sehen, daß nur unbunte Bilder so reproduziert werden können. Eleganter geht es, wenn man als Kanäle zwei rechtwinklig zueinander stehende Polarisationsrichtungen nimmt. So können im Kino Farbfilme mit echter Stereowiedergabe gezeigt werden, indem man vor die beiden Kameras und die beiden Augen jedes Zuschauers zwei entsprechende Polarisationsfilter setzt. Da die Polarisation für uns mit keinen Sinnesqualitäten verknüpft ist, geht bei dem Verfahren nichts verloren, was wir sonst sehen würden. Es erinnert uns (wie bei den Bienen) daran, daß die Polarisation physikalisch den Informationsgehalt des Lichtes verdoppelt, ohne daß unser Nervensystem dies ausnutzte.

Es mag noch darauf hingewiesen werden, daß bei allen genannten Verfahren, Stereobilder zu betrachten, der Standort der Kamera (bzw. bei Zeichnungen ebenfalls ein fester Punkt) nicht verlassen werden kann. Das ist anders bei der Holographie, wo der Betrachter alle Freiheiten in der Wahl der Perspektive hat, die er auch hätte, wenn er statt in das Hologramm durch ein gleichgroßes Fenster sähe, hinter dem sich das Objekt räumlich befände.

6.6 Didaktische Anwendungen

Bisher war immer die Rede von dem, was man über Farben lernen kann, und zum Teil auch darüber, wie man dies besonders einfach kann. Zum Schluß soll nun noch aufgezeigt werden, wie die Farben beim Vermitteln von Wissen helfen können. Dabei sind zwei Funktionen der Farbe sehr wichtig: zum einen die unterscheidende, zum anderen die motivierende. Lernen in einer farbenfrohen Umgebung und mit ebenfalls farbenfrohen Hilfsmitteln macht einfach mehr Spaß, und es ist sicher nicht gut, wenn ein bestimmtes Unterrichtsfach in der Erinnerung grau in grau erscheint. Das gilt natürlich auch für Bücher, Schulhefte, Arbeitsblätter und Wandtafelbilder. Auf dem Arbeitsprojektor oder an der Tafel verursacht es kaum Mühen und Kosten, mehrfarbig zu arbeiten, ebenso bei Arbeitsblättern im Umdruckverfahren mit spirituslöslichen Farbmitteln.*

Die belebende Wirkung der Farben darf nicht in wirres Kunterbunt überschlagen: der Anreiz geht dann verloren, und die Orientierung wird erschwert. Gerade zur erhöhten Klarheit können Farben beitragen, wenn sie sinnvoll eingesetzt werden. Zum einen kann man untereinander gleichberechtigte Dinge mit verschiedenen Farben zeichnen oder auflisten und sie dann beim Besprechen anhand der Farben kennzeichnen („der grün gezeichnete Weg ist kürzer als der rote" etc.), das ist dann ähnlich wie bei den schwarzen und weißen Schachfiguren. Etwas weiter geht der Brauch, bestimmten Objekten feste Farben zuzuweisen, z. B. Magnetpole rot und grün, magnetische und elektrische Feldlinien rot und blau, Orts- und Kraftvektoren schwarz und rot oder ähnlich. Das kann aber leider nicht konsequent durchgeführt werden, weil es viel mehr Unterrichtsgegenstände als gut unterscheidbare Farben gibt.

Gerade sehr bestechende Möglichkeiten geben manchmal Anlaß zu Mißverständnissen. Naheliegend sind hier Fälle, in denen die Farbe als didaktisches (genauer: methodisches) Hilfsmittel im Zusammenhang mit dem Unterrichtsthema Farbe oder etwas allgemeiner mit dem Thema Licht verwendet wird: Selbstbezüge sind nicht nur bei der Menge aller Barbiere, die sich nicht selbst rasieren, gefährlich, sondern auch hier. Es gibt zum Vorführen der Ablenkung von Lichtstrahlen Schlitzblenden mit mehreren (z. B. 5) Blenden. Man sieht dann fünf Strahlen durch ein Linsenmodell gehen und sich in einem Brennpunkt kreuzen usw. Damit man die Überkreuzung deutlicher verfolgen kann, sind bei manchen Mehrfachschlitzblenden die oberen Schlitze mit einem Rotfilter versehen, die unteren mit einem Grünfilter, und nur der mittlere Schlitz ist frei.

Auf diese Weise ist gut zu sehen, daß die roten Strahlen, die vor dem Brennpunkt oben sind, hinter ihm unten sind: ihre Identität ist durch die Farbe verdeutlicht. Dennoch ist das Verfahren nicht unproblematisch: wenige Wochen später werden die Schüler lernen, daß sich „rote" und „grüne" Lichtstrahlen bei der Berechung verschieden verhalten, und dann sind die Färbungen der Strahlen nicht mehr eine künst-

---

* Dabei werden die Abzüge von einem einzigen Blatt abgezogen, auf dem alle Farben im gleichen Bild aufgetragen sind. Es ergeben sich also keine besonderen Justierungsprobleme beim Abziehen.

liche Markierung, die einfach nur zwei an sich gleiche Sorten von Strahlen kennzeichnen soll, sondern sie haben etwas mit der Natur dieser Strahlen (Wellenlänge etc.) zu tun. Man stelle sich vor, die unterschiedliche Brennpunktslage für achsennahe und achsenferne Strahlen würde mit diesem Trick dargestellt: es wäre nun auch sachlich völlig unklar, ob ein solcher Versuch die Kaustik oder die Dispersion zeigt.

Aus einem ähnlichen Grunde ist es auch etwas fragwürdig, die Elektronenstrahlen in einer Farbbildröhre in den drei zugeordneten Farben zu zeichnen: zu leicht suggeriert das die unausgesprochene Vermutung, schon diese Strahlen trügen die Farben in sich oder sie seien gar sichtbar und bunt.

Literatur
(* besonders lohnend im Hinblick auf den Themenbereich)

Physikalische Optik und Atomphysik
K. Bullrich, Die farbigen Dämmerungserscheinungen, Basel – Boston – Stuttgart 1982 (Birkhäuser)
* Michel Cagnet, Maurice Françon, Shamlal Mallick, Atlas optischer Erscheinungen Ergänzungsband, Berlin etc. 1971 (Springer)
Friedrich Dorn, Franz Bader, Physik-Oberstufe A (Atomphysik), Hannover 1977 (Schroedel)
Friedrich Dorn, Franz Bader, Physik-Oberstufe O (Optik), Hannover 1976 (Schroedel)
W. G. Felmy u. H. Kurtz, Spektroskopie, Stuttgart 1976 (Klett)
* H. Gobrecht (Hrsg.), Bergmann-Schaefer, Lehrbuch der Experimentalphysik III Optik, Berlin, New York 1974 (de Gruyter)
[enthält einen Abschnitt von Manfred Richter über Farbmetrik]
Francis A. Jenkins, Harvey E. White, Fundamentals of Optics, Tokyo 1976 (McGraw Hill/Kogakusha)
Wilfried Kuhn, Physik III D Schwingungen und Wellen, Braunschweig 1975 (Westermann)
Karl Mütze e. a. (Hrsg.), ABC der Optik, Hanau 1972 (Dausien)
Robert Wichard Pohl, Optik und Atomphysik, Berlin etc. 1976 (Springer)
W. I. Roditschew und U. I. Frankfurt (Hrsg.), Die Schöpfer der physikalischen Optik, Berlin-DDR 1977 (Akademie-Verlag)
[über und von Newton, Young, Fresnel usw.]
G. Schröder, Technische Optik, Würzburg 1974 (Vogel)
R. Spieser e. a., Handbuch für Beleuchtung, Essen 1975 (Girardet)
H. Vogel, Probleme der Physik, Berlin etc. 1977 (Springer)

Jugend- und Schulbücher über Farben (allgemein)
U. Hamm, Farbe (Arbeitsheft), Stuttgart 1982 (Klett)
Guido Petter (Hrsg.), Die bunte Welt der Farben, Würzburg 1981 (Arena) TB

Astronomie
Friedrich Gondolatsch, Gottfried Groschopf, Otto Zimmermann, Astronomie II (Fixsterne und Sternsysteme), Stuttgart 1979 (Klett Studienbücher)
Karl Stumpff, Hans-Heinrich Voigt (Hrsg.), Das Fischer Lexikon Astronomie, Frankfurt/M 1957 ff. (Fischer) TB

Farbstoff-Chemie
Gebhard Hildenbrand, Chemie der Kunst- und Farbstoffe, Freiburg, Basel, Wien 1976 (Herder)
* W. Kratzert u. R. Peichert, Farbstoffe, Heidelberg 1981 (Quelle & Meyer)
Kurt Sich, Makromoleküle, Farbstoffe, Heilmittel (Kollegstufe Chemie), Hannover etc. 1973 (Schroedel)
Hans-Heinrich Vogt, Farben und ihre Geschichte, Stuttgart 1973 (Franckh/Kosmos)
Heinrich Wulf, Kleine Farbwarenkunde, Köln 1974 (Rudolf Müller)

Farbenmetrik

J. Bergmans, Kleine Farbenlehre, Eindhoven 1959 (Philips' Technische Bibliothek)
Robert M. Boynton, Human Color Vision, New York etc. 1979 (Holt, Rinehart and Winston)
G. J. u. D. G. Chamberlin, Coulour – Its measurement, computation and application, London etc. 19 1980 (Heyden)
Maurice Déribéré, La couleur, Paris 1980 (Presses universitaires de France, Que sais-je?)
Jean Dougnon et Paul Kowaliski, La Reproduction des Couleurs Paris 1966 (puf) (Que sais-je?)
Paul Kowaliski, Vision et mesure de la couleur, Paris etc. 1978 (Masson)
Sergej Vassilević Kravkov, Das Farbensehen, Berlin 1955 (Akademie-Verlag)
* Heinwig Lang, Farbmetrik und Farbfernsehen, München, Wien 1978 (Oldenbourg)
* Manfred Richter, Einführung in die Farbmetrik, Berlin, New York 1976 (de Gruyter) [vgl. auch Beitrag im Bergmann-Schaefer Band III]
Werner Schultze, Farbenlehre und Farbenmessung, Berlin etc. 1975 (Springer)
Günter Wyszecki, Farbsysteme, Göttingen etc. 1960 (Musterschmidt)

Farbfehlsichtigkeiten

René Georg Frey, Auge und Verkehr, Stuttgart 1977 (Encke)
Ernst Heinsius, Die Farbsinnstörungen und ihre Prüfung in der Praxis, Stuttgart 1973 (Encke)
Karl Velhagen (Hrsg.), Tafeln zur Prüfung des Farbensinnes, Stuttgart 1974 (Thieme)

Sinnesphysiologie

Ulrich Bäßler, Sinnesorgane und Nervensystem, Stuttgart 1979 (Metzler)
* G. Baumgartner e. a., Sehen (Sinnesphysiologie III), München etc. 1978 (U & S)
Gerhard Fels, Der Sehvorgang, Stuttgart 1976 (Klett)
Wolfgang Goll, Wolfgang Schwoebel, Sinne, Nerven, Hormone, Bielefeld 1980 (CVK)
Richard L. Gregory, Auge und Gehirn, Frankfurt/M 1972 (Fischer)
Walter Hoppe, Wolfgang Lohmann, Hubert Markl, Hubert Ziegler (Hrsg.), Biophysik, Berlin etc. 1978 (Springer)
Werner Kahle, dtv-Atlas der Anatomie Band 3 (Nervensystem und Sinnesorgane), Stuttgart bzw. München 1976 (Thieme/dtv)
Conrad G. Mueller, Mae Rudolph und TIME-LIFE-Redaktion, Licht und Sehen, Reinbek 1969 (rororo)
Perception: Mechanisms and Models (Readings from Scientific American) San Francisco 1972 (Freeman)
Recent Progress in Perception (Readings from Scientific American) San Francisco 1976 (Freeman)
* R. F. Schmidt (Hrsg.), Grundriß der Sinnesphysiologie, Berlin etc. 1977 (Springer)
* Herbert Schober, Das Sehen Band II, Leipzig 1974 (VEB Fachbuchverlag)
Stefan Silbernagl und Agamemnon Despopoulos, dtv-Atlas der Physiologie, Stuttgart bzw. München 1976 (Thieme/dtv)
J. B. Thomas, Einführung in die Photobiologie, Stuttgart 1968 (Thieme)

Farbensehen und Aussehen der Tiere

W. v. Buddenbrock, Vom Farbensinn der Tiere, Stuttgart 1952 (Franckh)
Dietrich Burkhardt, Wolfgang Schleidt, Helmut Altner (Hrsg.), Signale in der Tierwelt, München 1972 (dtv)
Vitus B. Dröscher, Magie der Sinne im Tierreich, München 1975 (dtv)
Michael und Patricia Fogden, Farbe und Verhalten im Tierreich, Freiburg usw. 1975 (Herder)
* Karl von Frisch, Aus dem Leben der Bienen, Berlin etc. 1979 (Springer)
Erich Lange, Die Farben der Tiere, Leipzig etc. 1980 (Urania)

Farbfernsehen

* Volker Dittel, Friedrich Manz und Jean Pütz, Televisionen, Die Welt des Fernsehens, Köln 1978 (vgs)
Robert Guillien, La Télévision en Couleur, Paris 1978 (puf) (Que sais-je?)
Walter Haas, Farbfernsehen, Düsseldorf, Wien 1967 (Econ)
Erwin Hiller, Farbfernsehen Teil 1 (Allgemeine Grundlagen) Minden 1978 (Philler)
* Heinwig Lang, Farbmetrik und Farbfernsehen, München, Wien 1978 (Oldenbourg)
Bodo Morgenstern, Farbfernsehtechnik, Stuttgart 1977 (Teubner)
Dieter Nührmann, Farbfernsehbuch, Stuttgart 1967 (Franckh/Telekosmos)
Karl-Otto Saur, Klipp und Klar 100 × Fernsehen und Hörfunk, Mannheim, Wien, Zürich 1978 (Bibliogr. Inst.)
Richard Theile, Hinter dem Bildschirm, Stuttgart 1970 (dva)

Farbfotografie

Gert Koshofer, Farbfotografie, München 1981 (Laterna magica) 3 Bände: 1. Alte Verfahren, 2. Neue Verfahren, 3. Lexikon
Werner Schultze, Farbenphotographie und Farbenfilm, Berlin etc. 1953 (Springer)
* Kurt Dieter Solf, Fotografie, Frankfurt/M 1973 (Fischer) TB
B. Coe, Farbphotographie und ihre Verfahren, München 1979 (Laterna magica)

Druckgrafik

Heijo Klein, DuMont's kleines Sachwörterbuch der Drucktechnik und grafischen Kunst, Köln 1975 (DuMont)
Erhardt D. Stieber (Hrsg.), Bruckmann's Handbuch der Drucktechnik, München 1976 (Bruckmann)

Farb-Psychologie

Heinrich Frieling, Farbe im Raum, Angewandte Farbenpsychologie, München 1974 (Callwey)
Heinrich Frieling, Das Gesetz der Farbe, Göttingen etc. 1968 (Musterschmidt)
Rudolf Gross, Warum die Liebe rot ist, Düsseldorf, Wien 1981 (Econ)
Peter R. Hofstaetter, Das Fischer Lexikon Psychologie, Frankfurt/M 1957 (Fischer)

Goethes Farbenlehre

Richard Friedenthal, Goethe – Sein Leben und seine Zeit, München 1977 (dtv)
Goethes sämtliche Werke, Stuttgart 1869 (Cotta)
 [In moderneren Goethe-Ausgaben fehlt oft der polemische Teil der Farbenlehre.]
* Johann Wolfgang von Goethe, Zur Farbenlehre (Didaktischer Teil), Tübingen 1810 (Cotta), Nachdruck Dortmund 1979 (Harenberg)
Johann Wolfgang von Goethe, Die Zeichnungen zur Farbenlehre Corpus der Goethe-Zeichnungen Band Va, Nr. 1-390, Leipzig 1963 (Seemann)
Rupprecht Matthaei, Die Farbenlehre im Goethe-Museum, Düsseldorf 1973
 [Museumsführer]

Runges Farbenkugel
Jens Christian Jensen, Philipp Otto Runge – Leben und Werk, Köln 1977 (DuMont)
  [enthält Runges Aquarell der Farbenkugel)
Stella Wega Mathieu (Hrsg.), Philipp Otto Runge – Leben und Werk in Daten und Bildern, Frankfurt/M 1977 (Insel)
  [enthält Runges Farbenlehre und (Text über die) Farbenkugel]

Weitere wichtige Autoren
Johannes Itten, Kunst der Farbe, 1961 Ravensburg (O. Maier)
  [auch als Studienausgabe]
* Harald Küppers, Das Grundgesetz der Farbenlehre, Köln 1978 (DuMont)
Ludwig Wittgenstein, Bemerkungen über die Farben, Frankfurt/M 1979 (Suhrkamp)

Notizen

Notizen

Register

Wortverbindungen sind nicht aufgeführt, wenn sie im Register an der selben Stelle auftreten und auf der gleichen Seite vorkommen wie das vordere Teilwort

Absorption 54
Achromat (Objektiv) 59
Achromatopsie (Farbenblindheit) 78
Addition 16, 74, 93, 101, F 18
AgBr 35, 48, 114
Albino, Albinismus 29, 51
Alizarin 51
Alizaringelb RS 54
Alkalien 52
Ampel 127
Ammoniak (für Geheimtinte) 54
Anaglyphen (Stereofotos) 130
analog (Zahlendarstellung) 88
Analogrechner zum Farbensehen 101
Anderthalbfachbindung (chem.) 40
angeboren 123
Anilin 52
Anlaßfarben (bei Stahl) 23, 121
anomale Trichromaten (Farbfehls.) 76
Anomaloskop 61, 78, F 22
Antagonismus 64
antiauxochrome Gruppen 50
Apochromat (Objektiv) 59
Appel (Vierfarbensatz) 128
Appetit 123
Arbeitsblatt (Unterricht) 89
Armaturen (Kennfarben) 126
arterielles Blut 122
ASA (amerik. Norm, hier Filmempf.) 114
AsS_3 122
Assoziation (psychol.) 125
Astronomie 35, 121
Atome 37
Aufheller 56
Aufmerksamkeit 129
Auge 62
Augenfarbe (Iris) 29
Auripigment 122
auxochrome Gruppen 50
Avogadro-Zahl 53
Azogruppe 50

Baeyer 51
Balmer 44
Balz 123
Bariumsulfat $BaSO_4$ 47
Base 52
bathochrom 50

Beer 55, F 9
Benham 82
Berlinerblau 49
Beugung 17
Bidwell 81
Bienen 76, 123, F 21
Bildröhre 106
Bilirubin 122
bit 13
blanc-fixe 47
blau 10
blauer Himmel 26
blaues Blut 28
Blauglut 34
Bleichen 56
Blei(II)-ortho-Plumbat 47
Bleiweiß 47, 77
blonde Haare 127
Blue Jeans 51
Blut 122 (auch 28)
Blutlaugensalze 49
Bohn 51
Bohr 42
Boltzmann 34
Br_2 47, F 4
Brackett 44
Braun 85
Braunstein 49
Brechung 58
Brillenglas (vergütet) 22
de Broglie 37, 43
Brom 47, F 4
Bromsilber (alter Name für AgBr Silberbromid) 114
Bromthymolblau 54
Bunsen-Roscoe-Gesetz 114
bunt 10, Anh
Buntsättigung, Buntton 70, Anh
Burst 111
Butadien 39

C 46, 47
$CaCO_3$ 46, 47
Cadmium 48
Calciumcarbonat 46, 47
Carbaminogruppe 50
Carbocyanin 41
Carbomylgruppe 50
Carboxylgruppe 50

Carotin 41, 51
Castor 35
CdS 48
Chamäleon 129
Chaplin 126
Chemie 37
Chlor 47, F 4
Chlorophyll 51, 77, F 8
Christus 126, F 32
Chrom 48
Chrominanz 72, 108
chromophor 50
Chromosomen F 27
Cl_2 47, F 4
Co Cobalt 49
Computer 93
Coulomb-Kraft 42
Cr 48
Cu 48

Dämmerungssehen 62
Dampf (für: heißer Nebel) 46
Dan-Grade (Judo) 127
Deuteranomalie 78
Deuteranopie 62, 78
Dia(-Positiv) 55, 74
Diamant 46
dichroitisch 105
Dichromaten (Farbfehls.) 77
Didaktik 131
digital 88
DIN (Filmempf.) 114 Dreieck 72, F 17
DIN 5033 11
2.5-Dinitrophenol 54
Dipol 27
Dispersion 58, F 10
Dissoziation 53, D-Linie F 3
Doppelbindung 38
Doppelspaltversuch (Young) 18
Drahtnetz 59
Dreieckskoordinaten 72
Dreifarbentheorie 63
Dressur 61
durchsichtig 46, 129

Eidophor (Großbildfernsehen) 105
Eindhoven (Evoluon) 82, F 11, F 16
Einstein 31
Eisen 49, elektromagnetische Wellen 12
Elektronenkanonen 106
Emulsion 46 (falsch für Suspension:) 113
entspiegelt 22
Entfernungssehen (analog zum Glanz) 60
Entwicklung 114
epoptisch (bei Goethe) 24

e-Volt 40
Evoluon (Museum in Eindhoven) 82, F 11, F 16

F_2 47
Farbart 72, Anh
Farbcode (el. Bauteile) 127, F 34
Farbe Anh
Farbenaddition 16, 74, 93, 101
farbenblind 78
Farbendreieck 72, 78, F 17
Farbenfehlsichtigkeiten 77, 93
Farben-Helligkeits-Diagramm (astr.) 121
Farbenindex 35, 121
Farbenkörper aus Kugeln F 16
Farbenkreisel 75
Farbenkugel 68, F 15
Farbenlehre (Goethe) 24
Farbenmetrik 71
Farbenquader, -würfel 66, 68
Farbfernsehen 105
Farbfotografie 113
Farbklima 124
farbig 10
farbige Schatten 84
„farblos" (durchsichtig) 46
Farbmittel 46
Farbreiz 9, 16 Anh
Farbperspektive 27
Farbstimmung Anh
Farbstoff 46
Farbsymbole 125
Farbtemperatur 34, 120
Farbton Anh
Farbvalenz Anh
Fe 49
Federpendel 45
Fehling 122
Feld-Ionen-Mikroskop F 36
Fe_3O_4 121
Fernsehschirm (schwarz) 86
Fettfleck 47
Filter 54, F 8
Flachdruck 119
Flammen 122
Flechsig 106
Fluor 47
Fluoreszenz 56
Folienmodell (Didaktik) 97
Formularmodell (Didaktik) 89
Fotografie 113
fovea 62
Fraunhofer-Linien F 3
Frequenz 12
Friedrich (C. D.) 76
Frisch, v. 76

Gegenfarben 65, 68
Geheimtinte 49, 54
Gehirn 64
Gelbfilter 115, 117
Gelbglut 34
Gelbsucht 122
Gemini (Sternbild) 35
Geradsichtprisma 59
geschlechtsgebundene Vererbung 78
„Gilb" (Wäsche) 56
Gitter 21
Glanz 59
Glühlampe 34, F 3, F 12
Glut 34 (Eisen:) 121
Goethe, Johann Wolfgang (von),
    Zitate aus dem Didaktischen Teil der
    Farbenlehre 24, 29, 75, 80, 81, 83, 87, 124
Goethe-Museum Düsseldorf 28
Graebe 51
Graßmann 76
grau 68, grauer Strahler 34, Graufilter 55
Grundvalenzdreieck 72
Grünspan 48

Haken (Vierfarbensatz) 128
Halogen 47, F 4
Halogenlampe 34
Halbleiter 47
H-Atom 42
Hämoglobin 51, 122
harmonischer Oszillator 45
Hauptgruppen (Periodensystem) 46
Heilbutt 129
Heliogravüre 119
Helligkeit 70 Anh
Helmholtz, Hermann v. 63
Hering, E. 63, 70
Hermelin 129
Hertzsprung-Russell-Diagramm 121
Hexacyanokomplex, Hexaquokomplex 49
Hg 48, F 3
Himmel 26, 27, F 2
Hirnrinde 64
H_2O 46
Hochdruck (Grafik) 119
Hohlraum 30, 86
höhere Farbenmetrik 71
Hologramm 130
Hydroxy-Gruppe 50
hypsochrome Gruppe 50

I_2 47, F 4
IEC-Dreieck 72
IG Farben (Kartell) 52
Impressionismus 16, 75

Impuls 37
Indanthren 51
Indigo 51
Indikator 34, 52, 120
Information 13
infrarot 45
Insekten 54
Interferenz 17, 121, F 1
Interferenzfilter 23
Iod 47, F 4
Iodopsin 62
Ionen 52
IR (infrarot) 45
Iris (Auge) 29

Jeans 31
Jeans (Kleidung) 51
Jod (alte Schreibweise für Iod) 47, F 4
Judo 127

Kalkspat 46, 47
Kamera 105
Kanäle (drei) 104
Karmin 51
KB (Filter) 117
Keaton (Film) 126
Kinder (Vorlieben) 124, F 30
Klerus 127
Kniehöcker (anatom.) 64
Kobalt 49
Kochsalz 46, 59, 87
KOH 54
Kohlen 85
Kohlenstoff 47
kompensativ und komplementär 16
Komplexe 47
konjugierte Systeme 38
Konversionsfilter 117
Körbchenmodell der Farbenkugel 69, F 15
Körperfarbe Anh
Korrekturfilter 116
Korrespondenzprinzip 44
KR (Filter) 117
Krapp 51
Kreide 47
Kreisel 75
v. Kries 65
Kugel 68
Kunstlichtfilm 116
Kupfer 48
Kupfertiefdruck 119
kybernetisches Modell 66

Lackmus 52
Lambert-Beer-Gesetz 55, F 9

141

Lanthanoide 50
Landkarten (phys.:) 127, (polit.:) 128
Lateral-Inhibition 79
Lebensmittel 123
Le Blon 120
Legespiel (Didaktik) 87
Leuchtfarben (Fluoreszenz) 56
Licht 9, 11
lichtecht 50
Lichtquelle 59, F 11
Lid (als Filter) 82
Liebe (Symbolik) 125
linearer Potentialtopf 37
Lippen 124
Lithographie 119
Litopone 47
liturgische Farben 125
Luftkissenbahn 37
Luminanz 108
Lyman 44

Madonna 126, F 32
Magenta 11, 64
Magermilch 29
Magnesiumfluorid 22
Mangan 49
Masken (Bildröhre) 106
Massenwirkungsgesetz (Reaktionskinetik) 52
Mauvein 51
mechanischer Analogrechner 101
Melanin 28, 51
Mennige 47
Metalle 47, „metallic" 59
Methylorange, Methylrot 54
MgF_2 22
Milch 26, 46
mired (Einheit für inverse Temperatur) 32, 117
Mischungsregeln 16, 58
Mn 49
Modell 87
Moiré-Effekt 59
mol 53
Mondlicht 85
monochrom (für: monofrequent) 12
Monochromat (Farbenblinder) 78
monofrequent 12
Motivation (Didaktik) 131
multiplikative („subtraktive") Mischung
  16, 56, 93, 101, F 20
Muscheln 24

Nachbild 79, 93, 101
NaCl 46, 59, 87
Nahrung 123
$NaHCO_3$ 52, F 5

$NaNO_2$ 123
NaOH 54
$Na_2S_2O_3$ 26
Natrium-Licht 87, 59, F 3, F 12
Natron 52
Natriumhydrogencarbonat 52, F 5
Natriumhydroxid 52
Natriumthiosulfat 26
Nebel 46
Nebengruppen (Periodensystem) 46
negatives Nachbild 80, 93, 101
Negativverfahren (Farbfotogr.) 115
Neigung (Interferenz) 22
Neßler 48
Netzhaut 62
Neutralisation 52
Newton-Ringe 21
Nickel 49
niedere Farbenmetrik 71
Nitrogruppe, Nitrosogruppe 50
normaler Trichromat 78
Normen Anh
Normfarbendreieck 72
NTSC 110, NTSC-Zeilen bei PAL 111
Nylonhemd (Fluoreszenz) 56

Objektive (vergütet) 22
Obst 122
ODER 93
Offsetdruck 119
Optimalfarben Anh
optische Aufheller 56
optische Täuschung 79
Orbitale 38
organische Farbstoffe 50
orthochromatisch (Film) 115
Overhead 32, 97, F 9
Oszillator 45

PAL 111
panchromatisch (Film) 115
Papierstreifenmodell (Interferenz) 22
Papstwahl 126, F 33
Parteien 126
partitive Mischung (additiv räumlich)
  107, F 19
Paschen 44
Pastellfarben 85
Pauli-Prinzip 40
$Pb(CO_3)_2 \cdot Pb(OH)_2$ 77
Pb_2O_3 47
Perkin 51
Permanganat (Manganat-VII) 49
Petitjean F 19
Phasengeschwindigkeit 12, 58

Phenolphthalein 52, 53
Phenolrot 54
photographische Helligkeit (astron.) 35
Photonen 12, 43
Photosynthese 51
pH-Wert 53
π-Bindung 38
piezoelektrische Wandler 109
Pikrinsäure 54
Planck-Gesetz 12, 30, 42
Platin(-mohr) 47
Pohl 7, 59
Pointillismus 75, F 11
Polacolor (Sofortbilder) 118
Polarfol (Trickfolie) 19
Polarisation 14, 26, 54, 77
Polaritätsprofil (Psychologie) 125
politische Parteien 126
Pollux (Stern) 35
Polyenverbindungen 41, 50
Polyethylen 28
Polymethinverbindungen 40, 50
positives Nachbild 79
Positivverfahren (Umkehrfilm) 117
Potentialtopf 37
protanomal, protanop 78
Pulsfrequenz (Nervenzentren) 64
Purkyně-Phänomen 63
Purpur 51
Purpurgerade 73

Quadraturmodulation 110
Quantensprünge 12
Quarantäne (gelbe Flagge) 126
Quecksilber F 3, 48

Rakel (Tiefdruck) 119
Rauch (als Zeichen) 126, F 33
Rayleigh (Strahlung) 26, (R.-Jeans-Gesetz) 31
Rechenschieber (für Wien-Gesetz) 32
Regenbogen 59, F 10
Religiöse Symbole 126, F 32
Retina 62
Retinol 51
Rezeptoren 62
Rhodanid 49
Rhodopsin 51, 62
Roscoe 114
Rost 49
Rot (Sorten) 11, (Symbol) 125,
 (Sonne) 26, (Zahlen) 126
Rotation (Moleküle) 45
Roteisenstein 49
Rotglut 34
Roulette 128

Rubin 55
Runge 70
Rutherford 42

Sakkadische Bewegungen 80
Samt 86
Sättigung Anh
Säure-Base-Indikatoren 52, F 5, F 6
Schatten (farbige:) 84, (Vergleich) 61
Schaum 46
Schiedsrichter 127
Schlitzmasken 106
Schmetterlinge F 1
Schneckenhäuser 24
Schnee 46
schwarz 30, 34, 47, 56, 86
Schwarzschild-Effekt 114
Schwarzverhüllung 85
Schwefel 26, 47
Schwerspat 47
SECAM 108
Sehen 9, 61
Sehnervenkreuzung 64
Seifenblasen 22
Sensibilisierung 115
Seurat 16, 75
Sexl 7
Sicherungen (Farbcode) 127
„sichtbares" Licht 10, 11
Siebdruck 119
σ-Bindungen 38
Signac 16, 75
Silber 47, 48
Silberbromid 35, 114
Simple PAL 114
Simultankontrast 85
Sofortbilder 118
Sommerfeld 42
Sonne 34, F 3 (rot) 26, (S.-Bräune) 51
Sonnenbrille 55
Spektrallinienzug 95
Spektrum 11
Sperren (Vögel) 123
Spielparteien 128
Sport 127, 128
Sprachgebrauch 8
Stäbchen 62
Staub 46
Stefan-Boltzmann-Gesetz 34
stehende Wellen 38
Steindruck 119
Stereobilder 130
Sterne 35
Stich 83
Stichling F 29

143

Stokes 36
Strahlenteiler (Fernsehkamera) 105
Strahlungstemperatur 34
Streuung 26
„subtraktive" Mischung (multiplikativ) 17, 56, 93, 101, F 20
Sulfogruppe 50
Superposition 17
Suspension 114
Symbole 125
synthetische Farbstoffe 51

Tageslichtfilm 116
Tarnung 129
Tee 52, F 5
temperaturabhängige Farben 48
Temperaturstrahler 30
Tetramminkomplex 48
Tetraquokomplex 48
Thénards Blau 49
Theseus-Sage 126
Thiocarbocyanin 41
Thymolblau 54, F 6
Tiefdruck 119
Tiere (Farbensehen der) 76
TiO_2 Titandioxid 47
Transmissionsspektrum F 8
Trauer 125
Trichromasie 77
tritanop 62, 78
trüb 29
Türkischrot 51
Turnbulls Blau 49

ultrarot (= infrarot) 45
ultraviolett 56
Umdruck (Spirit-Carbon farbig) 45
Umfeld 84
Umkehrverfahren 117
Umkodierung (von Young-Helmholtz nach Hering) 65
Umstimmung 82
unbunt 8, Anh
UND (logisches) 93
Universalindikator 54
unsichtbar 129
Unterscheidung 128
UR 45
UV 56

Valois 64
Venetianischrot 49
venöses Blut 22
vereinbarte Signale 126
Vererbung (Farbfehlsichtigkeiten) 78

vergütet (Brillen, Objektive) 22
Verkehrszeichen 127
Verschiebungsgesetz (Wien) 32
Verzögerungsleitung (SECAM, PAL) 108, 122
Vibration (Moleküle) 45
Vielstrahlinterferenz 21
Vierfarbensatz (Topologie) 128
Vierfarbentheorie (besser: Gegenfarbentheorie) 64
visuell (astr.) 35
Vitamin A_1 51
Vollfarben Anh

Waagen-Modell 64
Warnfarben 129
Wäsche 56
waschecht 50
Wasser 46
Wasserstoff 42
weiß 8, 46, 103
Weißglut 34
Wellenlänge 12
Wellenmechanik 37
Werbung (Tiere) 123, (Anzeigen) 125, F 31
Wetterbilder 49
Widerstände (Farbcode) 127, F 34
Wien 31, 32
Wirkungsquantum 12
Wittgenstein 127
Wolfram 34
Würfel 66

X-Chromosom 78

Young 18, 20, 63

Zapfen 62
Zentralprojektion (im Farbenraum) 72
Zentripetalkraft 42
Ziffern 127
Zinkoxid 77
Zinnober 48
Zinnoberrot 11
Zitronensäure 52, F 5
Zn 48
ZnS 47
Zonentheorie (v. Kries) 65
Zuordnung zu wiss. Disziplinen 7
Zwillinge (Sterne) 35
Zylinderkoordinaten 70

Klett Studienbücher Physik

Die Studienbücher Physik wenden sich an **Schüler der Sekundarstufe II** und an **Studenten** der Anfangssemester. Aber auch dem **Lehrer** bieten diese Werke wichtige Informationen, nicht nur fachlicher, sondern auch methodisch-didaktischer Art. Jede der Monographien ist zum **Selbststudium** aufbereitet, d.h., die Probleme werden genetisch entwickelt.

Weitere Titel aus der Reihe Klett Studienbücher Physik:

Einführung in die spezielle Relativitätstheorie
Von R. Resnick
Klettnummer **98380**

Spektroskopie
Von W.-G. Felmy, H. Kurtz
Klettnummer **98381**

Vektorrechnung für Physiker
Von H. Lambertz
Klettnummer **98382**

Astronomie I
Von F. Gondolatsch,
G. Groschopf, O. Zimmermann
Klettnummer **98383**

Astronomie II
Von F. Gondolatsch,
G. Groschopf, O. Zimmermann
Klettnummer **98384**

Astronomie III
Von R. H. Giese, W. Heinke
Klettnummer **98389**

Astronomie IV
Von K.-P. Haupt, H.-H. Loose,
P. Fuchs
Klettnummer **98394**

Das elektromagnetische Feld
Von W. Bien
Klettnummer **98385**

Was ist Physik?
Von K. von Oy
Klettnummer **98387**

Supraleitung
Von A. W. B. Taylor,
G. R. Noakes
Klettnummer **98390**

Kosmische Strahlen
Von J. G. Wilson, G. E. Perry
Klettnummer **98395**

Zeit und Zeitmessung
Von R. Gaitzsch, H. Graßl,
S. Mäutner
Klettnummer **98396**

**Ionisierende Strahlen
Teil I**
Von H. Harreis, H. G. Bäuerle
Klettnummer **98397**

**Ionisierende Strahlen
Teil II**
Von H. Harreis, H. G. Bäuerle
Klettnummer **98398**

Anhang

Abb. F 1 Interferenzfarben an einer Vase und an einem Schmetterling (beide aus dem Hessischen Landesmuseum Darmstadt).

Abb. F 2 Der Himmel vom Mond aus gesehen. ▶

Abb. F 3 Spektren einiger Lichtquellen:
a) Glühlampenlicht,
b) Sonne (darin die Fraunhofer-Linien, die durch Selbstabsorption dunkler erscheinen),
c) Natrium (diese Linie tritt als 4. Fraunhofer-Linie im Sonnenlicht auf und hat von daher den Namen D-Linie),
d) Quecksilber.

Abb. F 4 Dämpfe einiger Halogene: Cl_2, Br_2 und I_2.

a)

b)

c)

Abb. F 5 Tee als Base-Säure-Indikator: a) vorher, b) mit Zitronensäure, c) mit NaHCO₃ im Überschuß.

Abb. F 6 Thymolblau: links alkalisch, in der Mitte neutral, rechts sauer.

Abb. F 7 Mehrere Säure-Base-Indikatoren.

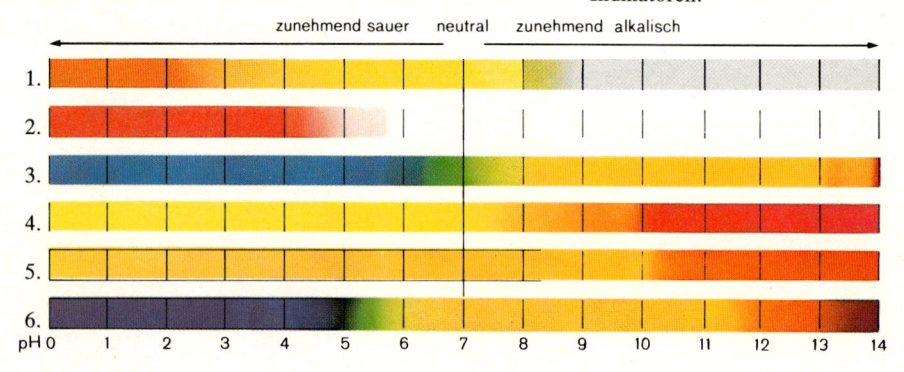

1. Thymolblau
2. Methylorange
3. Methylrot
4. Bromthymolblau
5. Phenolphthalein
6. Alizaringelb

Abb. F 8 Transmissionsspektren:

a) Rotfilter,

b) Grünfilter,

c) Blaufilter,

d) Chlorophyll (grüner Blattfarbstoff der Pflanzen).

Abb. F 9 Demonstration des Lambert-Beer-Gesetzes mit dem Overhead-Projektor: oben waagerechte Sicht durch die Küvetten, darunter senkrechte Sicht.

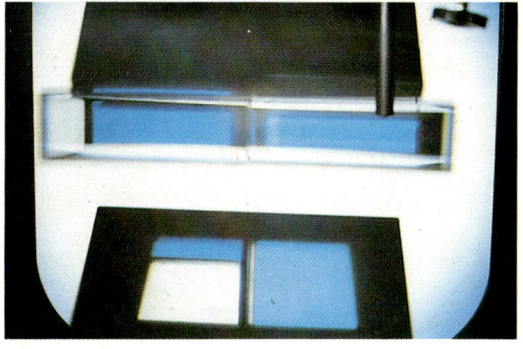

Abb. F 10 Beim Regenbogen findet Dispersion in den Wassertröpfchen statt, die Verhältnisse sind aber komplizierter als beim Prisma.

Abb. F 11 Demonstration zum Einfluß der Lichtquelle: In diesen Fenstern im Evoluon (Eindhoven) sind zwei „Schnecken" aus bunten Textilien. In den verschiedenen Fenstern sehen ihre Farben verschieden aus, im gleichen Fenster jedoch gleich: das weiße Licht in beiden Fenstern wird verschieden erzeugt: im einen aus blauem und gelbem Licht, im anderen aus rotem und grünem.

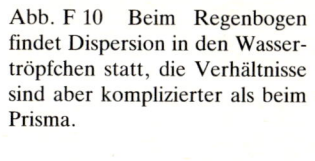

Abb. F 12 Blumen bei Glühlampenlicht und beim monofrequenten Licht des leuchtenden Natriums gesehen.

Abb. F 14 Farbenkugel: eine weiße Styroporkugel, mit Wasserfarben bespritzt.

Abb. F 15 Körbchenmodell der Farbenkugel, aus drei Farbenkreisen zusammengesteckt, bei denen sich jeweils Gegenfarben gegenüberliegen.

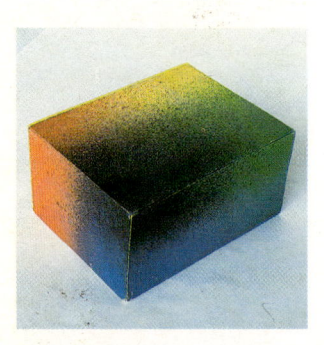

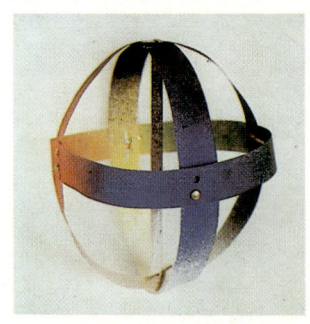

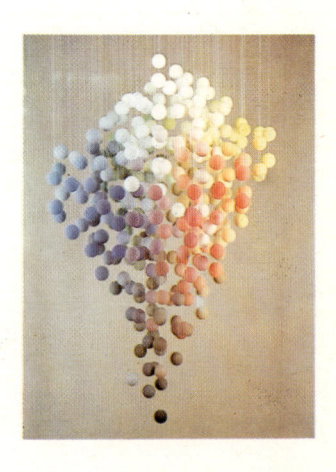

Abb. F 13 Farbenwürfel bzw. Farbenquader, aus Karton hergestellt und mit Wasserfarben bespritzt.

Abb. F 16 Farbenkörper aus einzelnen Kugeln, die jeweils einen Ort für eine Farbe ▶ darstellen (Modell im Evoluon, Eindhoven, aufgenommen).

Abb. F 17 DIN-Farbendreieck.

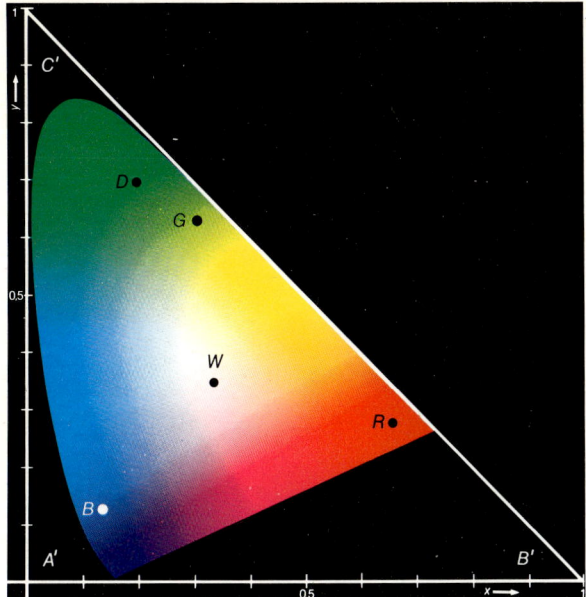

Abb. F 18 Additive Mischung einiger Farben.

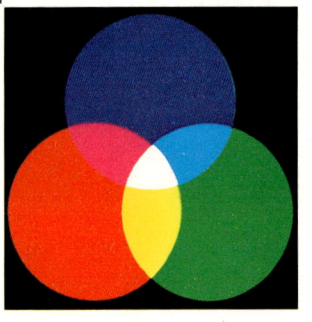

Abb. F 19 Partitive (räumlich-additive) Mischung beim Pointillismus: Hippolyte Petitjean (1854–1929) Bildnis Mme V. Petitjean (Paris Musée des Beaux-Arts de la Ville de Paris, Petit Palais), und Detailvergrößerung daraus.

Abb. F 20 Sogenannte subtraktive Mischung: das Ergebnis hängt nicht nur von den einzelnen Farben ab, sondern auch (was vielmehr entscheidend ist) von der Überlappung der Durchlaßbereiche in den zugrundeliegenden Spektren.

Abb. F 22 Prinzip des Anomaloskops: die Versuchsperson stellt die Intensitäten der beiden Lampen so ein, daß die additive Mischung von der Vergleichsfarbe nicht zu unterscheiden ist. Die Einstellwerte sind individuell verschieden, schwanken bei Normal-Farbsichtigen um gewisse Mittelwerte und weichen bei Fehlsichtigen stärker ab.

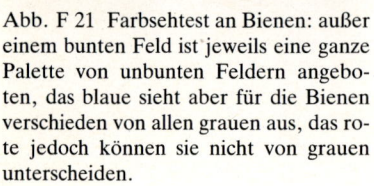

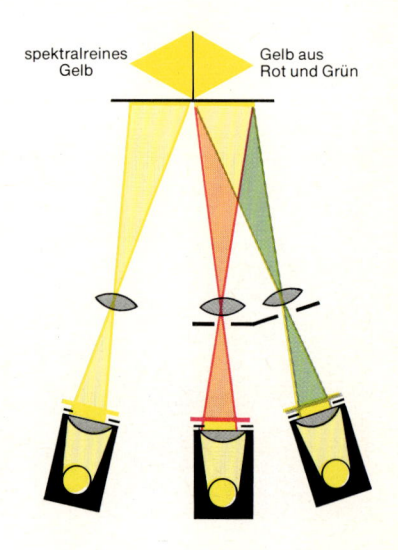

Abb. F 21 Farbsehtest an Bienen: außer einem bunten Feld ist jeweils eine ganze Palette von unbunten Feldern angeboten, das blaue sieht aber für die Bienen verschieden von allen grauen aus, das rote jedoch können sie nicht von grauen unterscheiden.

Abb. F 23 Kartonstreifenmodell: die Streifen sind aus weißem Karton geschnitten, mit Wasserfarben bemalt und an Nägeln aufgehängt. Darunter ist ein Spektrum gemalt (mit Spritztechnik). Die übrigen Teile des Spektrums werden mit langen schwarzen Streifen zugedeckt.

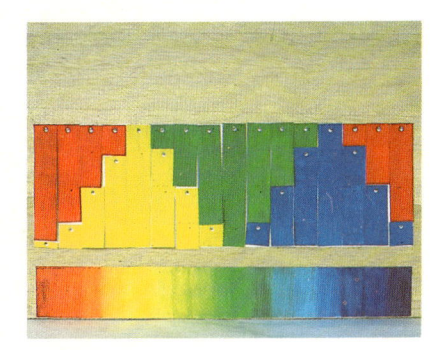

Abb. F 24 Darstellung einer Spektral-„Linie" im Kartonstreifenmodell: nach Hering als Zusammensetzung aus maximal zwei Grundfarben.

Abb. F 26 Addition im Kartonstreifenmodell: (a) das erste Spektrum, (b) es gibt nichts auszugleichen, (c) das zweite Spektrum, (d) der gelbe Streifen kompensiert einen Teil des blauen, indem er umgekehrt auf ihn gehängt wird, (e) beide Spektren, erst ohne, dann (f) mit Ausgleich der Gegenfarben. Das Ergebnis ist: viel Grün mit etwas Gelb.

Abb. F 25 Spektrum aus mehreren Linien im Kartonstreifenmodell: (a) alle anderen Linien werden schwarz abgedeckt, (b) der gelbe Streifen wird umgedreht über den (längeren) blauen gehängt: damit wird „alles Gelb" und „gleichviel Blau" entfernt, da sie sich gegenseitig aufheben. Es bleiben nur zwei Grundfarben übrig: Blau und Rot.

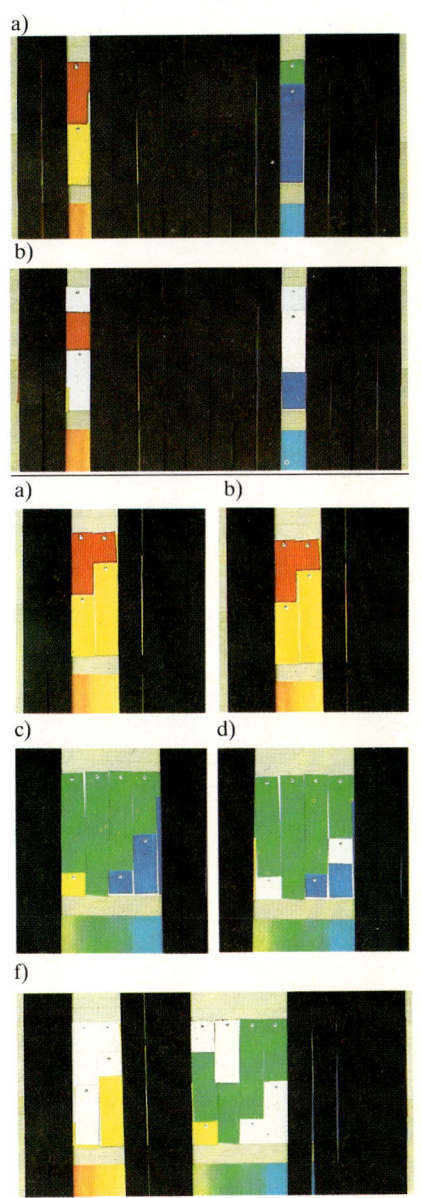

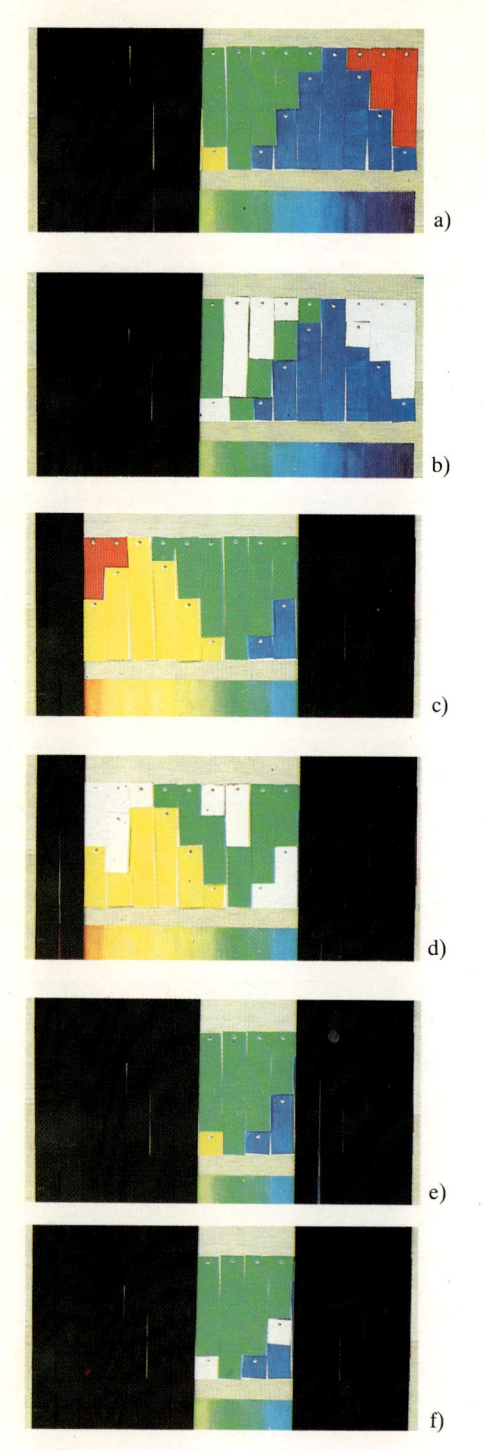

Abb. F 27 Multiplikation („Subtraktion") im Kartonstreifenmodell: (a) das erste Spektrum (Lichtquelle oder 1. Durchlaßspektrum) ohne und (b) mit Ausgleich der Gegenfarben: grünliches Blau, entsprechend (c) und (d) das zweite (Durchlaß-) Spektrum, (e) und (f) zeigen in der selben Weise die Schnittmenge (als Vereinfachung des Produktes).

Abb. F 28 Erklärung der Nachbild-Gegenfarben im Kartonstreifenmodell: (a) ein gelbes Objekt wird angeschaut, der Ausgleich liefert (b). Nun läßt die Empfindlichkeit der Augen für genau diese Anteile in dem Maße nach, in dem sie von ihnen betroffen werden: wir entfernen im Modell alle freiliegenden farbigen Streifen. Jetzt wird eine weiße Wand angesehen: alle schwarzen Streifen werden entfernt: (d), und nach dem Ausgleich (e) bleibt überwiegend Blau übrig (die Gegenfarbe des vorher gesehenen Gelb).

Abb. F 29 Das Stichlings-Männchen wird vom Weibchen an seinem roten Bauch erkannt.

155

Abb. F 30 Die Vorliebe für Rot und Gelb ist bei jungen Kindern noch ausgeprägter als bei Erwachsenen. Diese Tasse trägt dem Rechnung.

Abb. F 31 Werbeanzeigen für Lippenstift, Dessert-Schaum, Lebensmittel, Erdgasheizung, Weichspülmittel, Waschmaschine, Antitranspirans, Erfrischungsgetränk. „Warme" Farbtöne erinnern an Liebe, Behaglichkeit und leckeres Essen, „kalte" an Sauberkeit und Frische.

Abb. F 32 Religiöse Farbensymbolik in der Malerei: auf diesem anonymen französischen Gemälde (Berlin-Dahlem) trägt Christus ein rotes Gewand, seine Mutter den blauen Mantel.

Abb. F 33 Der schwarze Rauch aus der Sixtinischen Kapelle verkündet einen Mißerfolg bei der Papstwahl, der weiße dagegen „Habemus Papam" (dieses vom Fernsehgerät abfotografierte Bild zeigt allerdings eine verfrühte Erfolgsmeldung vor der Wahl von Johannes Paul II.).

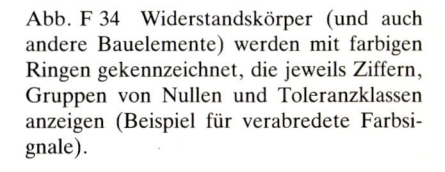

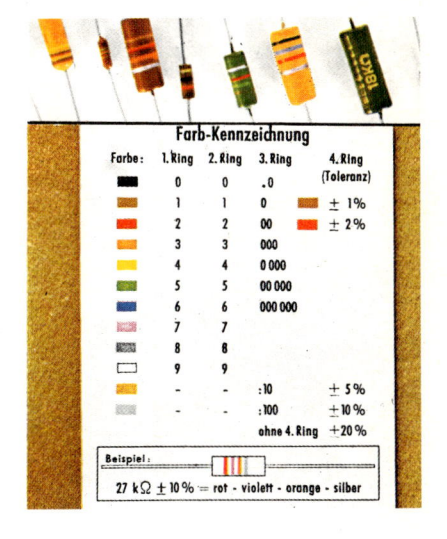

Abb. F 34 Widerstandskörper (und auch andere Bauelemente) werden mit farbigen Ringen gekennzeichnet, die jeweils Ziffern, Gruppen von Nullen und Toleranzklassen anzeigen (Beispiel für verabredete Farbsignale).

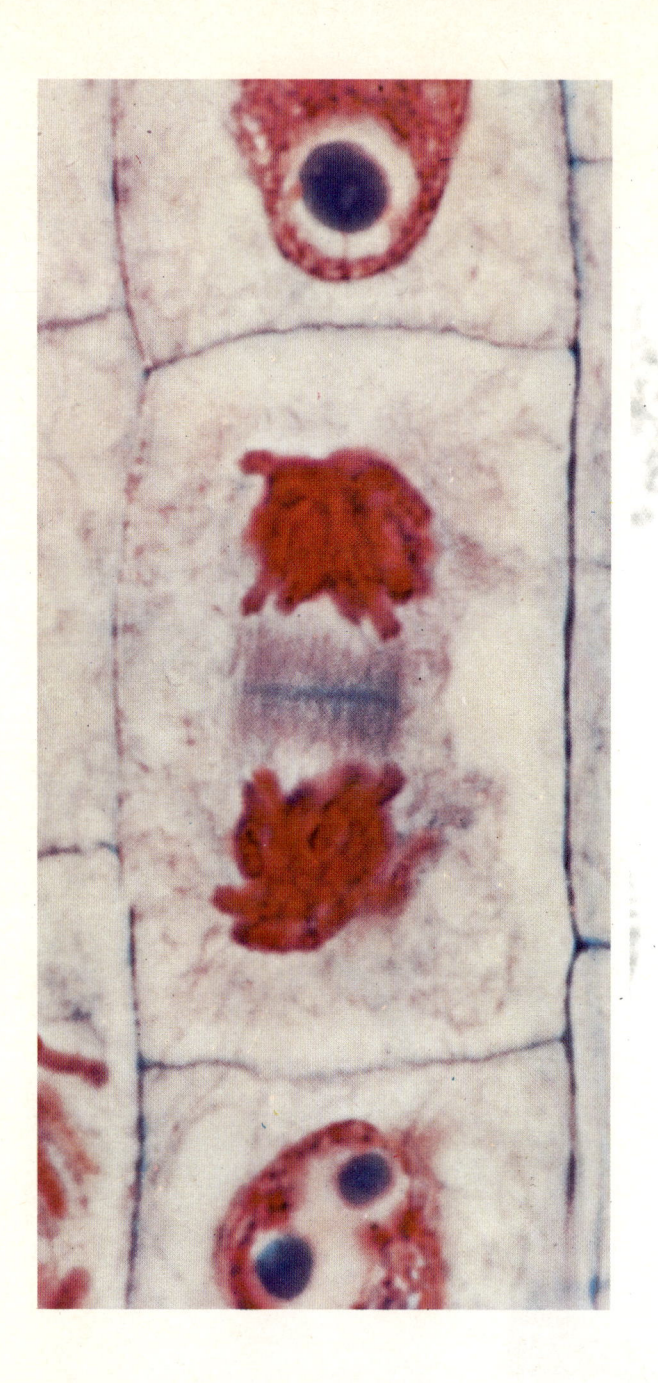

Abb. F 35 Chromosomen werden durch künstliche Färbung im Mikroskop sichtbar: sie verdanken sogar ihre Bezeichnung der guten Färbbarkeit (= farbige Körper).

Abb. F 36 Im Feld-Ionen-Mikroskop werden einzelne Atome abgebildet. Ihre Wanderung wird leicht erkennbar, wenn man zwei nacheinander aufgenommene Bilder mit verschiedenen Farbfiltern additiv überlagert: die liegengebliebenen erscheinen in der Mischfarbe, die anderen heben sich deutlich ab. Hier erleichtern also künstliche Färbungen das Finden.

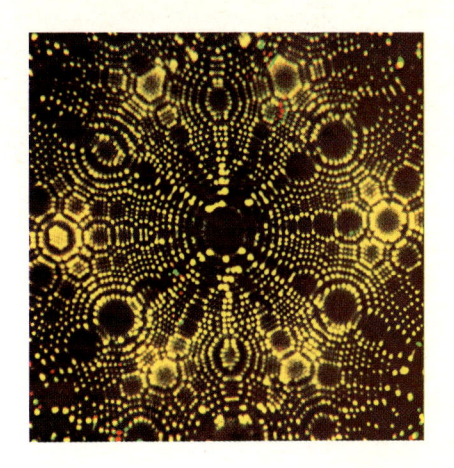

6. Carla sta male?   Sì, sta molto male.

La madre è contenta?   Sì, è *molto* contenta.
Il cielo è bello?   Sì, è *molto* bello.
Il padrone sta bene?   Sì, sta *molto* bene.
L'acqua è fresca?   Sì, è *molto* fresca.
L'albergo è simpatico?   Sì, è *molto* simpatico.

3ª lezione

1. Il tempo è bello.   Che bel tempo!

Il sole è bello.   Che bel sole!
Il cielo è bello.   Che bel cielo!
La piazza è bella.   Che bella piazza!
Il bambino è bello.   Che bel bambino!

Abb. F 37 In einem Sprachübungsbuch (Amici buona sera, Klett) sind die Antworten mit rotem Wirrwar unleserlich gemacht. Mit einem beigelegten Rotfilter sieht der weiße Untergrund fast genauso rot aus, und die schwarzen Buchstaben sind nun zu lesen. Hier werden Farben ähnlich wie beim Anaglyphenverfahren zur Trennung von Informationskanälen eingesetzt.

Gödel, Escher, Bach:
Abenteuerliche Grenzgänge
durch die seltsame Welt
des Denkens

Allzu selten begegnen wir einem Werk, das uns buchstäblich ganz neue Welten eröffnet, das durch die Tiefe seines Wissens, durch die Schönheit und spielerische Kreativität seines Stils besticht, dem es vor allem gelingt, höchst disparate und bislang unverknüpfte Perspektiven und Wissensgebiete miteinander zu verbinden und verständlich zu machen. „Gödel, Escher, Bach" – schon vor seiner Veröffentlichung Gegenstand eines lebhaften öffentlichen Interesses – ist solch ein Buch.

Ein brillanter junger Computer-Wissenschaftler benutzt amüsante, paradox-surreale Dialoge, die Bilder Eschers, die Musik Bachs und ebenso eine Fülle von Ideen aus so unterschiedlichen Gebieten wie Logik, Biologie, Psychologie, Physik und Linguistik, um eines der größten Geheimnisse der modernen Wissenschaft zu illuminieren: unsere offensichtliche Unfähigkeit, die Natur unseres eigenen Denkens zu verstehen. Hofstadters Grenzgänge durch das menschliche Bewußtsein und die Welt der „denkenden" Maschinen sind eng verknüpft mit alten klassischen Paradoxien, mit den revolutionären Entdeckungen des österreichischen Mathematikers Kurt Gödel, mit den Möglichkeiten der menschlichen Sprache, mathematischen Systemen, Computerprogrammen oder menschlichen Artefakten, denen es gelingt, in einer unendlichen „Spiegelung" ihrer selbst über sich selbst zu sprechen.

Wer sich lesend auf dieses Buch einläßt, begibt sich auf eine Reise durch die Wunderwelten des menschlichen Geistes, eine Reise, auf der er Abenteuer in Hülle und Fülle zu bestehen hat und von der er als ein anderer zurückkehren wird.

Douglas R. Hofstadter
Gödel, Escher, Bach
ein Endloses Geflochtenes Band

900 S. Ln. m. Sch.
ISBN 3-608-93037-X
Klett-Cotta